河北省"十四五"职业教育规划教材

职业教育机械类专业"互联网+"新形态教材

数控车削编程与加工技术

主　编　张莉丽　田坤英　宋雷英
副主编　赵　辉　于燕青　窦伟山
参　编　刘岳岭　李　晶　龚召峰　袁伟才
　　　　焦文霞　侯锡宇　杨会喜

机械工业出版社

本书以职业院校学生为对象，紧紧围绕“以学生职业技能为目标”的编写理念，以项目教学的方式编写而成，力求突出职业技能特色，实现“做中学、学中做”的教、学、做理实一体化教学模式。

本书内容详实、结构清晰、语言简洁、图文并茂。与本书配套的是由张莉丽主讲的智慧职教在线课程“数控车削编程与加工技术”，该课程在2022年被评为国家级精品课，配备了完整、丰富的电子课件、微课、动画、图片等资源。课程网址：https://icve-mooc. icve. com. cn/cms/courseDetails/index. htm? classId=aba634b8f44dad706f8ce84030d5ccef。

本书按照“由易到难、循序渐进”的认知规律，分为七个教学项目，共计十二个教学任务：项目一为数控车床认知与基本操作，包括认识数控车床和数控车床的基本操作；项目二为外圆类零件车削加工，包括光轴、阶梯轴、锥轴、圆弧轴、凹凸轴等零件的加工；项目三为槽类零件车削加工；项目四为螺纹类零件车削加工；项目五为套类零件车削加工；项目六为螺纹配合件车削加工，包括外、内螺纹的加工；项目七为综合实训——小火车头制作。

每个教学任务又分为任务目标、任务引入、任务分析、任务实施、任务检测、任务评定、知识链接、知识拓展、能力提升等环节，最后通过实训来强化知识点。

本书可以作为职业院校机械制造技术、数控技术应用、模具制造技术等专业的数控车削课程教材，也可以作为相关培训班的教材以及个人自学用书。

图书在版编目（CIP）数据

数控车削编程与加工技术/张莉丽，田坤英，宋雷英主编. —北京：机械工业出版社，2024. 5（2025. 8 重印）
职业教育机械类专业“互联网+”新形态教材
ISBN 978-7-111-75207-3

Ⅰ. ①数… Ⅱ. ①张… ②田… ③宋… Ⅲ. ①数控机床-车床-车削-程序设计-职业教育-教材②数控机床-车床-加工-职业教育-教材
Ⅳ. ①TG519. 1

中国国家版本馆 CIP 数据核字（2024）第 043402 号

机械工业出版社（北京市百万庄大街 22 号 邮政编码 100037）
策划编辑：黎 艳　　责任编辑：黎 艳
责任校对：潘 蕊 牟丽英　　封面设计：王 旭
责任印制：单爱军
中煤（北京）印务有限公司印刷
2025 年 8 月第 1 版第 2 次印刷
210mm×285mm · 16. 75 印张 · 378 千字
标准书号：ISBN 978-7-111-75207-3
定价：49. 00 元

电话服务　　网络服务
客服电话：010-88361066　　机 工 官 网：www. cmpbook. com
010-88379833　　机 工 官 博：weibo. com/cmp1952
010-68326294　　金 书 网：www. golden-book. com
机工教育服务网：www. cmpedu. com

前言 PREFACE

“数控车削编程与加工技术”是数控技术应用专业的专业核心课，开设于二年级上学期，总课时为120学时。本课程是在“机械制图”“CAD”“机械基础”等专业基础课程的基础上开设的，其内容是“1+X”职业技能等级证书的必考内容，也是数控车削技能大赛的必赛内容。它的后续课程包括“数控铣削编程与加工”“数控机床维护与保养”，可见，本门课程具有承前启后的桥梁作用。本课程的配套资源——智慧职教在线课程“数控车削编程与加工技术”于2022年被评为国家级精品课，具备完整、丰富的电子课件、微课、视频、动画、图片等资源。课程网址：https://icve-mooc.icve.com.cn/cms/courseDetails/index.htm?classId=aba634b8f44dad706f8ce84030d5ccef。

党的二十大报告中指出“实施科教兴国战略，强化现代化建设人才支撑”，将“大国工匠”和“高技能人才”纳入国家战略人才行列，本书在“新职教法”校企深度融合的前提下，将岗位职业能力培养、职业技能大赛、职业技能等级证书和课程体系建设有机结合起来，做到“融证入课，融赛入课，岗课对接”，充分实现“岗课赛证”综合育人。依据岗位能力和课程标准，并参照数控车削技能竞赛内容和数控车铣职业技能等级证书的要求，对本课程的内容进行了重构，将整门课程由浅入深地分为七个教学项目，每个教学项目又分为不同的教学任务，基于项目引领、任务驱动教学法，在每一个教学任务下都设有任务目标、任务引入、任务分析、任务实施、任务检测以及任务评定等环节，其中任务实施环节包括制订加工工艺、确定刀具和量具、节点计算与编程、数控仿真、实操加工等内容。教学任务完成后，后面附有知识链接、知识拓展、能力提升等环节，主要包括基本指令的讲解，参数的选取，实操中的注意事项，以及作业库、试题库等内容，充分体现了“项目化教学”特点。

本课程的最后一个项目是综合技能实训周——小火车头的制作，本项目涉及钳工、车工、数控车铣加工、冲压、折弯等多种加工工艺，前十个任务是完成小火车头基本零部件，如底板、驾驶室、锅炉、车轮、螺栓等的制作，最后一个任务是完成小火车头的组装。本项目详细阐述了小火车头每个部件的制作过程，以及制作过程中容易出现的问题和解决办法，是前面所学技能的一次整合、一次进阶、一次“大练兵”。

通过本书的学习，学生不但能循序渐进地构建理论知识体系，而且能对接工作岗位需求，依据零件的生产工艺性文件，选择合适的工装夹具，编制加工程序并进行仿真，最后在数控车床上完成零件的车削加工及精度检测，真正实现“做中学，做中练”，增强学生的岗位实践技能，并培养学生“团结协作”的团队意识和“精益求精”的工匠精神，提高数控技能竞赛的等级和数控车铣职业技能等级证书的通过率。

本书由沧州工贸学校张莉丽、石家庄装备制造学校田坤英、冀南技师学院宋雷英担任主编；黄骅市职教中心赵辉、青县职教中心于燕青、沧州职业技术学院窦伟山担任副主编；参加本书编写的还有沧州工贸学校刘岳岭、李晶，石家庄装备制造学校龚召峰、袁伟才、焦文霞，青县职教中心侯锡宇，沧州职业技术学院杨会喜。具体编写分工为：项目一、项目二由张莉丽编写，项目三由田坤英编写，项目四由宋雷英编写，项目五由赵辉编写，项目六由于燕青、窦伟山编写，项目七由刘岳岭、李晶、龚召峰、袁伟才、焦文霞，侯锡宇、杨会喜编写。

由于编者水平有限，书中难免存在不足之处，敬请读者批评指正。

编　者

二维码索引

INDEX

（续）

（续）

序号	名称	二维码	页码	序号	名称	二维码	页码
41	G32、G92 指令		143	45	孔加工		157
42	车螺纹动画		143	46	外螺纹配合件的加工		172
43	套的加工		154	47	外螺纹配合件的仿真加工		175
44	钻孔仿真		154	48	内螺纹配合件的加工		189

目 录 CONTENTS

项目一　数控车床认知与基本操作

在学习数控车削编程和加工之前，先来学习有关数控车床的基本知识与基本操作。本项目简要介绍了数控车床的结构、分类、加工特点，数控车床的安全操作规程，以及数控车床的基本面板操作和对刀操作。本项目引入了数控仿真加工软件，并设置了仿真软件操作、手动试切、对刀三个循序渐进的任务。

任务一　认识数控车床

【任务目标】

知识目标

1. 了解数控车床的概念、结构和分类。
2. 掌握数控车床的安全操作常识。
3. 掌握数控车床的开关机操作和回零操作的顺序。

技能目标

1. 能够识别数控车床代码。
2. 能够正确着装并说出数控车床的安全操作注意事项。
3. 能够正确地进行数控车床的开关机操作和回零操作。

素质目标

1. 培养安全文明生产和遵守操作规程的意识。
2. 培养快速获取信息、学习新知识的能力。
3. 培养精益求精的工匠精神和团结协作的团队精神。

【任务引入】

数控车床如图1-1所示，作为当今使用最广泛的数控机床之一，其主要用于加工轴类、盘套类等回转体零件，在机械制造行业中具有重要作用，数控车削是数控加工从业者必须掌握的一门专业技术。为了更好地学习和操作数控车床，首先要了解数控车床的特点及分类，掌握数控车床的安全操作规程，能够安全、正确地操控数控车床，并能及时、有效地处理各种意外事故，避免造成不必要的损失。

图 1-1　数控车床

【任务分析】

知识技能点

1. 认识数控车床的概念、结构和分类	2 学时
2. 学习数控车床的安全操作常识	2 学时
3. 认识数控车间的安全操作标识	1 小时
4. 练习数控车床的开关机操作	1 学时
5. 练习数控车床的回零操作	1 学时
6. 任务评价与鉴定	1 学时

【任务实施】

一、规章制度学习

1. 学习着装标准

1）根据图 1-2，说一说工作服的着装标准。

____

____

2）说一说女生为什么要戴工作帽。

____

____

3）说一说为什么工作时要戴防护镜。

____

____

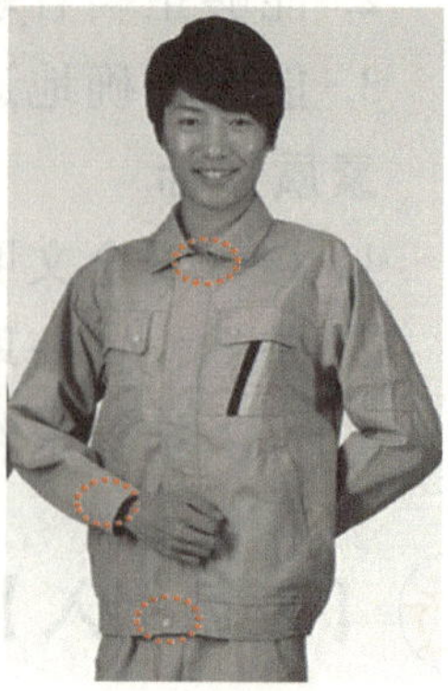

图 1-2　工作服的领口、衣口、袖口的系法

2. 学习数控车床的安全操作规程

1）说出图 1-3 所示的违规操作有哪些危险。

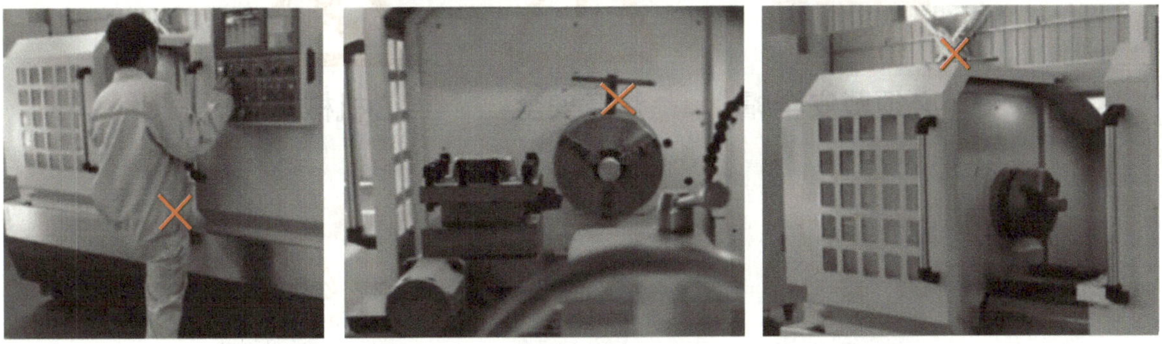

a)　　b)　　c)

图 1-3　数控车床存在的违规操作

______________　______________　______________

______________　______________　______________

2）说一说数控车床加工前、加工中和加工后各应该注意哪些事项。

____

____

____

二、进入数控车间实训

1. 认识数控车床的主要功能部件

对照图 1-4 所示的数控车床各部件的名称，指认数控车床的主要功能部件，对数控车床的结构组成产生感性的认识。

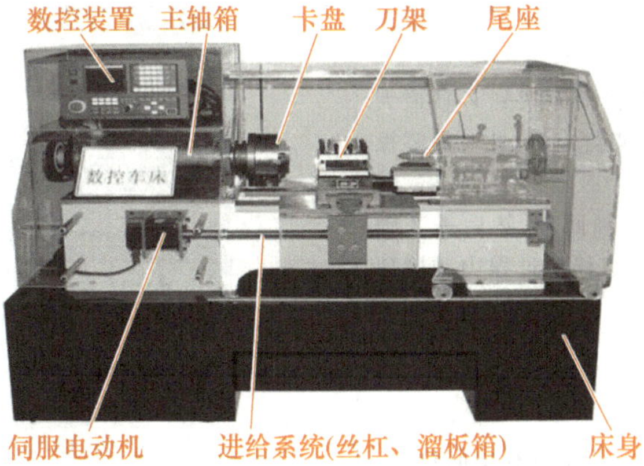

图 1-4　数控车床的各部件

2. 指认车间安全操作标识

学习并指认图 1-5 所示的数控车间安全操作标识。

3. 完成数控车床的开机、回零及关机操作

数控车床的开机、回零及关机操作步骤见表 1-1。

图 1-5 数控车间安全操作标识

开关机及回零操作

表 1-1 数控车床的开机、回零及关机操作步骤

操作项目	操作步骤	图示
开机	1)合上车间总闸(空气开关) 2)打开数控车床总电源 3)打开控制面板上的 NC 启动键,系统加载后进入主界面 4)旋开急停按钮	
回零	1)开机后系统自动进入回零状态,若不处于此状态,则按回零键 2)X 轴回零:移动刀架到 X 轴最大位移处,X 轴原点灯点亮 3)Z 轴回零:移动刀架到 Z 轴最大位移处,Z 轴原点灯点亮,此时回零操作完成 注意:先是 X 轴回零,然后是 Z 轴回零,以免刀架在移动过程中碰撞顶尖等物体	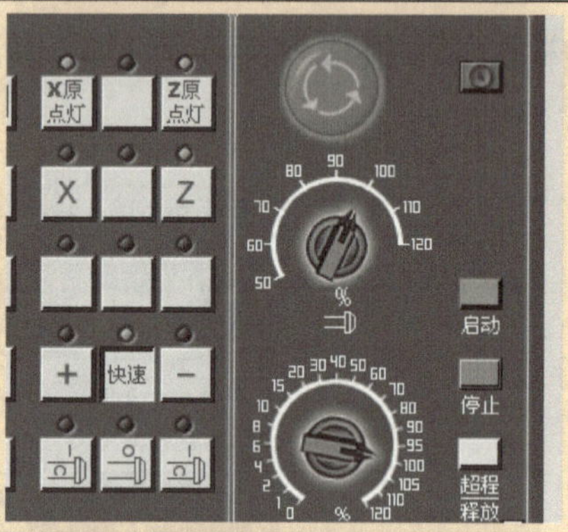
关机	1)手动移动刀架至行程中间位置,按下急停按钮 2)按下控制面板上的 NC 电源关闭按钮,系统关闭 3)关闭数控车床总电源 4)关断车间总闸(空气开关)	

操作提示：

1）数控车床刚开始运行时，应把倍率开关调得小一些。

2）程序自动运行后，开始时可以先按下“单段”运行键，等运行几句程序之后，发现对刀没有错误，再关闭“单段”运行模式。

3）程序初次运行，右手应该放在“急停”按钮的上方，一旦发现机床运行路线异常，应立刻按下“急停”按钮，以有效防止撞刀事故的发生。

【任务评定】

1. 任务评价

综合评价表见表 1-2。

表 1-2　综合评价表

项目	出勤（10 分）	课堂纪律（10 分）	零件得分（60 分）	职业素养（20 分）	综合成绩
个人评价（20%）					
小组评价（30%）					
教师评价（50%）					
综合得分					

2. 任务鉴定

实训鉴定见表 1-3。

表 1-3　实训鉴定表

自我鉴定	本任务学习了哪些新的知识和技能？加工过程中出现了哪些问题？你是如何解决的？ 学生签名：________ ____年____月____日
教师鉴定	最终鉴定（优秀、良好、一般、差）： 指导教师签名：__________ _____年_____月_____日

【知识链接】

数控机床的概念

一、数控机床的基本概念

国家标准 GB/T 8129—2015 对机床数字控制的定义为，用数字控制的装置（简称为数控装置），在运行过程中，不断引入数值数据，从而对某一生产过程实现自动控制，称为数字控制（简称为数控）。用计算机控制加工功能，称为计算机数控

（Computer Numerical Control，CNC）。数控机床即采用了数控技术的机床，或者说装备了数控系统的机床。从应用来说，数控机床就是将加工过程所需的各种操作（如主轴变速、装夹工件、进刀与退刀、开车与停车、选择刀具、供给切削液等）和步骤，以及刀具与工件之间的相对位移量都用数字化的代码来表示，通过控制介质将数字信息送入专用或通用的计算机，计算机对输入的信息进行处理与运算，发出各种指令来控制机床的伺服系统或其他执行元件，使机床自动加工出所需要的零件。

二、数控车床的组成与工作原理

1. 数控车床的组成

数控车床一般由输入和输出装置、数控装置（CNC）、伺服单元、驱动装置（或称为执行机构）、可编程序控制器（PLC）、电气控制装置、辅助装置、车床本体及测量装置等组成，如图 1-6 所示。

数控车床的结构与分类

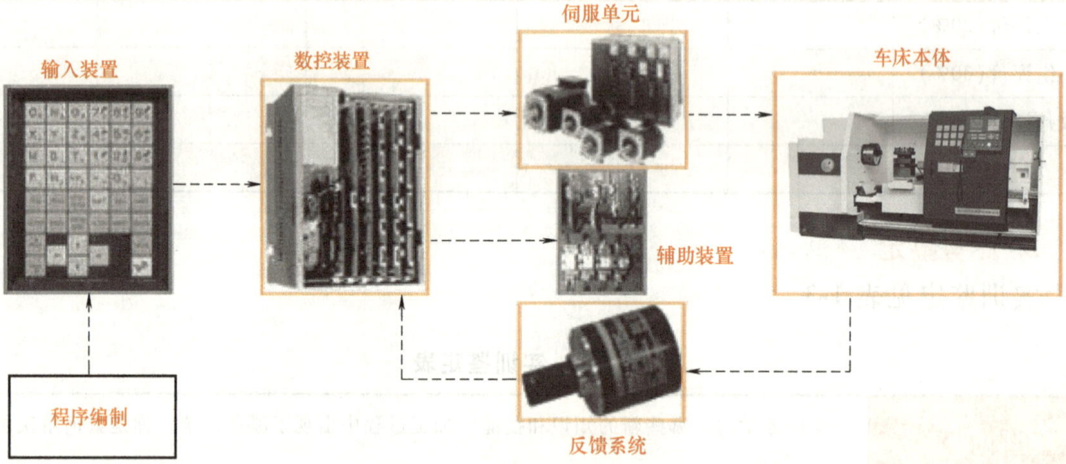

图 1-6　数控车床的组成

（1）输入和输出装置　输入和输出装置是车床数控系统和操作人员进行信息交流、实现人机对话的交互设备。

输入装置的作用是将程序载体上的数控代码变成相应的电脉冲信号，传送并存入数控装置内。目前，数控车床的输入装置有键盘、磁盘驱动器、光电阅读机等，其相应的程序载体为磁盘、穿孔纸带。输出装置是显示器，有 CRT 显示器和彩色液晶显示器两种。输出装置的作用是数控系统通过显示器为操作人员提供必要的信息。显示的信息可以是正在编辑的程序、坐标值以及报警信号等。

（2）数控装置（CNC）　数控装置是计算机数控系统的核心，由硬件和软件两部分组成。它接收的是输入装置送来的脉冲信号，信号经过数控装置的系统软件或逻辑电路进行编译、运算和逻辑处理后，输出各种信号和指令，控制车床的各个部分，使其进行规定的、有序的动作。这些控制信号中最基本的信号是各坐标轴（即做进给运动的各执行部件）的进给速度、进给方向和位移量指令（送到伺服驱动系统驱动执行部件做进给运动），主轴的变速、换向和起停信号，选择和交换刀具的刀具指令信号，控制切削液和润滑油开关、工件和车床部件松开、夹紧、分度工作和转位的辅助指令信号等。

数控装置主要包括微处理器（CPU）、存储器、局部总线、外围逻辑电路以及与数控系统其他组成部分联系的接口等。

(3) 可编程序控制器（PLC）　数控车床通过数控装置和 PLC 共同完成控制功能，其中数控装置主要完成与数字运算和管理等有关的功能，如零件程序的编辑、插补运算、译码、刀具运动的位置伺服控制等；而 PLC 主要完成与逻辑运算有关的一些动作，其接收数控装置的控制代码 M（辅助功能）、S（主轴转速）、T（选刀、换刀）等开关量动作信息，对开关量动作信息进行译码，转换成对应的控制信号，控制辅助装置完成车床相应的开关动作，如工件的装夹、刀具的更换、切削液的开关等一些辅助动作。它还接收车床操作面板的指令，一方面直接控制车床的动作（如手动操作车床），另一方面将一部分指令送往数控装置用于加工过程的控制。

(4) 伺服单元　伺服单元接收来自数控装置的速度和位移指令。这些指令经伺服单元变换和放大后，通过驱动装置转变成车床进给运动的速度、方向和位移。因此，伺服单元是数控装置与车床本体的联系环节，其把来自数控装置的微弱指令信号放大成控制驱动装置的大功率信号。伺服单元分为主轴单元和进给单元等，伺服单元就其系统而言，又有开环系统、半闭环系统和闭环系统之分。

(5) 驱动装置　驱动装置把经过伺服单元放大的指令信号变为机械运动，通过机械连接部件驱动车床工作台，使工作台精确定位或按规定的轨迹做严格的相对运动，加工出形状、尺寸与精度符合要求的零件。目前常用的驱动装置有直流伺服电动机和交流伺服电动机，且交流伺服电动机正逐渐取代直流伺服电动机。

伺服单元和驱动装置合称为伺服驱动系统。它是车床工作的动力装置，计算机数控装置的指令要依靠伺服驱动系统付诸实施。伺服驱动系统包括主轴驱动单元（主要控制主轴的速度），进给驱动单元（主要控制进给系统的速度和位置）。伺服驱动系统是数控车床的重要组成部分。从某种意义上说，数控车床的功能主要取决于数控装置，而数控车床的性能主要取决于伺服驱动系统。

(6) 车床本体　车床本体即数控车床的机械部件，数控车床的车床本体与传统车床相似，由主轴传动装置、进给传动装置、床身、工作台以及辅助运动装置、液压气动系统、润滑系统、冷却装置等组成。但数控车床在整体布局、外观造型、传动系统、刀具系统的结构以及操作机构等方面都已发生了很大的变化。这种变化的目的是为了满足数控车床的要求和充分发挥数控车床的特点。

2. 数控车床的工作原理

数控车床的工作原理如图 1-7 所示。

三、数控车床的分类

数控车床的种类繁多，通常按以下三种方式进行分类。

1. 按主轴的配置形式分类

(1) 卧式数控车床　卧式数控车床如图 1-8 所示，其车床主轴平行于水平面，又分为水平导轨卧式数控车床和倾斜导轨卧式数控车床两种，倾斜导轨的倾斜角度多采用 45°、60°、75°，可以使车床获得更好的刚性，并易于排屑。

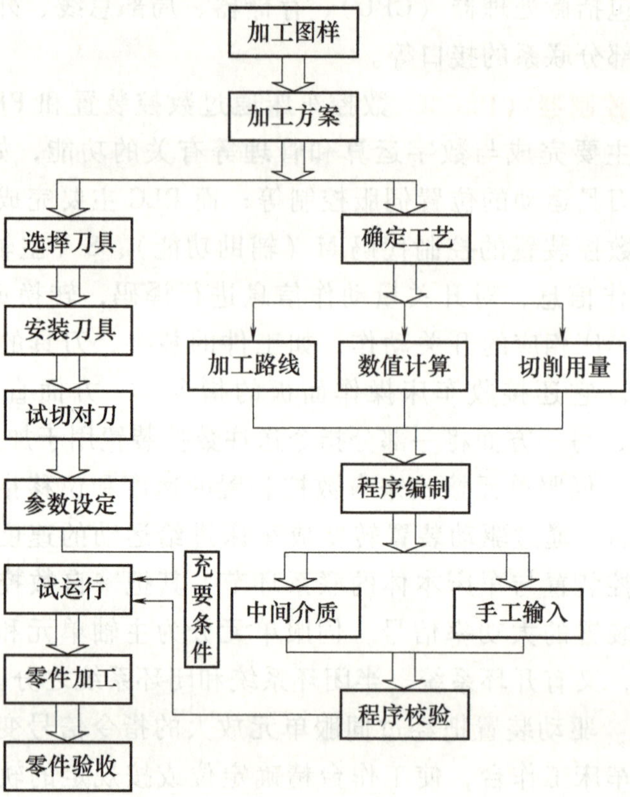

图 1-7　数控车床的工作原理

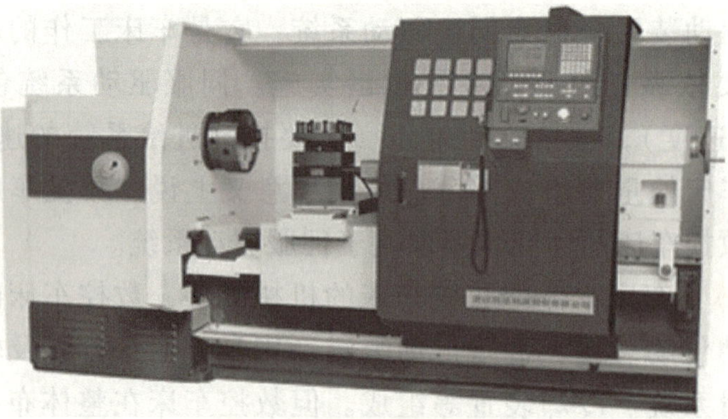

图 1-8　卧式数控车床

（2）立式数控车床　立式数控车床如图 1-9 所示。其车床主轴垂直于水平面，并有一个直径很大，供装夹工件用的圆形工作台。这类车床主要用于加工径向尺寸大、轴向尺寸较小的大型盘类复杂零件。

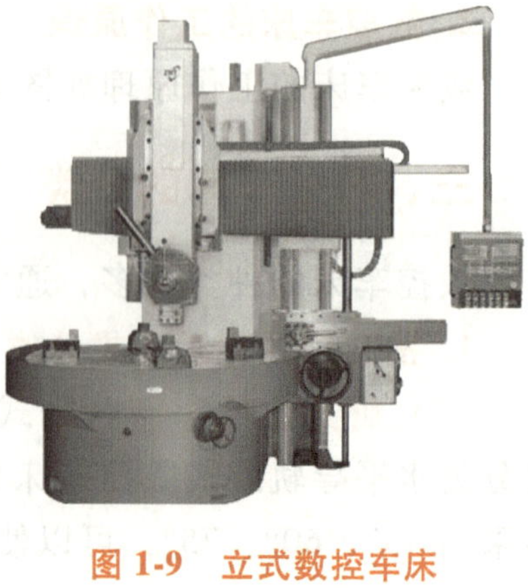

图 1-9　立式数控车床

2. 按控制方式分类

（1）开环控制数控车床　开环控制数控车床是以步进电动机为伺服驱动元件，没有位置检测装置，信号流是单向的（数控装置→进给系统），故加工精度和速度要求不高，一般用于经济型数控车床，如图 1-10 所示。

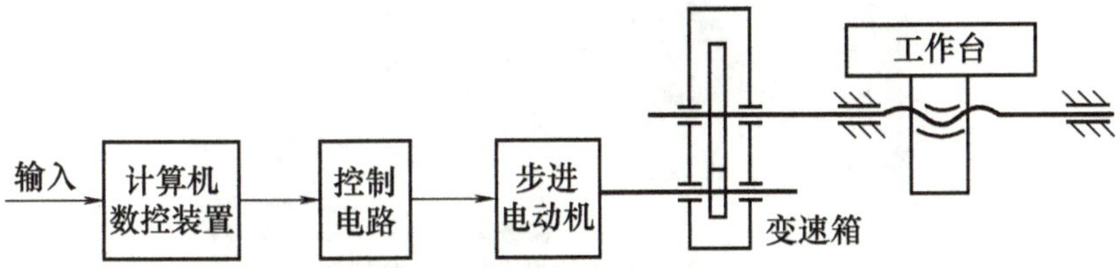

图 1-10　开环控制数控车床

(2) 半闭环控制数控车床　半闭环控制系统将脉冲编码器直接安装在伺服电动机上，采样旋转角度进行检测，反馈到计算机中进行位置比较，用比较的差值进行控制，由于存在丝杠螺距误差和齿轮间隙误差，其精度较闭环系统差，较开环系统好。由于能进行误差补偿，半闭环控制在数控车床中得到了广泛应用，如图 1-11 所示。

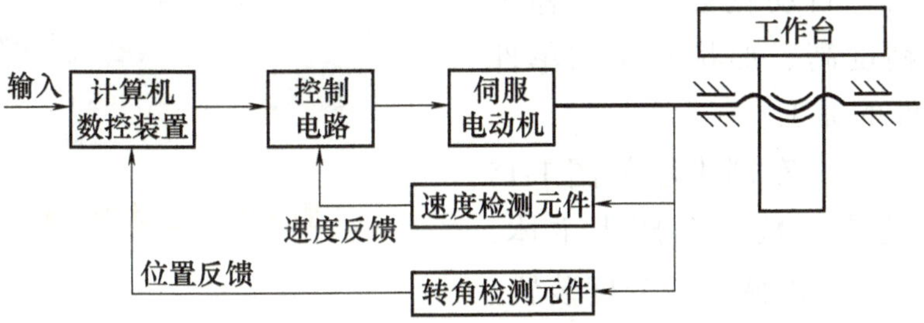

图 1-11　半闭环控制数控车床

(3) 全闭环控制数控车床　全闭环控制数控车床采用直线位移检测元件（光栅尺、磁栅尺、感应同步器等）直接对运动部件的实际位置进行检测，与所要求的位置指令进行比较，用比较的差值进行控制，直到差值消除为止。因此，全闭环控制系统可以消除整个驱动和传动环节的误差，具有很高的位置精度，常用于高精度数控车床，如图 1-12 所示。

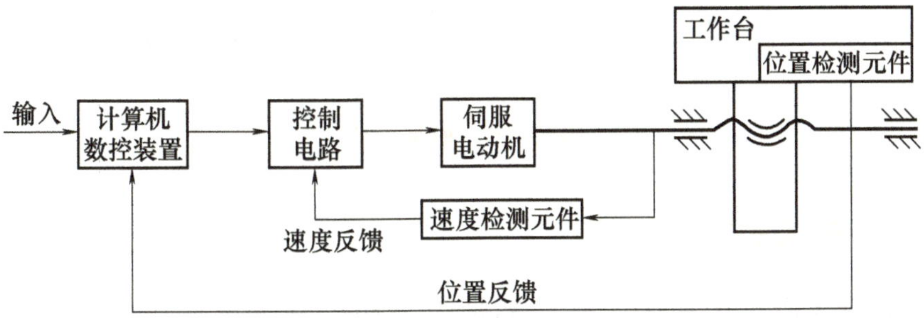

图 1-12　全闭环控制数控车床

3. 按数控车床的功能分类

(1) 经济型数控车床　经济型数控车床如图 1-13 所示，一般采用开环或半闭环系统，主轴采用变频调速，具有 CRT 显示、程序编辑、存储等功能。经济型数控车床结构简单、加工精度适中，主要用于加工精度要求不高、具有一定复杂程度的工件。

(2) 全功能型数控车床　全功能型数控车床如图 1-14 所示，它是高档型数控车

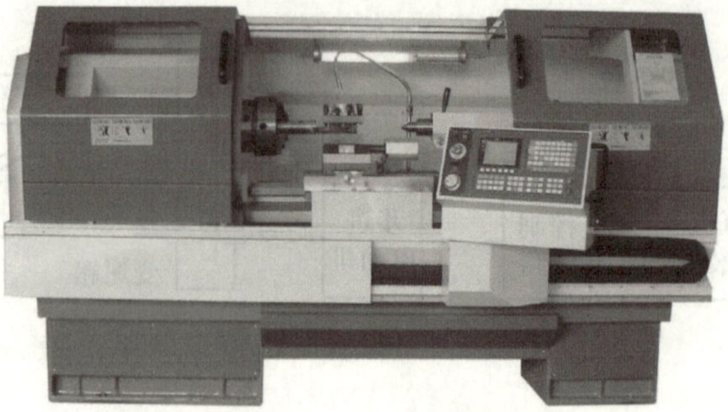

图 1-13　经济型数控车床

床，一般采用闭环控制，不仅具有经济型数控车床的全部功能，而且具有刀尖圆弧半径自动补偿功能。全功能型数控车床的功能完善、自动化程度高、稳定可靠，适用于精度高、形状复杂的单件或中小批量工件的加工。

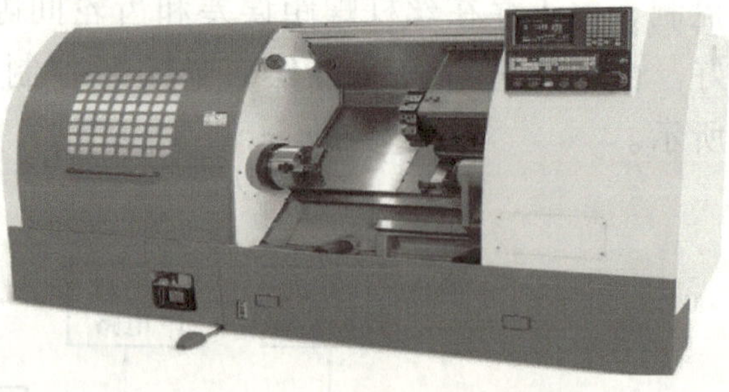

图 1-14　全功能型数控车床

（3）车削中心　车削中心如图 1-15 所示，它以全功能型数控车床为主体，并配有刀具库、换刀机械手、分度装置、铣削动力头等，扩大了刀具容量，可实现车、铣、钻、铰、攻螺纹等多工序的复杂工件的加工，是具有高精度、高效率的自动化机床，其功能更全面，但价格较高。

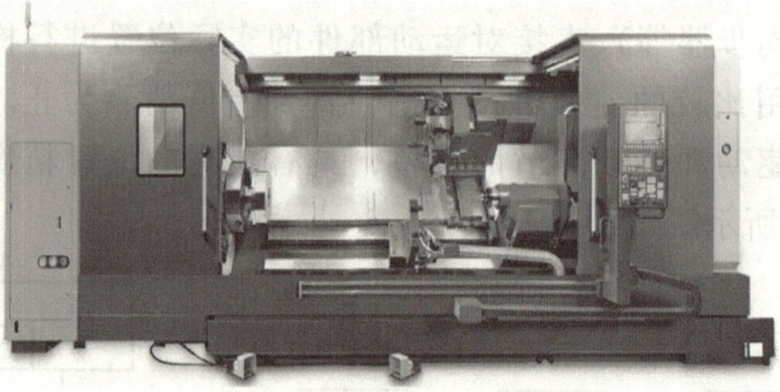

图 1-15　车削中心

四、数控车床的加工特点

使用传统的普通车床加工工件，都是靠手动控制车床并控制工件尺寸精度的，加工过程中人的参与度较多，加工效率及工件质量受人为因素影响较大。与普通车床加工相比，数控车床加工具有以下特点：

（1）生产柔性大　在数控车床上加工不同工件时，中间一般不需要更换工具、模具和夹具等，而只需改变加工程序即可满足要求，较好地解决了单件、中小批量和多变产品的加工问题。

（2）加工精度高　数控车床由精密机械和自动化控制系统组成，具有很高的控制精度和加工精度。现代数控车床的分度值普遍可以达到 0.001～0.01mm，精度高的数控机床的分度值已达到了 0.0001mm。通过数控车床的自动加工，减小了操作者的人为误差，提高了同批次零件的一致性，使加工质量更稳定、产品合格率更高。

（3）生产率高　数控车床具有良好的刚性，可以采用较大的切削用量，还具有自动变速、自动换刀及其他辅助功能，节省了中间测量和手动操作的时间，比普通车床的效率高 5~10 倍。

（4）劳动强度低　数控车床是按照事先编好的程序自动完成加工的，操作者只需控制操作面板、装卸零件和观察监视加工过程，不需要进行繁重、复杂的手工操作，劳动强度比操作普通车床低得多。

（5）经济效益好　数控车床可以提高产品质量，降低材料损耗，减少人力资源费用，降低生产成本。此外，还可缩短产品开发与生产周期，为企业创造良好的经济效益。

五、数控车床安全操作规程

数控车床安全操作

1. 加工前的注意事项

1）开机前，应穿好工作服和安全鞋，系好领口、袖口和衣口，系好衣扣，不允许扎领带和戴围巾。

2）女生应把长发盘起，戴好安全帽。

3）在数控车床高速切削铸铁、铝、铜的工件时，必须戴防护镜。

4）由于数控车床上有高速旋转的工件，所以不得戴手套作业。

5）开机前，应检查数控车床各部件与机构是否完好、各按钮是否能自动复位，变速箱档位是否到位。

6）开机前，应按说明书规定给相关部位加油，并检查油标、油量。

7）开机前，应检查切削液是否够用。

8）上机操作前应熟悉数控车床的开、关机顺序，要按照机床说明书的规定操作。

2. 加工中的注意事项

1）使用相对编码器的机床在开机后需要进行手动返回参考点的操作，伺服轴使用绝对编码器的机床无须返回参考点。

2）手动回原点的归零顺序为先+X 轴，再+Z 轴。

3）关机时应使刀架位于合理的位置，不能离卡盘太近。

4）加工程序编写完成后可在仿真加工软件上仿真，进行图形模拟。

5）加工程序运行前，可不安装工件和刀具，只空运行校验轨迹。

6）工件试运行程序，根据测量情况，调整切削参数以达到相应精度。

7）新编程序初运行时，先把进给倍率调到较小的档位，然后开启“单段”运行方式，手放在“急停”按钮正上方。

8）加工过程中，不能把脚踩在机床门导轨上。

9）加工工件时，用扳手拧紧工件后，不能把扳手放在卡盘上。

10）对刀时，测量完工件不能把量具放在机床上。

11）加工过程中，不得接听手机，不得嬉戏打闹，不得做与机床操作无关的事情。

12）使用机床由一人操作，不得由两人操作或者聚集在显示屏旁边，以防误操作。

13）主轴起动之前一定要关好防护门，程序正常运行过程中严禁开启防护门。

14）机床正常运行时不允许打开电气柜门。

15）加工过程中，禁止用手接触刀尖和切屑，必须在加工完成后，再用铁钩子或毛刷清理切屑。

16）加工过程中，禁止测量工件、变速，更不能用棉丝擦拭工件，也不能清扫机床。

17）在车床运转过程中，操作者不得离开岗位；若机床出现异常现象，应立即按下“急停”按钮。

18）学生必须在完全清楚操作步骤后才能进行操作，遇到问题须立即询问指导教师，禁止在不了解规程的情况下进行尝试性操作或者修改参数。

3. 加工后的注意事项

1）加工后清除切屑、擦拭机床，使机床与环境保持清洁状态。

2）检查润滑油、切削液的状态，及时添加或更换。

3）加工后及时清点刀具、量具，将其摆放整齐并填写设备使用记录单。

4）应定期给机床除尘、润滑，调整丝杠螺纹副的轴向间隙，保证反向传动精度和轴向刚度，定期调整主轴驱动带的松紧程度，以防因带打滑造成丢转现象。

5）关机时要等主轴停转 3min 以后方可关机，依次关掉机床面板上的电源、总电源。

【知识拓展】

一、数控车床维护知识

1. 数控车床日常的维护

1）检查确认各润滑油油箱的油量是否符合要求，按规定对各手动加油点加油。

2）注意观察机床导轨与丝杠表面有无润滑油，应使其保持润滑良好。

3）检查确认液压夹具及主轴的运转情况。

4）工作时随时检查积屑情况，确认切削液系统工作是否正常，积屑严重时应停机清理。

5）如果离开机床时间较长要关闭电源，以防非专业者操作机床。

6）操作者在下班前应将各伺服轴回原点并按下“急停”按钮，停机、断电；清扫干净切屑、油垢，并在设备滑动导轨部位涂润滑油。

2. 数控车床每周的维护

1）每周要对机床进行全面的清理，在各导轨、滑动面及各丝杠处加润滑油。

2）检查和调整传动带、压板及镶条，使其松紧度适宜。

3）检查并拧紧滑块固定螺栓及传动机构、工作台支架螺栓等。

4）检查过滤器是否干净，若较脏，则必须洗净。

5）检查各电气柜过滤网，清洗粘附其上的尘土。

3. 数控车床每月与每季度的维护

1）各润滑油油管要畅通无阻，油窗明亮，且油箱内无沉淀物。

2）清理机床内部切屑、油垢。

3）向各润滑点加油。

4）检查所有传动部分有无松动，检查齿轮与齿条啮合情况，必要时进行调整或更换。

5）检查强电柜及操作平台，检查各紧固螺钉是否松动，用吸尘器或吹风机清理柜内灰尘。

6）检查所有按钮和选择开关的性能，各接触点应接触良好、不漏电，若损坏应更换。

4. 数控车床每年的维护

1）检查滚珠丝杠，清洗丝杠上的旧润滑脂，更换新润滑脂。

2）更换 X、Z 轴进给部分的轴承润滑脂，更换时必须把轴承清洗干净。

3）清洗各类阀、过滤器，清洗油箱底部，按规定换油。

4）清洗主轴润滑油油箱，并更换润滑油。

5）检查电动机换向器表面，去除毛刺，吹净碳粉，及时更换磨损过多的碳刷。

6）调整电动机传动带的松紧度。

7）清洗离合器片，清洗冷却箱并换切削液，更换切削液泵过滤器。

二、数控系统维护注意事项

1. 尽量减少打开数控柜门和强电柜门的次数

机械加工车间的空气中一般会有油雾、灰尘，甚至金属粉末，一旦它们落在数控系统的电路板或电子器件上，容易引起元器件间绝缘电阻下降，甚至导致元器件及电路板损坏。在夏天，有些用户为了使数控系统能够长期超负荷工作，常打开数控柜门来散热，这是一种极不可取的方法，最终将导致数控系统的加速损坏。

2. 定时清理数控柜的散热通风系统

检查数控柜上的各个冷却风扇是否正常，每半年或每季度检查一次风道过滤器是否有堵塞现象，若过滤网上灰尘积聚太多而不及时清理，会引起数控柜内温度过高。

3. 定期更换存储器用电池

一般数控系统内对 CMOS RAM（内存条）存储器设有充电电池维护电路，以便在系统不通电期间保持存储器中的内容。在一般情况下，即使存储器电池尚未失效，也应每年更换一次，以确保系统正常工作。电池的更换应在数控系统供电状态下进行，以防更换时 RAM 内信息丢失。

4. 备用印制电路板的维护

备用印制电路板长期不用时，应定期装到数控系统中通电运行一段时间，以防损坏。

5. 数控系统长期不用时的维护

数控系统长期不用时要经常通电，可在机床锁住不动的情况下让数控系统空运行。

三、7S 管理

管理：区分必需品和非必需品，现场不放置非必需品。

整顿：物品固定位置并标识，将寻找物品的时间降至最少。

清扫：清扫至没有脏污的干净状态，注重细微之处。

清洁：将整理、整顿、清扫进行到底，并使其制度化。

素养：自觉遵守各项规章制度，养成良好的习惯。

安全：消除隐患，保障员工的人身安全和正常生产。

节约：减少浪费，降低成本。

【能力提升】

一、单项选择题

1. 数控车床的核心是（　　）。

A. 控制面板　　B. 控制介质　　C. 数控装置　　D. 伺服单元

2. 人与数控车床之间建立某种联系的中间媒介称为（　　）。

A. 控制面板　　B. 控制介质　　C. 数控系统　　D. 伺服系统

3. 数控机床是采用（　　）技术对机床的加工过程进行自动控制的一类机床。

A. 数字控制　　B. 自动化　　C. 单片机　　D. 计算机

4. CNC 的中文含义是（　　）。

A. 计算机数字控制　　B. 工程自动化

C. 硬件数控　　D. 计算机控制

5. CKA6136 型机床是（　　）。

A. 普通立式车床　　B. 普通卧式车床

C. 卧式数控车床　　D. 立式数控车床

6. 数控机床日常维护保养中的日检项目不包括（　　）系统。

A. 液压　　B. 冷却　　C. 主轴润滑　　D. 伺服

7. 车刀的安装高度应严格对正（　　）的中心。

A. 工件　　B. 刀架　　C. 卡盘　　D. 工件的回转

8. FANUC-Oi 数控系统的图形校验按键是（　　）。

A. GSTM/GR　　B. CAN　　C. OFS/SET　　D. SYETEM

二、判断题

1. 用数字化信息实现加工自动化的控制技术称为数字控制技术，采用数控技术

控制的机床称为数控机床。(　　)

2. 数控车床工件的旋转运动是主运动，车刀的纵向或横向运动是进给运动。(　　)

3. CKA6140 型数控机床中的“61”指的是机床的组、系代码。(　　)

4. CKA6140 型数控机床中的字母“A”表示数字控制。(　　)

5. CA6140 型数控机床中的“40”表示最大回转直径是 400mm。(　　)

6. 进给伺服驱动系统由伺服控制电路、功率放大电路和伺服电动机组成。(　　)

7. 操作数控机床时应穿工作服，女同志应将长发塞入帽子里，可戴手套。(　　)

8. 在程序运行过程中需要暂停测量工件尺寸时，要待机床完全停止、主轴停转后方可进行测量，以免发生人身事故。(　　)

9. 禁止用手或其他任何方式接触正在旋转的主轴、工件或其他运动部位。(　　)

10. 开机前，操作者应按说明书的规定给相关部位加油，并检查油标、油量。(　　)

11. 手动换刀时，刀架与工件之间要有足够的转位距离，以保证不发生碰撞。(　　)

任务二　数控车床的基本操作

【任务目标】

知识目标

1. 掌握数控车床的手动模式和手轮模式。
2. 掌握数控车床的编辑操作模式。
3. 掌握数控车床的 MDI 操作模式。

技能目标

1. 能够以手动模式和手轮模式操作数控车床。
2. 能在编辑模式下进行字母的输入、删除、修改、替换等。
3. 能以 MDI 模式操作数控车床。

素质目标

1. 培养安全文明生产和遵守操作规程的意识。
2. 培养快速获取信息、学习新知识的能力。
3. 培养精益求精的工匠精神和团结协作的团队精神。

【任务引入】

数控车床的生产厂家众多，数控系统与机床操作面板各异，但其工作模式基本一致。数控车床的工作模式分为回零模式、手动模式、手轮模式、编辑模式、MDI模式、DNC模式和自动运行模式等，作为数控车床操作人员，必须熟悉在各种工作模式下操作机床、调试程序的方法。图2-1和图2-2所示是沈阳机床集团生产的、配备FANUC 0i Mate-TC系统的数控车床面板。

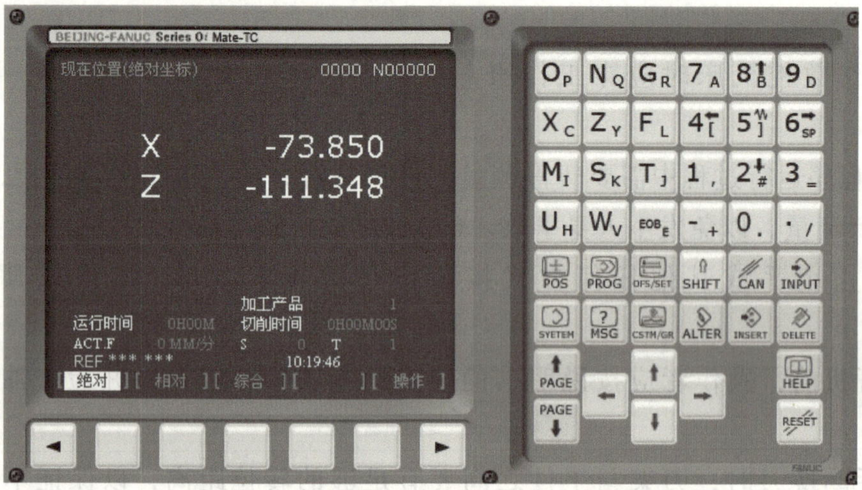

图2-1 FANUC 0i Mate-TC系统面板

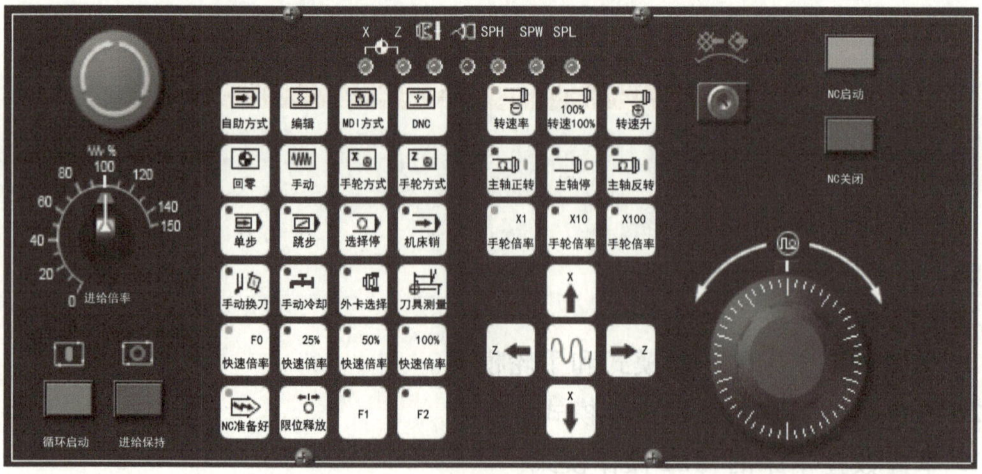

图2-2 机床控制面板

【任务分析】

知识技能点

1. 认识操作面板	1学时
2. 练习手动模式	1.5学时
3. 练习手轮模式	1.5小时

4. 练习编辑模式　　　　　　2 学时
5. 练习 MDI 模式　　　　　　1 学时
6. 任务评价与鉴定　　　　　1 学时

【任务实施】

实施步骤

数控车床的手动、手轮、编辑、MDI 模式的操作步骤见表 2-1。

表 2-1　数控车床的手动、手轮、编辑、MDI 模式的操作步骤

步骤	操作过程	图示
手动模式	按下“JOG”手动操作键,进入手动模式 1)按下主轴的正转、反转和停止按钮,观察主轴的正反转情况 2)旋转主轴转速调整旋钮,观察主轴的提速、降速情况	 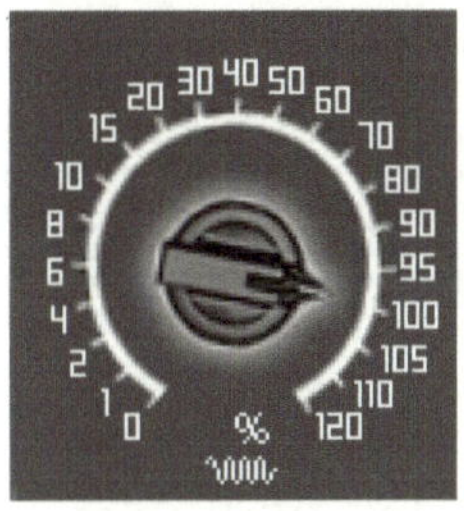
	3)按下“手动换刀”键,观察刀架的转动情况	
	4)按下切削液控制键,观察切削液的开关情况	
手轮模式	按下“HNDL”手轮操作键,进入手轮模式 1)X 手轮模式:向左边旋转时接近工件,向右旋转时远离工件 2)选择不同的手轮倍率“×1”“×10”“×100”,调节手轮进给量	 
	3)Z 手轮模式:向左边旋转时接近工件,向右旋转时远离工件 4)选择不同的手轮倍率“×1”“×10”“×100”,调节手轮进给量	 

手动、手轮模式

（续）

步骤	操作过程	图示
编辑模式	按下“EDIT”编辑操作键，进入编辑模式 1）新建程序：按下“PROG”键进入程序界面 2）输入“O0001”，按“INSERT”键，建立一个新程序，然后按下“EOB”键，输入“；”	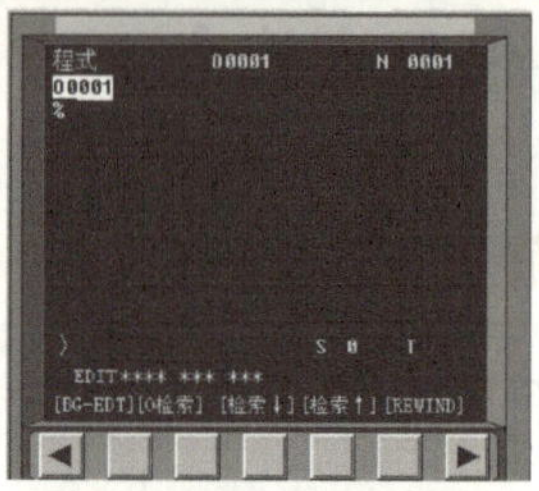 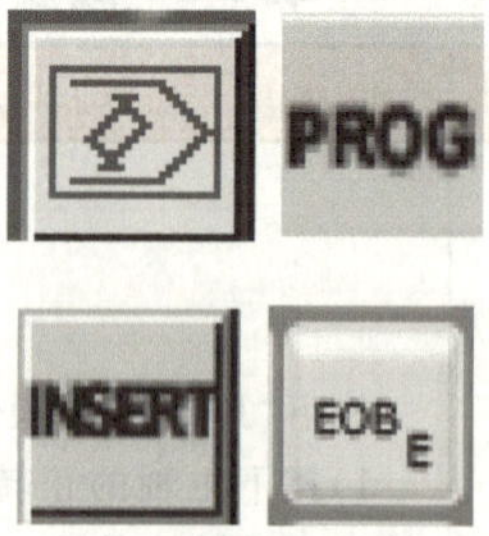
	编辑程序：熟悉数控车床面板各字母、数字、功能键的位置及用法 字符的添加：“INSERT” 字母的删除：“CAN” 字符的删除：“DELETE” 字符的替换：“ALTER”	
	删除程序：要删除程序号为 O0100 的程序，操作步骤为 1）按下“PROG”键显示程序界面 2）输入要删除的程序号“O0100” 3）按下“DELETE”键删除程序	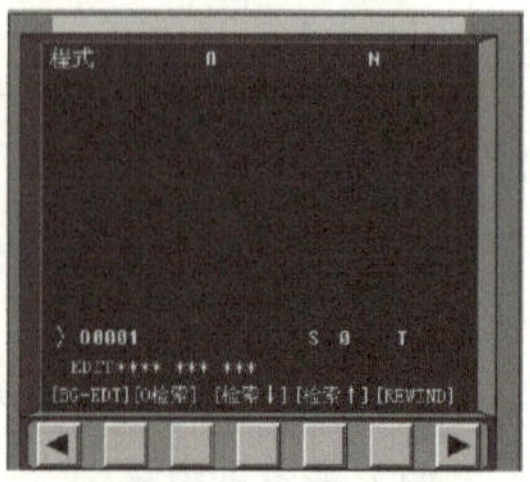

编辑、MDI模式

（续）

步骤	操作过程	图示
MDI 模式	按下“MDI”操作按钮键，按下“PROG”键显示程序界面，进入 MDI 模式 主轴正转：输入“M03 S500”，按下“循环启动”键，观察主轴的正转	
	刀架转换：输入“T0303”，按下“循环启动”键，观察刀架的转换	
	切削液开关：输入“M8”，按下“循环启动”键，观察切削液开；输入“M9”，按下“循环启动”键，观察切削液关	

操作提示： 1）手动操作时，要密切观察坐标轴的实际移动位置，应特别注意刀架与主轴、尾座的相对位置，防止碰撞。

2）起动主轴前，确保卡爪夹紧工件，如未夹紧工件，要先将卡爪旋至靠近中心位置，并关闭防护门。

3）执行换刀命令时，要确定刀架上没有安装超长刀具，保证不会与主轴、工件、尾座等其他部分发生干涉和碰撞。

【任务评定】

1. 任务评价

综合评价表见表 2-2。

表 2-2　综合评价表

项目	出勤（10 分）	课堂纪律（10 分）	零件加工（60 分）	职业素养（20 分）	综合成绩
个人评价（20%）					
小组评价（30%）					
教师评价（50%）					
综合得分					

2. 任务鉴定

实训鉴定表见表 2-3。

表 2-3　实训鉴定表

自我鉴定	你在本任务中学习了哪些新的知识和技能？加工过程中出现了哪些问题？你是如何解决的？ 学生签名：＿＿＿＿＿ ＿＿＿年＿＿＿月＿＿＿日

（续）

教师鉴定	对本学生的最终鉴定（优秀、良好、一般、差）： 指导教师签名：________ ____年____月____日

【知识链接】

一、数控车床的操作模式

数控车床有七种操作模式，包括自动、DNC、编辑、MDI、回零、手动和手轮模式。表 2-4 列出了各种操作模式的功能键图及功能介绍。

表 2-4　数控车床的操作模式

序号	模式名称	功能键图	功能介绍
1	自动		实现程序的自动运行
2	DNC		实现在线加工
3	编辑		实现程序的创建、编辑、修改和删除
4	MDI		实现手动数据的输入、临时命令的执行
5	回零		实现机床返回参考点操作
6	手动		实现各坐标轴手动快速移动
7	手轮		实现各坐标轴手轮位置控制

注：模式选择键是单选键，数控车床工作时只能选择其中之一。

二、数控车床各工作模式解析

1. 自动模式（AUTO）

按下“AUTO”键，车床进入自动运行模式，实现调用程序的自动运行。

注意：在此阶段，学生不允许自行进行自动模式的操作。

2. DNC 模式（DNC）

按下“DNC”键，车床进入在线加工模式，实现程序的网络传输和自动加工。

3. 编辑模式（EDIT）

按下“EDIT”键，车床进入编辑运行模式，实现调用程序的新建、编辑、修改和删除。

（1）新建程序　按下“PROG”键进入程序界面，首先输入“O0001”，按下“INSERT”键，然后按下“EOB”键，输入“;”，此时便建立了一个新程序的名称。

（2）编辑程序　输入程序语句，按下“INSERT”键可实现字符的插入，按下“CAN”键可实现字母的删除，按下“DELETE”键可实现字符的删除，按下“ALTER”键可实现字符的替换。

完成新程序的输入后，按下“RESET”键可以使光标回到程序的开始位置。

（3）修改程序　如果检查中发现程序输入有错误，可以先移动光标键“→”“←”“↑”“↓”到错误的字符处，输入正确的字符，再按下替换键“ALTER”，即可替换成正确的字符。

（4）删除程序　首先输入要删除的程序号“O0001”，按下“检索”键，调出要删除的程序，按下“DELETE”键即可删除程序。

4. MDI 模式

手动输入程序代码，执行各临时指令，如起停主轴、开关切削液、自动换刀、移动刀架、修改机床参数等。它的特点是输入简单的程序。

例如，主轴起动的操作方法为：切换到 MDI 模式，按下“PROG”键，调出程序界面，输入“M03 S400 ;”然后按下“循环起动”按钮。若要让主轴停止转动，可以在手动模式或手轮模式下按“主轴停”按钮或者按“RESET”键。

注意：在 MDI 模式下移动刀架位置时，应该使用增量坐标输入，如“G00 U10 W25”因为不能调用正确的工件坐标系，使用增量坐标可避免出现撞车。

5. 回零模式

回零模式也称为回原点模式或返参（REF）模式，按照先执行 X 轴回零、后执行 Z 轴回零的次序进行操作，这样可以避免刀架与后尾座上的顶尖发生碰撞。

注意：进行回零操作前，应首先沿着 X 轴、Z 轴负方向远离零点适当距离，然后进行回零操作，这样可以避免回零过程中的超程现象。

6. 手动模式（JOG）

1）点动操作：点按坐标进给键，实现坐标轴点动。

2）手动连续进给：按住坐标进给键，坐标轴实现连续进给。速度由“进给倍率”旋钮调节。按中间加速键可快速移动刀架。

注意：手动操作时，要密切观察坐标轴实际移动位置，特别注意刀架与主轴、尾座的相对位置，防止碰撞。

7. 手轮模式（HNDL）

将机床控制模式选为“X 手轮方式”或“Z 手轮方式”，转动手轮实现手摇脉冲进给，向左旋转时接近工件，向右旋转时远离工件。

选择不同的手轮倍率调节手轮进给量，手轮倍率为“×1”时，手轮转动一个刻度，坐标值变化为脉冲当量 0.001mm×1＝0.001mm；手轮倍率为“×10”时，手轮转动一个刻度，坐标值变化为脉冲当量 0.001mm×10＝0.01mm；手轮倍率为“×100”时，手轮转动一个刻度，坐标值变化为脉冲当量 0.001mm×100＝0.1mm。

注意：手轮操作时，应先判断坐标轴的运动方向，然后方可进行动作。

三、数控车床疑难问题解析

1. 在什么情况下数控车床需要回零操作

1）机床开机后。

2）机床停电后。

3）按下急停按钮后。

4）机床锁住后。

5）图形模拟后。

2. 数控车床主轴如何停止转动

1）在 MDI 模式下主轴转动后，按下手动键，指示灯亮；再按下主轴停止键，或按下“RESET”键，主轴停止转动。

2）工件加工完成后使主轴停止转动，可在程序最后输入“M05”“M30”或“M02”，则工件加工完成后，主轴自动停止。若未输入“M05”“M30”或“M02”，待工件加工完成后，也可以手动按下主轴停止键或“RESET”键使主轴停止转动。

3. 如何使用“急停”按钮

数控车床运行过程中，在危险或紧急情况下按下“急停”按钮，CNC 即进入急停状态，伺服进给及主轴运转立即停止工作（控制柜内的进给驱动电源被切断）；松开“急停”按钮（左旋此按钮，自动跳起），CNC 进入复位状态。

解除急停前，应先确认故障原因是否已经排除；解除急停后，应重新执行返回参考点操作，以确保坐标位置的正确性。

在开机和关机前应按下“急停”按钮，以减少设备被电流冲击。

4. 数控车床如何解除超程

在伺服轴行程的两端各有一个极限开关，其作用是防止伺服机构因碰撞而损坏。每当伺服机构碰到行程极限开关时，就会出现超程。当某轴出现超程（“超程解除”按键内指示灯亮）时，系统视其状况为紧急停止。需要退出超程状态时，可进行如下操作：

1）设置工作模式为手动或手摇方式。

2）一直按压着“超程解除”按键（控制器会暂时忽略超程的紧急情况）。

3）在手动（手摇）方式下，使该轴向相反方向运行，退出超程状态。

4）松开“超程解除”按键，若显示屏上运行状态栏“运行正常”取代了“出错”，表示恢复正常，可以继续操作。

注意：在操作机床退出超程状态时，务必注意移动方向及移动速率，以免发生碰撞。

【知识拓展】

一、机床坐标系和工件坐标系

数控车床坐标系

数控车床通电后，需要进行回零（回参考点）操作，其目的是建立数控车床进行位置测量、控制、显示的统一基准，该点就是所谓的机床原点，它的位置由机床位置传感器决定。回零操作完成后便确定了机床原点的位置。

一般来说，零件的数控加工编程和零件在机床上加工是分开进行的。数控编程员根据零件的设计图样，选定一个方便编程的坐标系及其原点，称为程序坐标系和程序原点（也称工件坐标系和工件原点）。程序原点一般选在工件右端面的中心位置。

机床坐标系和工件坐标系如图 2-3 所示。

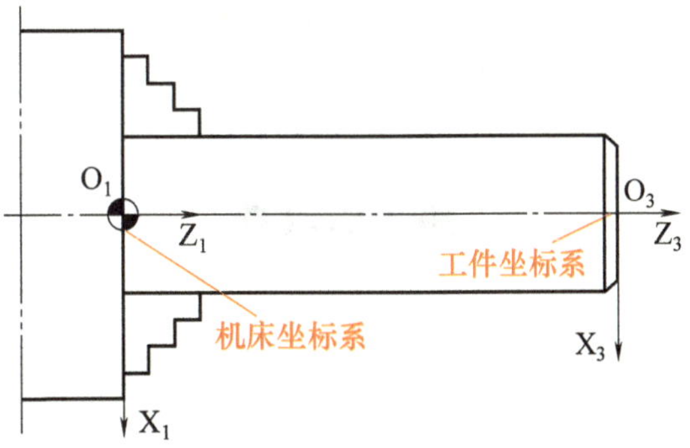

图 2-3　机床坐标系和工件坐标系

二、对刀原理

对刀原理

数控装置（CNC）进行控制、运算所参照的坐标系是机床坐标系，而工件坐标系是为了便于编程人为设定的，两者之间必须建立对应关系，才能将工件坐标转换为机床坐标，从而正确地控制刀具运动轨迹（数控机床只能识别机床坐标系），所以找出这种对应关系的操作称为对刀。

刀架内有一个刀架基准点，CNC 通过控制刀架基准点的运动，间接地控制每把刀的刀位点运动。因每把刀的几何形状、刀位点、安装位置各不同，所以刀架基准点也各不相同，必须通过对刀操作来设定每把刀的刀具补偿值，并将其输入补偿寄存器中，如图 2-4 所示。

CNC 内部刀具补偿值的计算公式：机床坐标 = 工件图样坐标 + 刀具补偿值。数控机床执行到 T 指令时，CNC 会读取对应的刀具补偿值，然后用工件的图样坐标加上刀具补偿值，计算出当前的机床坐标，从而对刀具轨迹进行正确的运算和控制。

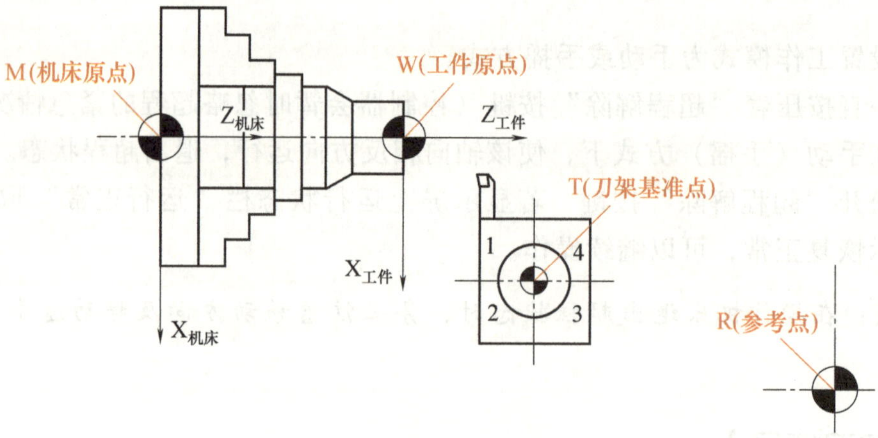

图 2-4　刀架基准点示意图

三、对刀步骤

对刀步骤

对刀设置

对刀操作

试切法对刀步骤如图 2-5 所示。

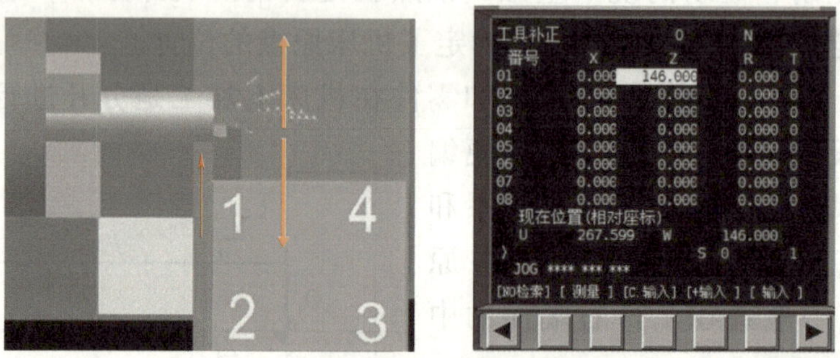

a) Z向对刀

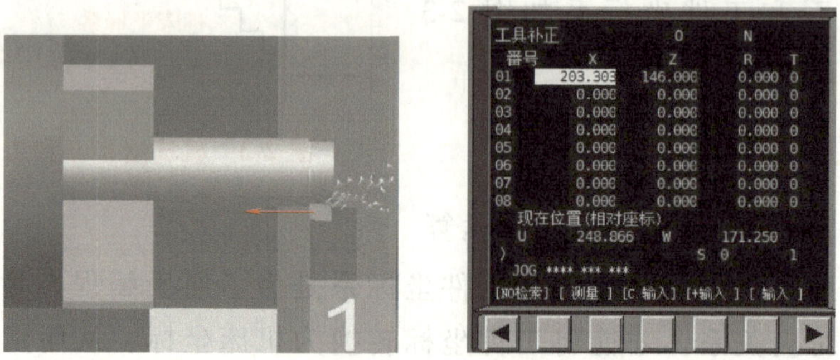

b) X向对刀

图 2-5　试切法对刀步骤

1. 试切操作

1）在卡盘上夹紧 ϕ30mm 的毛坯，主轴正转，在手动模式下，将外圆车刀沿-X 方向沿工件端面切平端面，沿着+X 方向原路返回，在“刀补”中的“补正/形状”界面相对应的刀具号中输入“Z0”，按下“测量”软键，完成 Z 向对刀，如图 2-5a 所示。

2）沿着-Z 方向试切工件外圆，切掉薄薄的一层，然后沿着+Z 方向原路返回到安全位置后，主轴停转，用卡尺或者千分尺测量试切过的工件直径，并记为 a。然后在“刀补”中的“补正/形状”界面相对应的刀具号中输入“Xa”，按下“测量”软键，完成 X 向对刀，如图 2-5b 所示。

2. 输入并运行程序

在 MDI 模式下输入程序，并在自动模式下运行。

```
O0000;
M03 S500;
T0101;
G00 X30 Z50;
M05;
M30;
```

3. 检测

用游标卡尺测量刀尖与工件右端面之间的距离，判断 Z 向对刀是否准确；测量刀尖与工件圆柱面之间的距离，判断 X 向对刀是否准确。

【能力提升】

一、单项选择题

1. （　　）可以控制手动模式下移动刀架的速度。

A. 进给倍率　　B. 快速倍率　　C. 主轴倍率　　D. 系统参数

2. 应该在（　　）工作模式下创建一个新的程序。

A. 自动　　B. MDI　　C. 编辑　　D. 手动

3. （　　）是指机床上一个固定不变的极限点。

A. 机床原点　　B. 工件原点　　C. 对刀点　　D. 换刀点

4. 数控车床开机时一般要进行返回参考点操作，其目的是（　　）。

A. 换刀准备加工　　B. 建立机床坐标系

C. 建立局部坐标系　　D. A、B、C 都正确

5. 在“EDIT”模式下，要删除一个当前输入的字符，应按（　　）键。

A. DELETE　　B. BACK SPACE　　C. ALTER　　D. CAN

6. 在程序执行时，下面的（　　）指令仅当操作面板上的某按键按下时才有效。

A. M00　　B. M01　　C. M02　　D. M30

7. 工件坐标系的零点一般设在（　　）。

A. 机床零点　　B. 换刀点

C. 工件的端面中心　　D. 卡盘根部

8. 试切端面是为（　　）对刀。

A. X 向　　B. Z 向　　C. Y 向　　D. X、Z 向

9. 使用 T 指令设定工件坐标系时，对刀应在（　　）界面上完成。

A. 工具补正/磨耗　　B. 工具补正/形状

C. WORK COONDATES　　D. 现在位置/(相对坐标)

二、判断题

1. 每按一次“手动换刀”按键，刀架就按顺序回转一个刀位号。(　　)
2. 主轴正转时，在手动模式下，可以直接按下“主轴反转”按键。(　　)
3. 数控车床关机前必须按下“急停”按钮。(　　)
4. 带绝对编码器的数控车床不需要开机返回参考点。(　　)
5. 数控车床使用的是220V交流电。(　　)
6. 在“AUTO”模式下，按下“RESET”键，即可使光标跳到程序开始段。(　　)
7. M01为暂停按钮，其只在机床操作面板上的选择开关处于“ON”位置时起作用。(　　)
8. 通过旋转机床面板上的“进给倍率”旋钮，可在不停机、主轴旋转的情况下调节主轴转速。(　　)
9. 试切对刀操作中，X向对刀要试切并测量外圆。(　　)
10. 刀具补偿值=当前工件坐标-当前机床坐标。(　　)
11. 对刀操作的目的是建立机床坐标系与工件坐标系之间的关系。(　　)
12. 刀补值的测量过程称为对刀。(　　)
13. 数控车床的机床坐标原点和机床参考点是重合的。(　　)
14. 机床参考点在机床坐标中的位置由系统设定，用户一般不能改变。(　　)

项目二　外圆类零件车削加工

外圆类零件包括光轴类零件、阶梯轴类零件、锥轴类零件、圆弧轴类零件和凹凸轴类零件。本项目首先介绍加工此类零件时用到的 G01、G02、G03 等基本指令，然后依托任务导向的形式，进行任务引入、任务分析、任务实施和任务评定，在完成任务的同时，也掌握了相应指令的格式、参数的选取、零件的编程、仿真和数控加工方法。

任务三　加工光轴类零件

【任务目标】

知识目标

1. 掌握 S、F、T、M、G 指令的格式及应用方法。
2. 掌握 G00、G01 指令的格式及应用方法。
3. 了解常用的外圆车削刀具和切削用量。

技能目标

1. 能够进行对刀操作，并正确制订光轴类零件的加工工艺。
2. 能够应用 G00、G01 指令编写光轴类零件的加工程序。
3. 能够对光轴类零件进行检测，并对加工误差给出处理方法。

素质目标

1. 培养正确使用工具、量具和安全文明生产的意识。
2. 培养遵守车间 6S 管理规定的意识。
3. 培养团结协作的团队意识和精益求精的工匠精神。

【任务引入】

如图 3-1 所示的光轴零件，毛坯为 ϕ40mm×105mm 的 2A12 铝棒，未标注的倒角

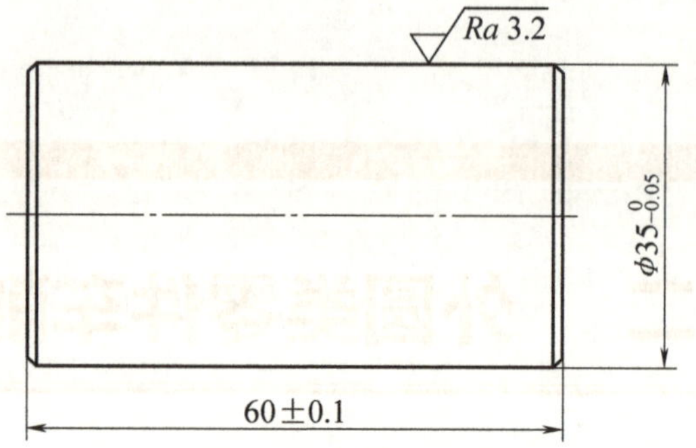

图 3-1　光轴零件

均为 $C1$，请按图样要求合理制订加工工艺，编写加工程序，并能安全操作数控车床，保证加工精度和表面质量要求。

【任务分析】

一、分析图样

1. 形状分析

该零件的外形主要由光轴和倒角 $C1$ 构成，结构较简单，需要两端加工。

2. 尺寸精度分析

零件尺寸主要是外径尺寸、长度尺寸和倒角尺寸，其中外径尺寸的公差为$_{-0.05}^{\ 0}$mm，总长尺寸公差为±0.1mm。由于该零件的精度要求较高，且加工余量较大，须分粗、精加工，以保证精度。

3. 表面粗糙度分析

该零件的表面粗糙度值为 $Ra3.2\mu m$，未标注的倒角均为 $C1$。

二、确定实训设备清单

机床、刀具、量具、工具和毛坯清单，见表 3-1。

表 3-1　机床、刀具、量具、工具和毛坯清单

序号	实训设备	型号	数量	备注
1	机床	CKA6140 型数控车床	6 台	FUNAC-0i-MATE-TF
2	刀具	95°外圆车刀	1 把	MCLNR2020K12
		45°外圆车刀	1 把	MCLNR2020K12
		4mm 切断刀	1 把	
3	量具	0~150mm 游标卡尺	1 把	
		25~50mm 外径千分尺	1 把	
		百分表	1 块	
4	工具	百分表架	1 套	
		内六角扳手	1 套	
		卡盘扳手	1 把	
		套管	1 个	
		毛刷	1 把	
5	毛坯	ϕ40mm 铝棒	6 根	材料 2A12

【任务实施】

一、制订加工工艺

光轴的加工

1. 加工工艺分析

按照零件图的要求，毛坯长度为 105mm，且两端都有倒角，所以该零件采用两次装夹完成加工，加工方案如下。

（1）加工右端

1）夹持毛坯外圆 ϕ40mm，向外伸出 75mm 左右，找正。

2）车平端面，对刀，设零件右端面中心为编程原点。

3）分别粗车外圆至 ϕ38mm、ϕ36mm。

4）精车外圆至 ϕ35mm（注意：工艺倒角 $C1$，表面粗糙度值为 $Ra3.2\mu m$）。

5）切断工件。

（2）加工左端　掉头装夹工件，手动车平端面，倒角，保证工件总长 60mm。

2. 确定刀具及切削用量

根据对零件加工工艺的分析，选择一把机夹式外圆车刀完成零件的粗、精加工，外加一把刀宽 4mm 的切断刀。刀具卡片见表 3-2。

表 3-2　刀具卡片

刀号	刀具图片	刀片规格	加工内容	背吃刀量/mm	进给量/(mm/r)	主轴转速/(r/min)
T0101	 95°外圆车刀	 CNMG120404	粗车	1	0.15	500
T0101	 95°外圆车刀	 CNMG120404	精车	0.5	0.10	1000
T0303	 4mm切断刀	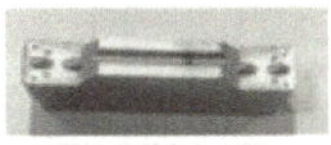 MGMN400-M	切断	0.5	0.05	500
T0404	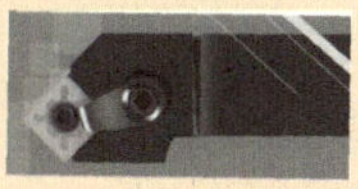 45°倒角车刀	 CNMG120404	倒角	1	0.15	500

3. 加工工艺卡片

根据零件加工工艺和刀具的选用情况，制订加工工艺卡片，见表 3-3。

表 3-3 加工工艺卡片

<table>
<tr><td>名称</td><td colspan="2">光轴</td><td>零件图号</td><td>CK-01</td><td>系统</td><td>FANUC 0i-TF</td><td>材料</td><td>2A12</td></tr>
<tr><td>工序简图</td><td colspan="8">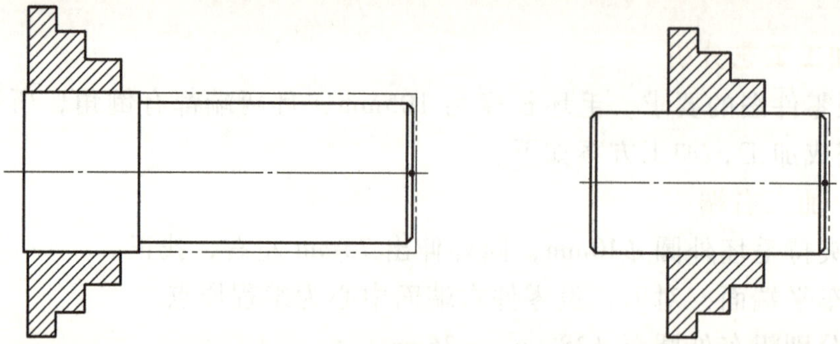</td></tr>
<tr><td rowspan="2">工序号</td><td rowspan="2">工步</td><td rowspan="2" colspan="2">工步内容</td><td rowspan="2">刀具</td><td colspan="4">切削用量</td></tr>
<tr><td colspan="2">背吃刀量/mm</td><td>进给量/(mm/r)</td><td>主轴转速/(r/min)</td></tr>
<tr><td rowspan="3">1</td><td>1</td><td colspan="2">车平端面，分别粗车外圆至 ϕ38mm、ϕ36mm，留 1mm 精车余量</td><td>T0101</td><td colspan="2">1</td><td>0. 15</td><td>500</td></tr>
<tr><td>2</td><td colspan="2">精车外圆至 ϕ35mm</td><td>T0101</td><td colspan="2">0. 5</td><td>0. 10</td><td>1000</td></tr>
<tr><td>3</td><td colspan="2">切断工件</td><td>T0303</td><td colspan="2">0. 5</td><td>0. 05</td><td>500</td></tr>
<tr><td>2</td><td>1</td><td colspan="2">掉头装夹工件，手动车平端面，倒角，保证工件总长 60mm</td><td>T0404</td><td colspan="2">1</td><td>0. 15</td><td>500</td></tr>
</table>

二、节点计算与编程

1. 建立工件坐标系，确定节点坐标

根据零件图样，图中各个编程节点的坐标可以通过标注的尺寸直接读出，零件两端的编程原点和各节点坐标见表 3-4。

表 3-4 编程原点和各节点坐标

<table>
<tr><td>加工内容</td><td>图示</td><td>节点坐标</td></tr>
<tr><td>加工外圆及切断</td><td>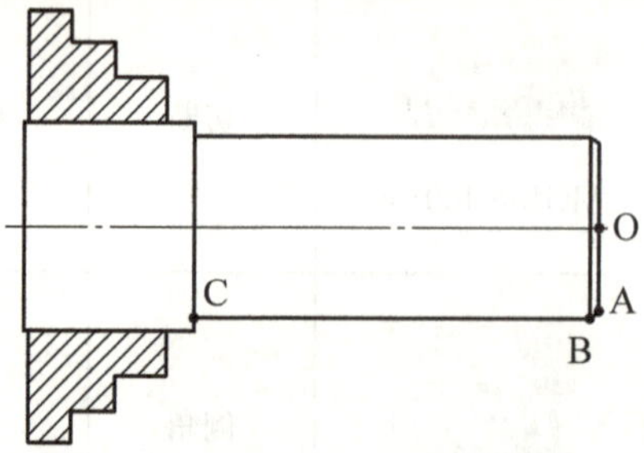</td><td>A(33,0)
B(35,-1)
C(35,-65)</td></tr>
</table>

2. 编写加工程序

根据零件的加工工艺及各节点坐标，编写零件的加工程序。

（1）右端加工程序　零件右端加工程序见表 3-5。

表 3-5　零件右端加工程序

程序段号	程序段	说　明
N05	O3001;	程序号;
N10	G99 G97;	设置进给量 F(单位为 mm/r),每转进给
N15	T0101;	调用 1 号粗车刀,同时建立工件坐标系
N20	M03 S500;	主轴正转,转速为 500r/min
N25	G00 X38 Z2;	刀具快速接近工件,定位
N30	G01 Z-65 F0. 15;	车削 ϕ38mm 外圆,长度为 65mm,设置粗车进给量为 0. 15mm/r
N35	G00 X42;	X 向退刀
N40	Z2;	Z 向退刀
N45	X36;	X 向进刀
N50	G01 Z-65;	车削 ϕ36mm 外圆,长度为 65mm
N55	G00 X42;	X 向退刀
N60	G00 X100 Z100;	退刀
N65	M05;	主轴停止
N70	M00;	程序停止
N75	T0101;	调用 1 号精车刀
N80	M03 S1000;	主轴正转,转速为 1000r/min
N85	G00 X33 Z2;	刀具快速接近工件,定位
N90	G01 Z0 F0. 1;	切入工件,设置精车进给量为 0. 10mm/r
N95	X35 Z-1;	车 C1 的倒角
N100	Z-65;	精车 ϕ35mm 外圆,长度为 65mm
N105	X42;	X 向退刀
N110	G00 X100 Z100;	退刀
N115	M05;	主轴停止
N120	M30;	程序结束

(2) 左端加工程序　零件左端端面和倒角的加工可手动完成。

三、软件仿真

在数控宇龙仿真系统完成本任务的仿真加工，操作步骤见表 3-6。

光轴加工参数设置与仿真

表 3-6　仿真加工的操作步骤

步骤	操作过程	图　示
选择机床	打开数控仿真系统,打开“选择机床”对话框,选择“FANUC”→“FANUC 0i Mate”→“车床”→“宝鸡机床集团 SK 50P”,单击“确定”按钮,进入仿真界面	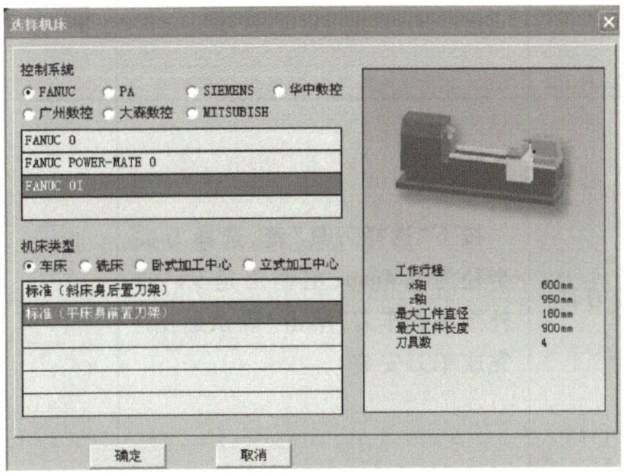

（续）

步骤	操作过程	图　示
开机回零	起动数控机床，松开“急停”按钮，系统处于回零状态，按下“→”“↓”键完成机床回零	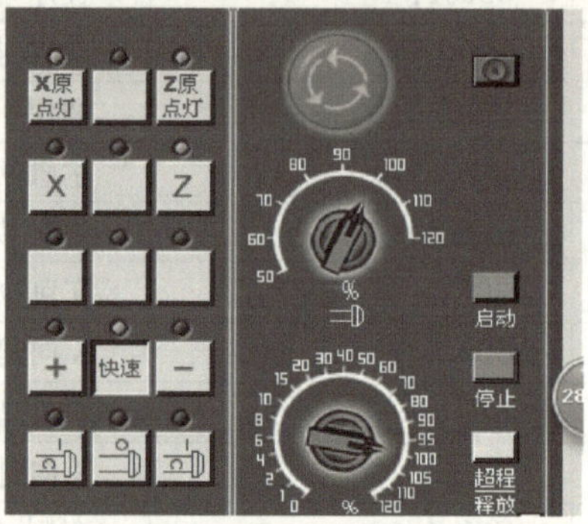
定义毛坯	按下“定义毛坯”键，设置直径为“40”，长度为“105”	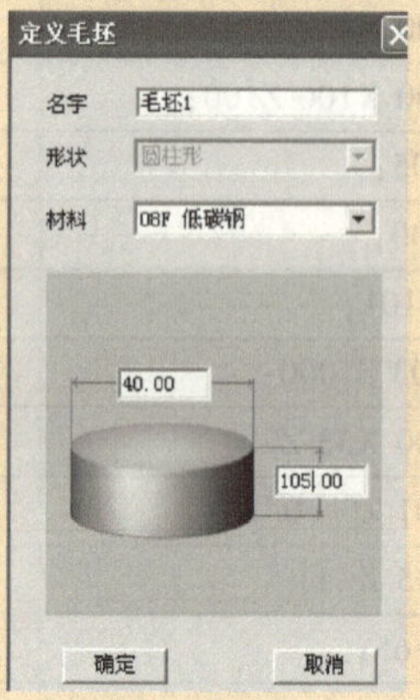
安装零件	按下“选择零件”键，在对话框内选择“毛坯 1”，单击“安装零件”，完成安装	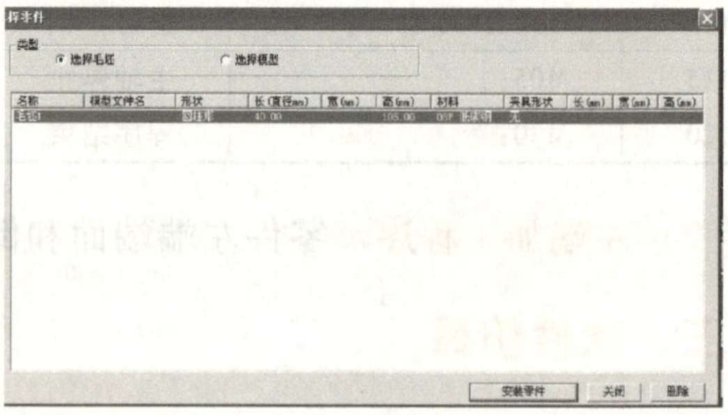
移动零件	按下“移动零件”键，将毛坯移动至合适位置	
安装刀具	按下“选择刀具”键，选择刀尖半径为 0.4mm、主偏角是 95°的外圆左偏车刀，单击“确认退出”完成车刀安装	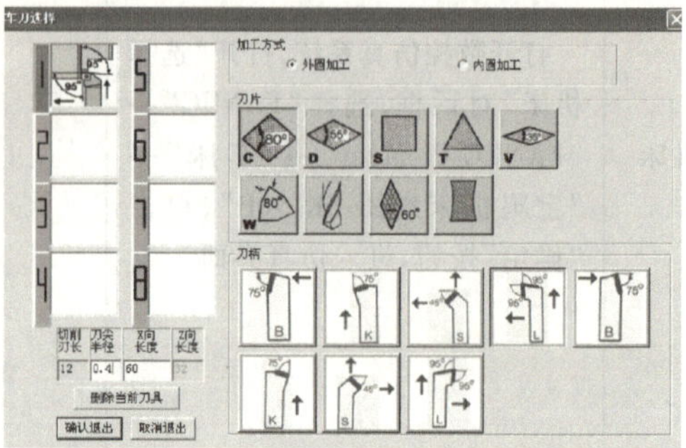

（续）

步骤	操作过程	图　示
车端面	手动控制车刀，切削掉工件右端薄薄的一层，然后按照原路退出工件，注意车刀不要左右移动	
Z 轴对刀	按下“offset”对刀键，光标停在01号车刀所在行，下方输入“Z0”，按下“测量”软键，完成Z轴对刀	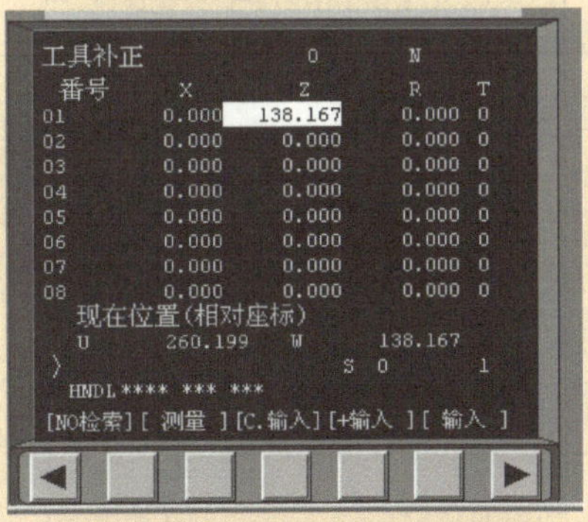
车外圆	手动控制车刀，在工件外圆柱面车削掉薄薄的一层，然后车刀按照原路返回工件外侧，注意X向不要移动	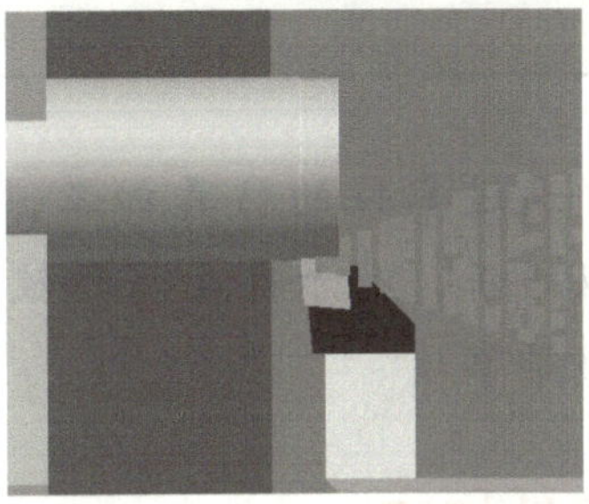
X 轴对刀	主轴停转，按下“测量”→“剖面图测量”，选择工件外圆，记下相应的X值，调出“offset”对刀界面，在相应位置输入“X39.882”，然后按下“测量”软键，完成X轴对刀	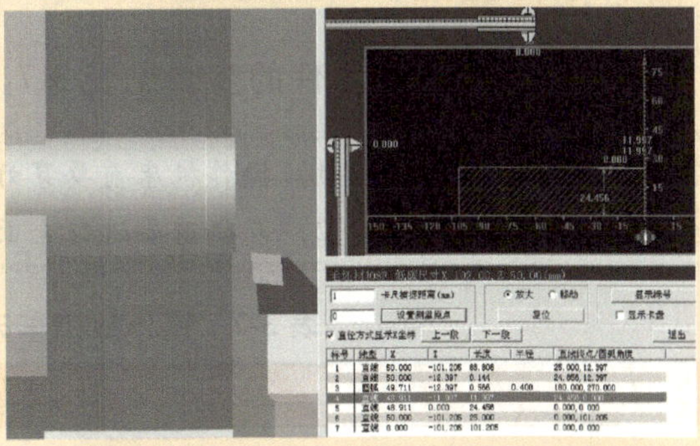
输入右端程序	按下编辑键“EDIT”→程序键“PROG”，进入程序输入界面，完成右端程序O3001的输入	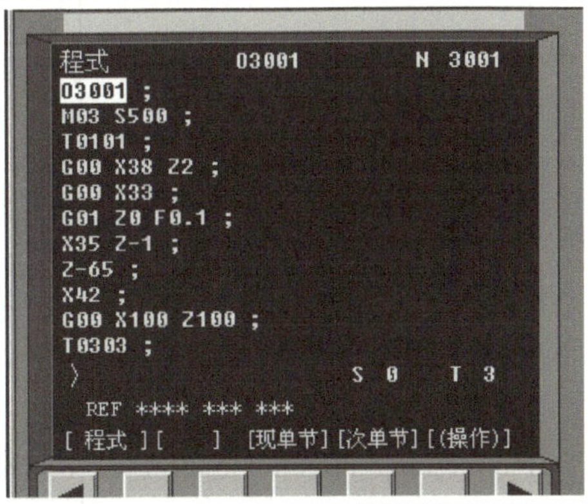

（续）

步骤	操作过程	图　示
加工右端	选择“自动运行”方式，按下“启动”键，运行右端加工程序	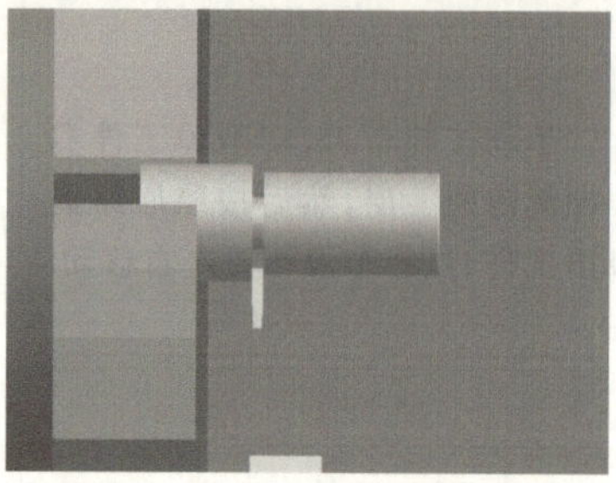
保存文件	选择菜单栏“文件”→“保存项目”选项，选择保存路径并输入文件名，单击“保存”，完成仿真文件保存	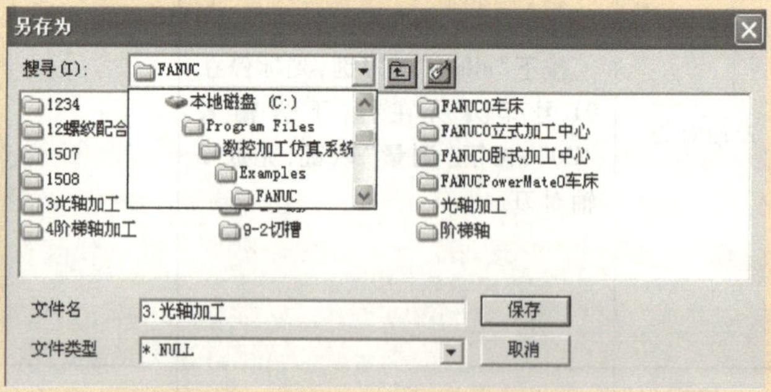

注意： 通过零件的仿真加工，可以及时发现加工程序及操作过程中的错误，并及时加以纠正，对于存在问题较多的步骤可以反复练习，防止在实际操作过程中发生碰撞等事故。

四、零件加工

操作数控车床加工零件的步骤见表 3-7。

操作提示：

1）操作机床前要穿好工作服，戴工作帽，系紧领口、袖口。

2）开机前要进行全面安全检查，杜绝安全隐患。

表 3-7　操作数控车床加工零件的步骤

步骤	操作过程	图　示
装夹毛坯	对数控车床进行安全检查，打开机床电源，开机回零，装夹工件，伸出长度为 75mm 左右	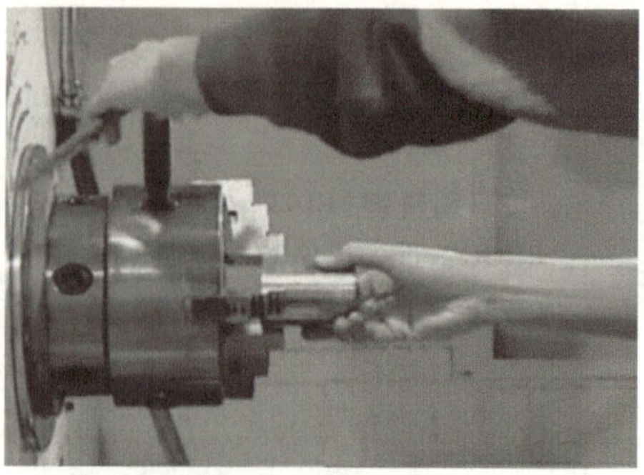

（续）

步骤	操作过程	图　示
安装车刀	1号车刀安装95°外圆车刀，利用垫刀片调整刀尖高度，并用顶尖检验刀尖高度	
车端面	主轴正转，在“手轮”模式下调整车刀位置，车削工件右端面一刀，再沿X向退刀，注意不要左右移动车刀	
Z轴对刀	在“offset”对刀模式下，光标停在01号车刀所在行，下方输入“Z0”，按下“测量”软键，完成Z轴对刀	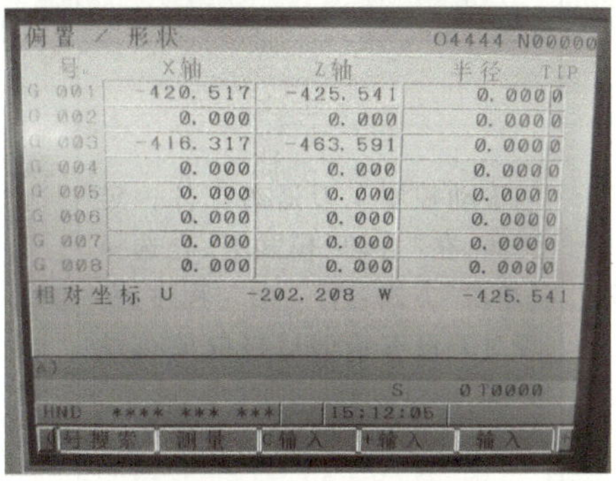
车外圆	移动车刀，车削掉工件外圆薄薄的一层，沿着Z轴方向原路返回，注意车刀不要前后移动	
X轴对刀	主轴停转，用游标卡尺测量工件外径，在“offset”界面上输入直径值X后，按下“测量”软键，完成X轴对刀	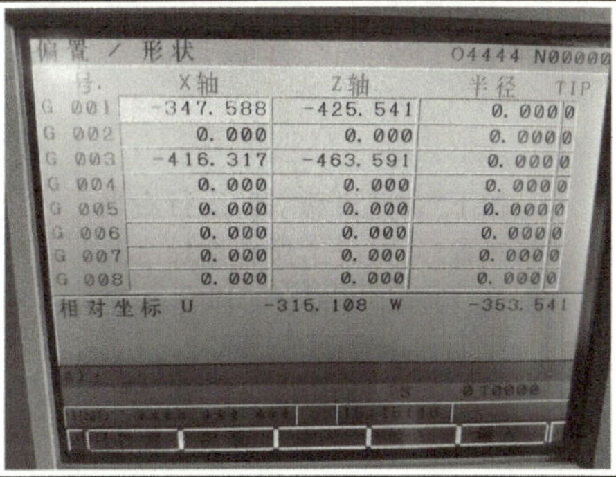

（续）

步骤	操作过程	图　示
验证刀补值	在“MDI”模式下输入一小段程序“T0101”“G0 X50 Z50”并运行，检查车刀当前位置是否与输入值相同，以保证对刀正确	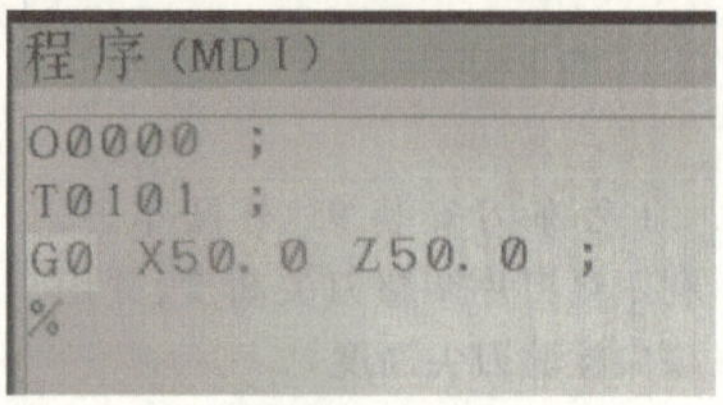
输入右端程序	在“EDIT”编辑模式下，按下“PROG”程序键，进入程序输入界面，完成右端程序 O3001 的输入，并认真检查程序内容	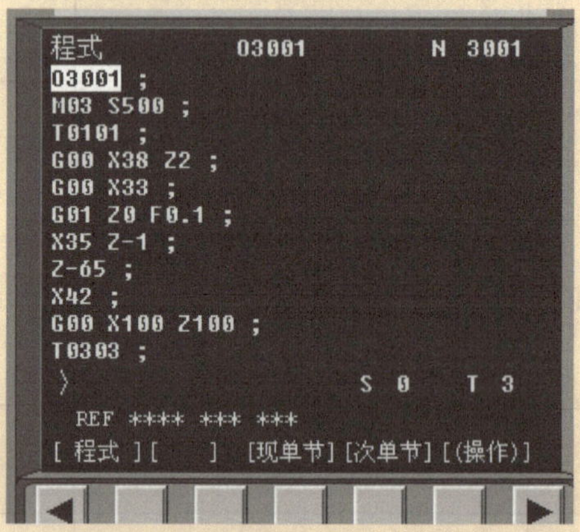
加工右端	手动控制车刀退离工件一定距离，在“自动”模式下，先选择“单段”方式运行一两句程序，发现对刀没有错误后再取消单段方式，连续运行	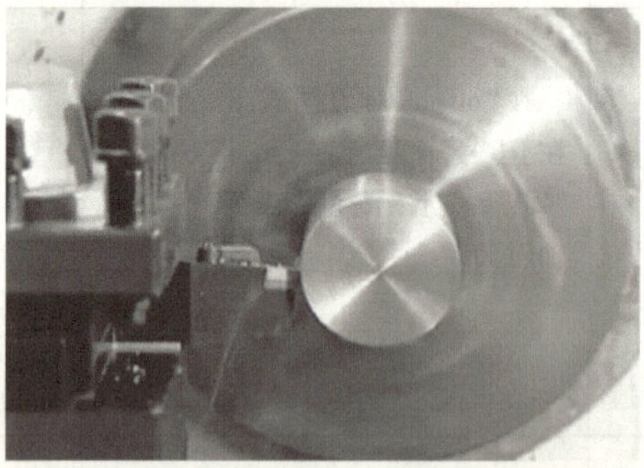
测量工件，修正刀补值	程序运行 M00 后，用外径千分尺测量工件外径，按照图样尺寸计算出刀补值，对刀补值进行修正 刀补值=测量值-图样尺寸	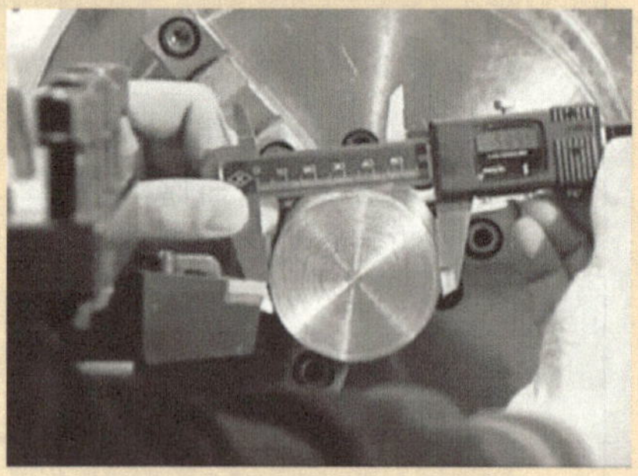
精车右端	按下“循环启动”键，运行右端精车程序，完成工件右端加工并测量，检验是否符合图样要求	

（续）

步骤	操作过程	图　示
切断工件	换 3 号切断刀，左刀尖在 -65mm 处（切断刀刀宽为 4mm），手动切断工件	
工件掉头装夹	卸下工件，用铜皮包住 ϕ35mm 已加工表面，向外伸出 30mm 左右	
车端面，测长度	主轴正转，换 1 号刀，手动控制车刀车削工件端面，并沿 X 向退刀，主轴停转。用游标卡尺测量工件总长，计算出车削余量为 60.8mm-60mm=0.8mm	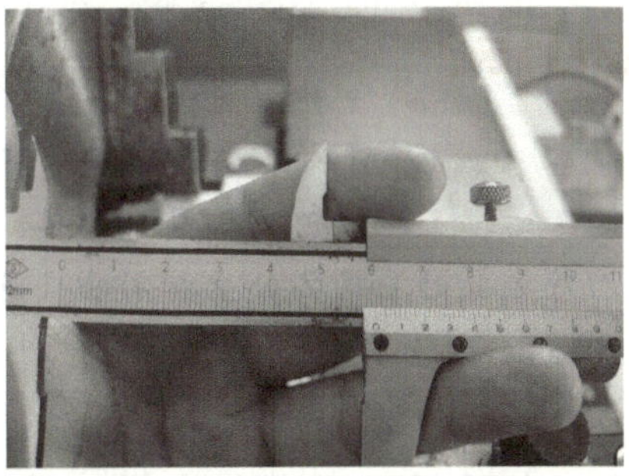
Z 向坐标清零	相对坐标 Z 向清零	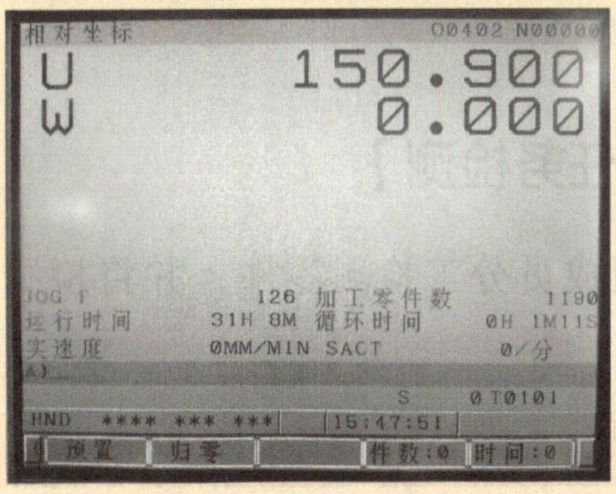
车余量，保证总长	手轮控制车刀 Z 向移动至 W=-0.8mm 处，主轴正转车削端面，保证工件总长 60mm	

（续）

步骤	操作过程	图示
加工倒角	在“手动”模式下，换倒角刀，手动车削倒角	
清洁维护	清理、维护机床，将刀具、量具、工具擦干净，整齐地放入工具箱，并认真填写实训记录单	

操作提示： 1）安装工件时应保持足够的装夹长度，以确保加工过程稳定。

2）安装工件时不可伸出过长，以防加工过程中工件颤动，同样，车刀也不能伸出过长。刀尖应略高于工件中心 0.1～0.2mm，以防止振动和“扎刀”现象。

3）程序校验时应将 Z 轴坐标补出 1 个工件总长以上，或锁住机床观看加工图形演示，以确保程序运行安全。

注意： 出现 M00 暂停指令时，应测量工件尺寸，按照实际尺寸修改刀补值后再进行加工。

【任务检测】

小组成员分工检测零件，并将检测结果填入表 3-8 中。

表 3-8　零件检测表

序号	加工内容		配分		自检	互检	师检	最终得分
1	工艺准备（20 分）	编写加工工艺	10					
		编写程序	10					
2	零件加工（60 分）	$\phi35_{-0.05}^{0}$mm	IT	*Ra*				
			15	5				
		(60±0.1) mm	10	—				
		倒角 *C*1	10	—				
		端面	—	10				
		安全操作，文明生产	10（违规视情节轻重扣 1～10 分）					

（续）

序号	加工内容		配分	自检	互检	师检	最终得分
3	外观检测（20分）	车削面的表面质量	10				
		锐边倒钝	10				
		其他项目	一般按照 GB/T 1804-m，有明显缺陷倒扣 2～10 分				
合计（总分）			100	机床编号			

【任务评定】

1. 任务评价

综合评价表见表 3-9。

表 3-9　综合评价表

项目	出勤（10分）	课堂纪律（10分）	零件加工（60分）	职业素养（20分）	综合成绩
个人评价（20%）					
小组评价（30%）					
教师评价（50%）					
综合得分					

2. 任务鉴定

实训鉴定表见表 3-10。

表 3-10　实训鉴定表

自我鉴定	你在本任务中学习了哪些新的知识和技能？加工过程中出现了哪些问题？你是如何解决的？ 学生签名：________ ____年____月____日
教师鉴定	对本学生的最终鉴定（优秀、良好、一般、差）： 指导教师签名：________ _____年_____月_____日

【知识链接】

一、数控加工程序的结构

一个完整的数控加工程序由程序开始、若干程序段、程序结束部分组成。一个程序段由程序段号和若干个“字”组成，一个“字”由地址符和数字组成。下面是一个完整的数控加工程序，该程序由程序号开始，以“M30”结束。

程序	说明
O1234;	程序开始
N10 T0101 G95 M3 S500;	程序段 1
N20 G0 X100 Z100;	程序段 2
……	……
N60 G0 X100;	程序段 6
N70 Z100;	程序段 7
N80 M30;	程序结束

1. 程序号

零件程序的起始部分一般由程序起始符号“%”（或 O）后跟 1~4 位数字（0000~9999）组成，如“%123”“O1234”等。

2. 程序段的格式和组成

程序段的格式可分为地址格式、分割地址格式、固定程序段格式和可变程序段格式等，其中以可变程序段格式的应用最为广泛。所谓可变程序段格式，是指程序段的长度是可变的。例如：

N10	G01	X40 Z-30	F200	;
程序段号	功能字	坐标字	进给速度功能字	程序段结束符

程序段号又称顺序号，由地址符 N 和随后的 1~4 位数字组成，可以不连续，也可以没有程序段号，并不影响程序的运行。

3. 程序字

一个程序字的组成如下所示：

Z	+（-）	30.0
地址符	符号（正号可省略）	数据字（数字）

程序段号加上若干程序字就可组成一个程序段。在程序段中表示地址的英文字母可分为尺寸地址和非尺寸地址两种。尺寸地址英文字母有 X、Y、Z、U、V、W、P、Q、I、J、K、A、B、C、D、E、R、H 共 18 个字母，非尺寸地址有 N、G、F、S、T、M、L、O 共 8 个字母。

S、F、M、T 功能

二、数控机床的 S、F、T、M、G 功能

1. 主轴转速功能字 S

主轴转速功能字的地址符是 S，又称为 S 功能或 S 指令，用于指定主轴转速。S 指令有恒转速和恒线速两种形式。

（1）恒转速指令 G97（r/min）

格式：G97　S__;

例如，“G97　S500;”表示主轴转速为 500r/min。

（2）恒线速指令 G96（m/min）

格式：G96　S __；（与 G97 是同组模态指令）

例如，“G96　S180;” 表示切削速度为 180m/min。

注意： 切削线速度 = $\pi DN/1000$ = 3.14×切削直径×主轴转速/1000。G96 后面是恒定线速度，工件直径和主轴转速成反比，半径越小，则主轴转速越大。刀具在靠近轴线（半径很小）时，主轴转速会无限增大而出现飞车事故，为了避免这种状况，一般在 G96 指令之前使用 G50 指令限制主轴的最高转速。

格式：G50　S __；

例如，“G50 S3000;” 表示最高转速限制为 3000r/min。

2. 进给功能（切削速度）字 F

进给功能字的地址符是 F，又称为 F 功能或 F 指令，用于指定切削的进给速度。对于车床，F 可分为每转进给和每分钟进给两种。

（1）每转进给量（mm/r）　F __表示每转刀具的进给量。

格式：G99 F0.1；

（2）每分钟进给量（mm/min）　F __表示每分钟刀具的进给量。

格式：G98 F60；

例如：G99 G97 G40；

G01 X24 Z-20 F0.15；

注意：

1）每分钟进给量 = 每转进给量×主轴转速 S。

2）G98 和 G99 都是模态指令，即使断电也不受影响，直至被另一个指令取消才失效。

3）在编程过程中，一个程序段只可使用一个 F 指令，不同程序段可根据需要改变进给量。

4）切削时可以用进给倍率旋钮来调节刀具进给速度。

3. 刀具功能字 T

刀具功能字的地址符是 T，又称为 T 功能或 T 指令，T 指令用来指定刀具的刀具号和刀具补偿号。

格式：T0404

前两位 “04” 表示选择 4 号刀具，后面的 “04” 表示刀具补偿号。

取消刀具补偿的格式：T0400

注意：

1）刀具序号与刀具工位号应一致。

2）刀具序号与刀具补偿号应尽量相同，以便于确认，如 “T0101” “T0202” “T0303”。

3）手动换刀和执行 T0101 指令不同，手动换刀不读取刀具补偿值。

4. 辅助功能字 M

辅助功能又称 M 指令，由 M 和两位数字组成，从 M00～M99 共 100 种，其指令与机床操作有关，用于主轴的启停、切削液的开关等功能，见表3-11。

表3-11　M功能字的含义

M功能字	含　义	M功能字	含　义
M00	程序暂停	M07	2号切削液开
M01	计划停止	M08	1号切削液开
M02	程序停止	M09	切削液关
M03	主轴顺时针方向旋转	M30	程序停止并返回开始处
M04	主轴逆时针方向旋转	M98	调用子程序
M05	主轴旋转停止	M99	返回子程序
M06	换刀		

注意：

1）M00表示程序暂停，执行该指令时，主轴的转动、刀具进给、切削液供给都停止，可进行某一手动操作，如测量零件等，重新按下循环启动键，继续执行M00后面的程序。

2）M01表示程序有条件停止，其作用与M00相同，只是需要“选择停”处于“ON”的状态，若此键处于“OFF”状态，则M01不起作用。

3）M02表示程序结束，一般放在程序的后面。

4）M30表示程序结束，除表示M02的内容外，程序指令还要返回程序的起始状态，准备下一个零件的加工。

5. 准备功能字G

准备功能字的地址符是G，又称为G功能或G指令，用于建立机床坐标系或控制系统工作方式，见表3-12。

表3-12　G功能字的含义

G功能字	组别	含义
G00	—	快速移动点定位
G01	01	直线插补(切削进给)
G02		顺时针方向圆弧插补
G03		逆时针方向圆弧插补
G04	00	暂停、准停
G28	00	返回参考点(机械原点)
G32	01	螺纹切削
G33	—	Z轴攻螺纹循环
G34	—	变螺距螺纹切削
G50	00	坐标系设定或主轴最大转速设定
G65	00	宏程序命令
G70	—	精加工循环

（续）

G 功能字	组别	含义
G71	—	轴向粗车外圆循环
G72	—	端面粗车循环
G73	—	固定形状粗车循环
G74	—	端面深孔钻循环
G75	00	外圆、内圆切槽循环
G76	—	复合螺纹切削循环
G90	00	外圆、内圆车削循环
G92	—	螺纹切削循环
G94	00	端面车削循环
G96	02	恒线速度
G97		取消恒线速度
G98	03	每分钟进给
G99		每转进给

G0、G1指令

三、快速定位指令 G00 和直线插补指令 G01

台阶轴类零件是指长度大于直径的旋转体零件，是最常见的零件之一。台阶轴类零件的加工常用到的基本 G 指令有 G00 和 G01。

1. 快速定位指令 G00

（1）指令功能及应用　G00 指令为刀具快速定位（点定位）指令，刀具快速接近或快速远离工件。

（2）指令格式

G00　X__　Z__；或　G00　U__　W__；

其中，X、Z 为目标点（刀具运动的终点）的绝对坐标值；U、W 为目标点的相对坐标值。同一程序段中两种格式可以混用。

（3）指令说明

1）G00 指令使刀具移动的速度是由机床系统设定的，无须在程序段中指定。

2）G00 指令为模态指令，可以被同组的 G01、G02、G03 指令取消。

3）G00 指令的目标点不能选在零件上，一般要离开零件表面 1～5mm。

4）G00 指令使刀具移动的轨迹因系统不同而有所不同。如图 3-2 所示，从 A 点到 B 点常见的运动轨迹有直线 AB、直角线 ACB、AEB 或折线 ADB。所以使用 G00 指令时要注意刀具所走路线是否会和零件或夹具发生碰撞。

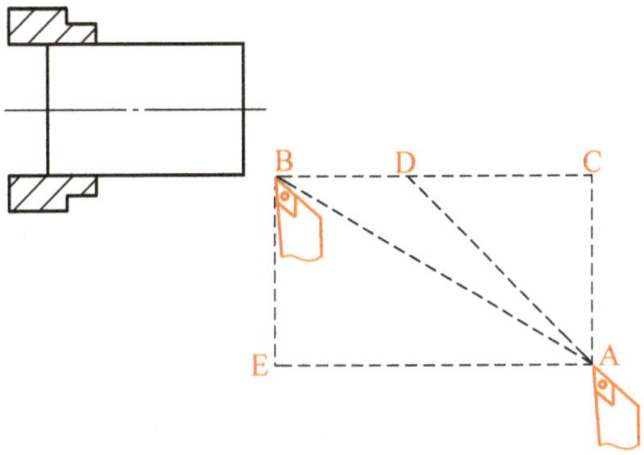

图 3-2　G00 指令走刀轨迹

2. 直线插补指令 G01

(1) 指令功能及应用　G01 指令为直线插补指令，用于完成端面、外圆、内圆、槽、倒角、圆锥等表面上任意直线的加工。刀具以一定的进给速度从当前所在位置沿直线移动到指令给出的目标位置。

(2) 指令格式

G01　X__　Z__　F__；或　G01　U__　W__　F__；

其中，X、Z 为目标点（刀具运动的终点）的绝对坐标值；U、W 为目标点的相对坐标值。

(3) 指令说明

1）G01 指令使刀具移动的进给速度由 F 指令设定，G01 指令后一定要加 F 指令（经验取值），如前面已指定可省略。

2）F__表示刀具进给速度，其单位取决于该指令前面程序段的设置，如果是每转进给量，单位是 mm/r；如果是每分钟进给量，则单位是 mm/min。

3）G01 指令使刀具移动的轨迹是直线，G01 的速度可以由进给倍率旋钮来调节。

4）G01 指令为模态指令，且与 G00 指令是同组模态指令。

【知识拓展】

一、游标卡尺的使用

1. 游标卡尺的种类

游标卡尺是车工常用的中等精度的通用测量器具，其结构简单、使用方便。按结构不同，游标卡尺可分为通用游标卡尺、数显游标卡尺等，如图 3-3 和图 3-4 所示。

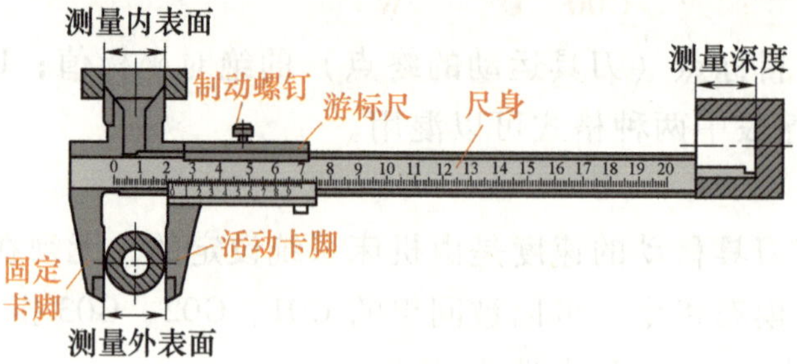

图 3-3　通用游标卡尺

2. 游标卡尺的结构和精度

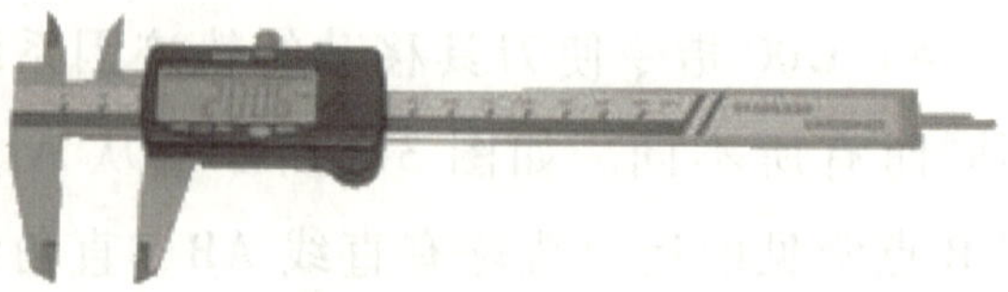

图 3-4　数显游标卡尺

游标卡尺由尺身和附在尺身上能滑动的游标尺两部分构成。主标尺一般以 mm 为单位，而游标尺上有 10 个、20 个或 50 个分格，根据分格的不同，游标卡尺可分为 10 分度游标卡尺、20 分度游标卡尺、50 分度游标卡尺等，如图 3-5 所示。游标卡尺的主标尺和游标尺上有两副活动测量爪，分别是内测量爪和外测量爪，内测量爪通常用来测量工件内径，外测量爪通常用来测量工件的长度和外径。

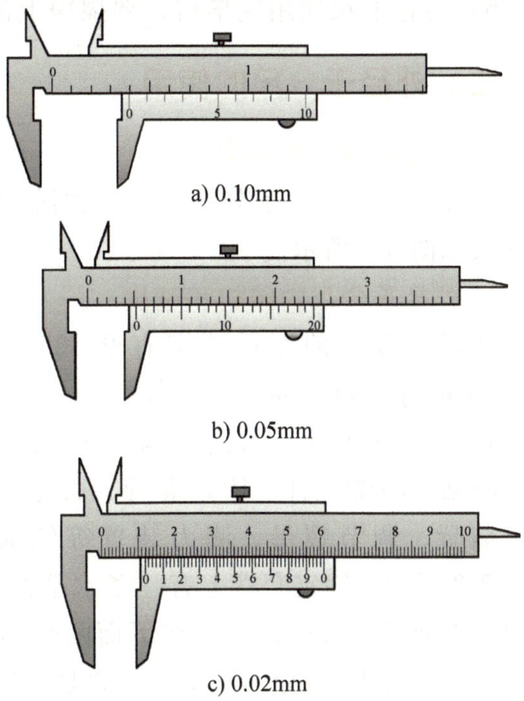

图 3-5　游标卡尺的分度值

3. 游标卡尺的读数方法

游标卡尺的测量范围分别为 0 ~ 125mm、0 ~ 150mm、0 ~ 200mm、0 ~ 300mm 等。游标卡尺是以游标尺的 0 线为基准进行读数的，以图 3-6 为例，其读数分为以下三个步骤：

（1）先读整数　看游标尺 0 线左边主标尺上的整数毫米值，主标尺每格为 1mm，即读出整数值为 3mm。

（2）再读小数　用与尺身上某标尺标记对齐的游标尺上的标尺标记格数，乘以游标卡尺的分度值，得到小数毫米值，即读出小数部分为 22×0.02mm = 0.44mm。

（3）整数加小数　最后把上面两项相加，即为被测表面的尺寸，即 3mm + 0.44mm = 3.44mm。

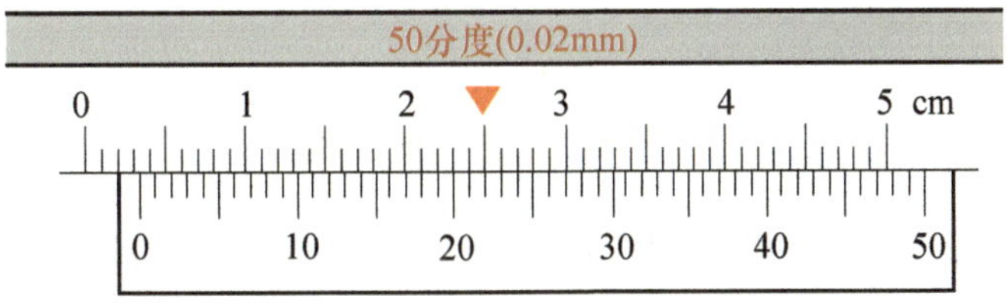

图 3-6　游标卡尺的读数方法

4. 游标卡尺的维护保养

使用游标卡尺时，除了要遵守测量器具维护保养的一般事项外，还要注意以下几点：

1）不允许把游标卡尺的两个测量爪当作螺钉扳手用，或者把测量爪的尖端用作划线工具、圆规等。

2）不准用游标卡尺代替卡钳、卡板等，在被测件上来回推拉。

3）移动游标卡尺的尺框和微动装置时，不要忘记松开制动螺钉；但也不要松得过量，以免螺钉脱落丢失。

4）测量结束后要把游标卡尺平放，尤其是大尺寸的游标卡尺更应注意，否则尺身会弯曲变形。

5）带深度尺的游标卡尺用完后，要把测量爪合拢，否则较细的深度尺露在外边容易变形甚至折断。

6）游标卡尺使用完毕后，要擦净上油，放到卡尺盒内，以免锈蚀或弄脏。

二、外径千分尺的使用

1. 外径千分尺的种类

外径千分尺简称千分尺，它是比游标卡尺更精密的长度测量器具，常见的外径千分尺如图 3-7 所示。

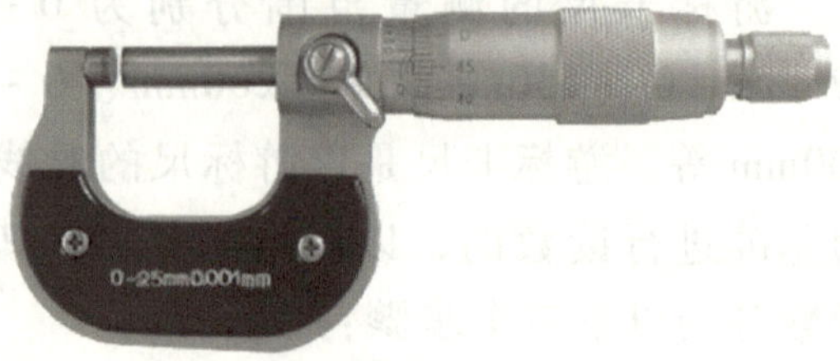

图 3-7　0～25mm 外径千分尺

2. 外径千分尺的结构和精度

常用千分尺的测量范围有 0～25mm、25～50mm 等，每 25mm 一个等级，分度值是 0.01mm。外径千分尺的结构由固定的尺架、测砧、测微螺杆、固定套管、微分筒、锁紧装置、调节螺母、测力装置等组成，如图 3-8 所示。固定套管上有一条水平线，这条线上下各有一列间距为 1mm 的标尺标记，上面的标尺标记恰好在下面两个相邻的标尺标记中间。微分筒上的标尺标记是将圆周分为 50 等分的水平线，它是旋转运动的。

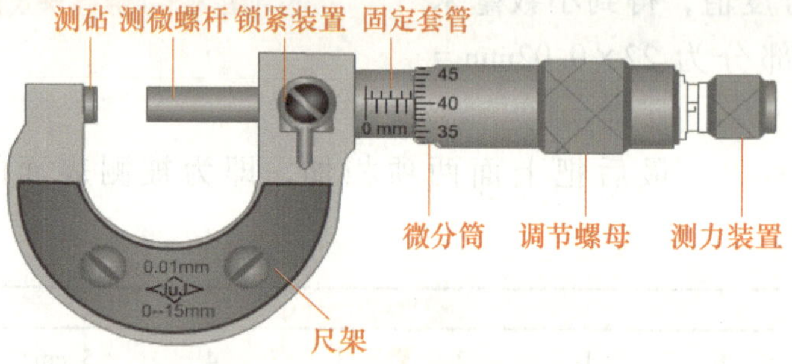

图 3-8　千分尺的结构

根据螺旋运动原理，当微分筒旋转一周时，测微螺杆前进或后退一个螺距（0.5mm）。这样，当微分筒旋转一个分度后，它转过了 1/50 周，这时螺杆沿轴线移动了 1/50×0.5mm=0.01mm。因此，使用千分尺可以准确地读出 0.01mm 的数值。

3. 外径千分尺的读数方法

（1）校准量具　使用千分尺时，首先要检查其零位是否校准，先松开锁紧装置，清除油污，特别是测砧与测微螺杆间的接触面要清洁干净。检查微分筒的端面是否与固定套管上的“0”标尺标记重合，如图 3-9 所示。若不重合，应先旋转旋钮，直至螺杆快接近测砧时，旋转测力装置，当螺杆刚好与测砧接触时会听到“咔咔”声，这时停止转动。如果两条 0 线仍不重合（两条 0 线重合的标志是微分筒的端面与固定套管的 0 线重合，而且可动刻度的 0 线与固定套筒的水平横线重合），可旋松固定套管上的小螺钉，用专用扳手调节套管的位置，使两 0 线对齐，再将小螺钉拧紧。不同厂家生产的千分尺的调零方法不一样，这里仅介绍其中一种调零方法。

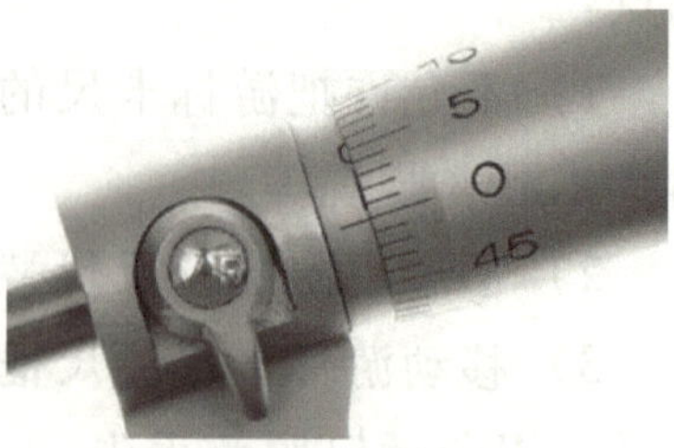

图 3-9　千分尺的校准方法

检查千分尺零位是否校准时，要使螺杆和测砧接触，偶尔会发生向后旋转测力装置而两者不分离的情形。这时可用左手掌心用力顶住尺架上测砧的左侧，右手掌心顶住测力装置，再用手指沿逆时针方向旋转旋钮，即可将螺杆和测砧分开。

(2) 千分尺读数　以图 3-10 为例，其读数分为以下四个步骤：

1）先读固定刻度，图中固定刻度示值为 8mm。

2）再读半刻度，若半标尺标记已露出，则记作 0.5mm；若半标尺标记未露出，则记作 0mm。图中已露出半刻度，因此记作 0.5mm。

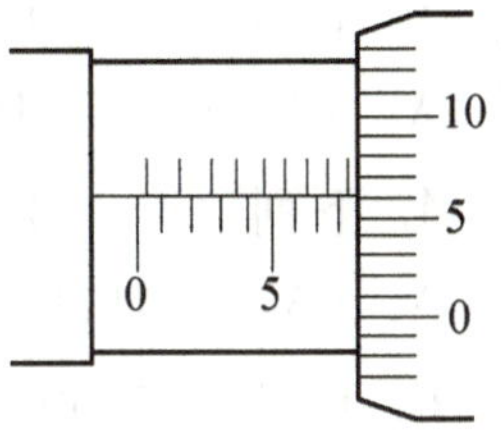

图 3-10　千分尺的读数

3）再读可动刻度。图中为 6×0.01mm=0.06mm。

4）最终的读数结果为固定刻度+半刻度+可动刻度，即 8mm+0.5mm+0.06mm=8.56mm。

(3) 使用千分尺时的注意事项

使用千分尺测量零件尺寸时，必须注意以下几点：

1）测量前应把千分尺擦干净，检查千分尺的测杆是否有磨损，测杆紧密贴合时，应无明显的间隙。

2）测量时，零件必须位于千分尺测量面的中心处。

3）测量时，用力要均匀，轻轻旋转棘轮，以响三声为旋转限度，零件保持要掉不掉的状态即可读数。

4）测量零件时，零件上不能有异物，并应在常温下测量。

4. 外径千分尺的维护保养

1）千分尺是一种精密的测量器具，使用时应小心谨慎、动作轻缓，以免其受到打击和碰撞。千分尺内的螺纹非常精密，使用时应注意以下几点：

① 旋钮和测力装置转动时都不能过分用力。

② 当转动旋钮使测微螺杆靠近待测物时，一定要改旋测力装置，不能转动旋钮使螺杆压在待测物上。

③ 当测微螺杆与测砧已将待测物卡住或旋紧锁紧装置的情况下，不能强行转动旋钮。

2）为了防止手温使尺架膨胀引起微小的误差，有些千分尺在尺架上装有隔热装置。试验时应手握隔热装置，而尽量少接触尺架的金属部分。

3）使用千分尺测量工件同一长度时，一般应反复测量几次，取其平均值作为测量结果。

4）千分尺用毕后，应用纱布擦干净，在测砧与螺杆之间留出一点空隙，然后放入盒中。如果长期不用可抹上润滑脂或全损耗系统用油，放置在干燥的地方。注意：不要让千分尺接触腐蚀性气体或弄脏它。

【能力提升】

一、单项选择题

1. 以下（　　）不是正确的程序名。

A. O1　　B. O4381　　C. T0211　　D. %1234

2. 数控机床的 T 指令是指（　　）。

A. 主轴功能　B. 辅助功能　C. 进给功能　D. 刀具功能

3. 下列（　　）指令表示撤销刀具偏置补偿。

A. T02D0　　B. T0211　　C. T0200　　D. T0002

4. 下列（　　）表示限制主轴最高转速。

A. G50　S1800　　B. G96　S200

C. G97　S2500　　D. G98　S1500

5. 辅助指令 M01 表示（　　）。

A. 选择停止　B. 程序停止　C. 程序结束　D. 主程序结束

6. 当主轴需要改变旋转（　　）时，要用 M05 指令先使主轴停止旋转，然后再设置 M03 或 M04 指令。

A. 速度　　B. 角度　　C. 方向　　D. 启停

7. 数控机床的 F 功能常用（　　）单位。

A. m/min　　B. mm/min 或 mm/r

C. m/r　　D. m/min 或 m/r

8. 进给功能用于指定（　　）。

A. 进刀深度　B. 进给速度　C. 进给转速　D. 进给方向

9. G00 指令的移动速度由（　　）。

A. 机床参数指定　　B. 数控程序指定

C. 操作面板指定　　D. 不确定

10. G00 指令的功能是快速定位，它属于（　　）指令。

A. 模态　　B. 非模态　　C. 标准　　D. ISO

11. 当使用绝对编程指令 G00 时，X、Z 后面的数值是（　　）位置在工件坐标系中的坐标值。

A. 测量　　B. 目标　　C. 参考　　D. 起点

12. G01 指令与下列的（　　）指令不属于同一组。

A. G00　　B. G02　　C. G03　　D. G04

13. G01 指令的功能是直线插补，它属于（　　）指令。

A. 模态　　B. 非模态　　C. 标准　　D. ISO

14. 程序段“G01 X30 Z-20 F0.2;”中的 F0.2 表示（　　）。

A. 主轴转速为 0.2mm/r　　B. 主轴转速为 0.2mm/min

C. 进给速度为 0.2mm/r　　D. 进给速度为 0.2mm/min

15.（　　）指令是设置 FANUC 数控车床系统中的每转进给量。

A. G94　　B. G98　　C. G97　　D. G99

二、判断题

1. 数控车床编程有绝对值编程和增量值编程之分，使用时不能将它们放在同一个程序段中。（　　）

2. 模态指令就是当该指令执行后一直有效，直到被同组的其他指令取代。（　　）

3. 程序是按照程序段号来顺序执行的。（　　）

4. 每个程序段必须包括程序段号、G 功能、M 功能、S 功能和 T 功能。（　　）

5. M30 指令和 M02 指令的功能是一样的。（　　）

6. 各个数控系统厂家的准备功能指令都是统一的。（　　）

7. G00、G01 指令都能使机床坐标轴准确到位，因此它们都是插补指令。（　　）

三、编写程序

图 3-11 所示轴类零件毛坯的尺寸为 ϕ45mm，材料为 2A12 铝棒，请按图样要求合理制订加工工艺，编写加工程序，安全操作数控车床，并保证加工精度和表面质量要求。

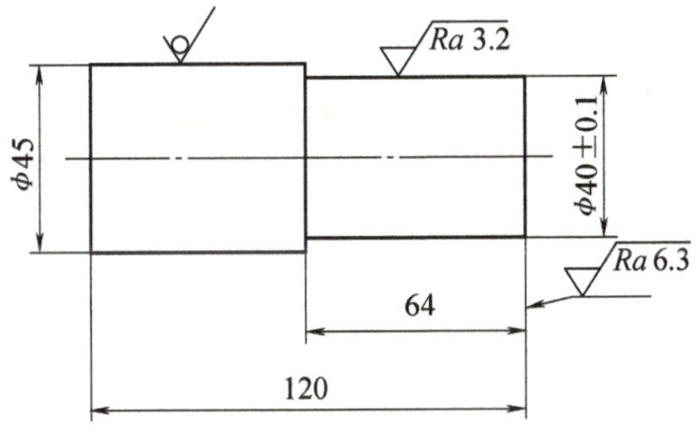

图 3-11　轴类零件

任务四　加工阶梯轴类零件

【任务目标】

知识目标

1. 了解常用外圆车削刀具。
2. 掌握 G90 指令的格式及应用方法。
3. 了解切削用量的确定方法。

技能目标

1. 能正确制订阶梯轴的加工工艺。
2. 能够应用 G90 指令编写阶梯轴加工程序。
3. 能够对阶梯轴零件进行检测，对加工误差给出处理办法。

素质目标

1. 培养正确使用工具、量具，安全文明生产的意识。
2. 培养遵守车间 6S 管理规定的意识。
3. 培养团结协作的团队意识和精益求精的工匠精神。

【任务引入】

加工图 4-1 所示的阶梯轴类零件，其毛坯为 ϕ50mm×102mm 的 2A12 铝棒，未标注的倒角均为 $C1$，锐边倒钝，请按图样要求合理制订加工工艺，编写加工程序，安全操作数控车床，并保证加工精度和表面质量要求。

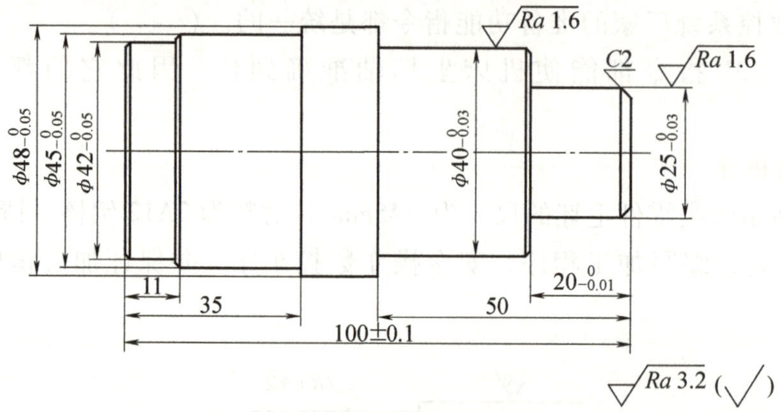

图 4-1　阶梯轴类零件

【任务分析】

一、分析图样

1. 形状分析

该零件的外形主要由阶梯轴和倒角等要素构成，而且两端需要加工。

2. 尺寸精度分析

该零件尺寸主要是外径尺寸、长度尺寸和倒角尺寸，其中外径尺寸的公差为$^{\ 0}_{-0.05}$mm、$^{\ 0}_{-0.03}$mm，总长尺寸公差为±0.1mm。由于该零件的尺寸精度要求较高，且加工余量较大，须分粗、精加工进行，以保证精度要求。

3. 表面粗糙度分析

该零件右侧阶梯轴的表面粗糙度值为 Ra1.6μm，其他未标注的表面粗糙度值为 Ra3.2μm，未标注的倒角均为 $C1$，锐边倒钝，零件加工完成后须去除毛刺和飞边。

二、确定实训设备清单

机床、刀具、量具、工具和毛坯清单见表 4-1。

表 4-1　机床、刀具、量具、工具和毛坯清单

序号	实训设备	型号	数量	备注
1	机床	CKA6140 型数控车床	6 台	FUNAC-0i-MATE-TF
2	刀具	95°外圆车刀	1 把	MCLNR2020K12
3	量具	0~150mm 游标卡尺	1 把	
		25~50mm 外径千分尺	1 把	
		百分表	1 块	

（续）

序号	实训设备	型号	数量	备注
4	工具	百分表架	1套	
		内六角扳手	1套	
		卡盘扳手	1把	
		套管	1个	
		毛刷	1把	
5	毛坯	ϕ50mm 铝棒	6根	材料 2A12

【任务实施】

阶梯轴的加工

一、制订加工工艺

1. 加工工艺分析

按照零件图要求，工件两端均需加工，已知毛坯长度为 102mm，因此该零件采用两次装夹完成加工，确定加工方案如下。

（1）加工右端

1）夹持毛坯外圆 ϕ50mm，向外伸出 75mm 左右，找正。

2）车平端面，对刀，设零件右端面中心为编程原点。

3）粗车外圆至 ϕ49mm、ϕ41mm、ϕ26mm。

4）精车外圆至 ϕ48mm、ϕ40mm、ϕ25mm（注意工艺倒角 $C2$，未注倒角 $C1$，表面粗糙度值为 $Ra1.6\mu m$）。

（2）掉头加工左端

1）垫铜皮夹持 ϕ40mm 外圆，以 ϕ48mm 外圆台阶面定位，保证工件总长，对刀。

2）粗车外圆至 ϕ46mm、ϕ43mm。

3）精车外圆至 ϕ45mm、ϕ42mm（注意未注倒角 $C1$，表面粗糙度值为 $Ra3.2\mu m$）。

2. 刀具及切削用量

根据对零件的加工工艺分析，选择机夹式外圆车刀完成零件的粗、精加工，刀具卡片见表 4-2。

表 4-2　刀具卡片

刀号	刀具图片	刀片规格	加工内容	背吃刀量/mm	进给量/(mm/r)	主轴转速/(r/min)
T0101	 95°外圆车刀	 CNMG120404	粗车	1.0	0.15	500

（续）

刀号	刀具图片	刀片规格	加工内容	背吃刀量/mm	进给量/(mm/r)	主轴转速/(r/min)
T0101	 95°外圆车刀	 CNMG120404	精车	0.5	0.10	1000

3. 加工工艺卡片

根据零件加工工艺和刀具的选用情况，制订加工工艺卡片，见表 4-3。

表 4-3　加工工艺卡片

名称	阶梯轴	零件图号	CK-02	系统	FANUC 0i-TF	材料	2A12
工序简图	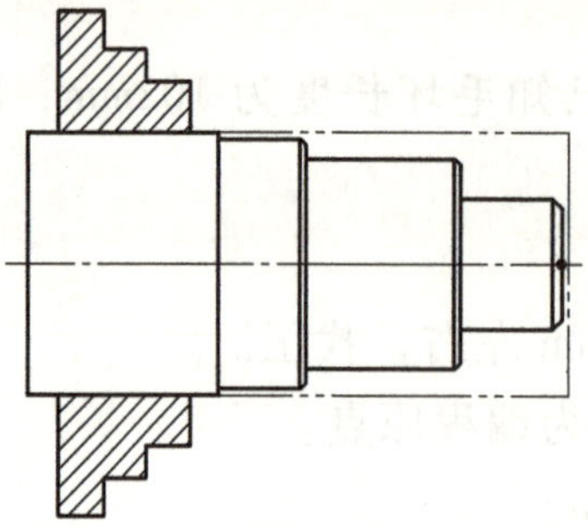 工序1示意图			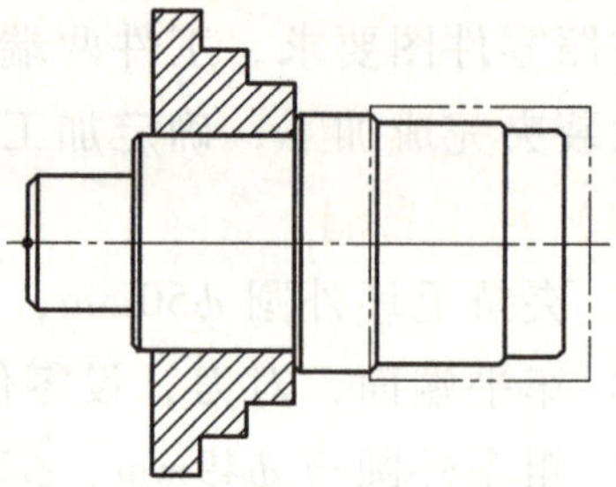 工序2示意图			

工序号	工步	工步内容	刀具	切削用量		
				背吃刀量/mm	进给量/(mm/r)	主轴转速/(r/min)
1	1	车平端面，粗车外圆至 ϕ49mm、ϕ41mm、ϕ26mm，留 1mm 精车余量	T0101	1	0.2	500
	2	精车外圆 ϕ48mm、ϕ40mm、ϕ25mm	T0101	0.5	0.1	1000
2	1	掉头，车平端面，保证总长 100mm	T0101	1	0.15	500
	2	粗车外圆至 ϕ46mm、ϕ43mm，留 1mm 精车余量	T0101	1	0.15	500
	3	精车外圆 ϕ45mm、ϕ42mm	T0101	0.5	0.1	1000

二、节点计算与编程

1. 建立工件坐标系，确定节点坐标

根据零件图样，图中各个编程节点的坐标可以通过标注的尺寸直接读出，零件两端的编程原点和各节点坐标见表 4-4。

2. 编写加工程序

根据零件的加工工艺及各节点坐标，编写零件的加工程序。

（1）右端加工程序　零件右端加工程序见表 4-5。

表 4-4　编程原点和各节点坐标

加工内容	图示	节点坐标
加工零件右端	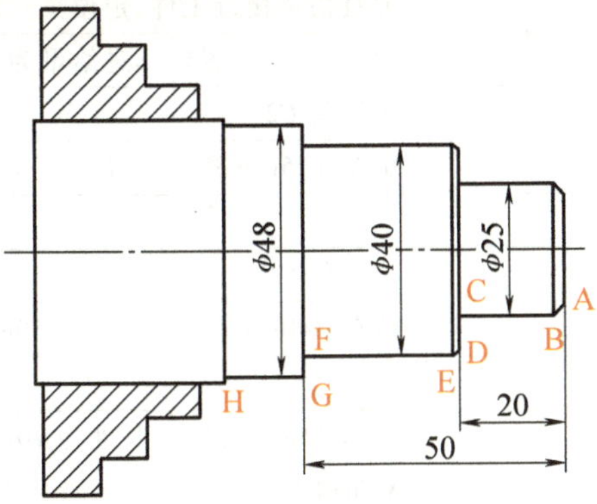	A(21,0) B(25,-2) C(25,-20) D(38,-20) E(40,-21) F(40,-50) G(48,-50) H(48,-65)
加工零件左端	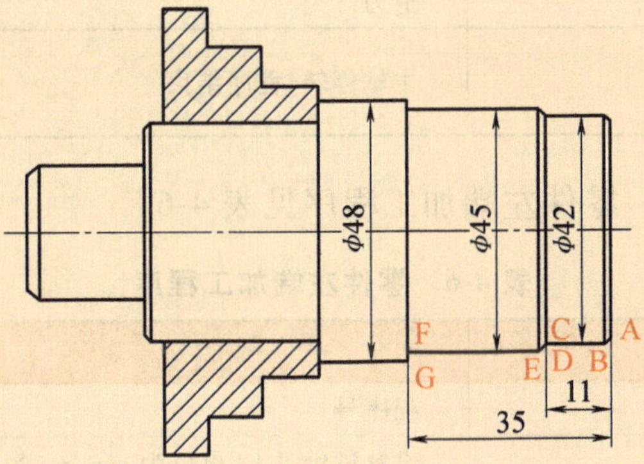	A(40,0) B(42,-1) C(42,-11) D(43,-11) E(45,-12) F(45,-35) G(48,-35)

表 4-5　零件右端加工程序

程序段号	程序段	说明
N05	O4001;	程序号;
N10	G99 G97;	设置进给量 F(单位为 mm/r),恒转速
N15	T0101;	调用 1 号粗车刀,同时建立工件坐标系
N20	M03 S500;	主轴正转,转速为 500r/min
N25	G00 X52 Z2;	刀具快速接近工件,定位
N30	G90 X49 Z-70 F0.2;	车削 φ49mm 外圆,长度为 70mm,F 为 0.2mm/r
N35	X45 Z-50;	车削 φ45mm 外圆,长度为 50mm
N40	X41;	车削 φ41mm 外圆,长度为 50mm
N45	X37 Z-20;	车削 φ37mm 外圆,长度为 20mm
N50	X33;	车削 φ33mm 外圆,长度为 20mm
N55	X29;	车削 φ29mm 外圆,长度为 20mm
N60	X26;	车削 φ26mm 外圆,长度为 20mm
N65	G00 X100 Z100;	退刀
N70	M05;	主轴停转
N75	M00;	程序暂停,进行精加工前的测量,调整磨耗值
N80	T0101;	调用 1 号精车刀
N85	M03 S1000;	主轴正转,转速为 1000r/min

（续）

程序段号	程序段	说明
N90	G00 X21 Z2;	刀具快速接近工件,定位
N95	G01 Z0 F0.1;	切入工件,设置精车进给量为 0.1mm/r
N100	X25 Z-2;	车倒角 $C2$
N105	Z-20;	精车 ϕ25mm 外圆,长度为 20mm
N110	X38;	
N115	X40 Z-21;	车倒角 $C1$
N120	Z-50;	精车 ϕ40mm 外圆,长度为 50mm
N125	X48;	
N130	Z-70;	精车 ϕ48mm 外圆,长度为 70mm
N135	X52;	X 向退刀
N140	G00 X100 Z100;	退刀
N145	M05; M30;	主轴停转,程序结束

（2）左端加工程序　零件左端加工程序见表 4-6。

表 4-6　零件左端加工程序

程序段号	程序段	说明
N05	O4002;	程序号
N10	G99 G97;	设置进给量 F(单位为 mm/r),恒转速
N15	T0101;	调用 1 号粗车刀,同时建立工件坐标系
N20	M03 S500;	主轴正转,转速为 500r/min
N25	G00 X52 Z2;	刀具快速接近工件,定位
N30	G90 X48 Z-35 F0.15;	车削 ϕ48mm 外圆,长度为 35mm,F 为 0.15mm/r
N35	X46;	车削 ϕ46mm 外圆,长度为 35mm
N40	X43 Z-11;	车削 ϕ43mm 外圆,长度为 11mm
N45	G00 X100 Z100;	退刀
N50	M05;	主轴停转
N55	M00;	程序暂停(进行精加工前的测量,调整磨耗值)
N60	T0101;	调用 1 号精车刀
N65	M03 S1000;	主轴正转,转速为 1000r/min
N70	G00 X40 Z2;	刀具快速接近工件,定位
N75	G01 Z0 F0.1;	切入工件,设置精车进给量为 0.1mm/r
N80	X42 Z-1;	车倒角 $C1$
N85	Z-11;	精车 ϕ42mm 外圆,长度为 11mm
N90	X43;	
N95	X45 Z-12;	车倒角 $C1$
N100	Z-35;	精车 ϕ45mm 外圆,长度为 35mm
N105	X52;	X 向退刀
N110	G00 X100 Z100;	退刀
N115	M05; M30;	主轴停转,程序结束

三、软件仿真

在数控宇龙仿真系统上完成本任务的仿真加工，操作步骤见表 4-7。

阶梯轴加工参数设置与仿真

表 4-7　仿真加工的操作步骤

步骤	操作过程	图示
选择机床	打开数控仿真系统，打开“选择机床”对话框，选择“FANUC”→“FANUC 0i Mate”→“车床”→“宝鸡机床集团 SK 50P”，单击“确定”按钮，进入仿真界面	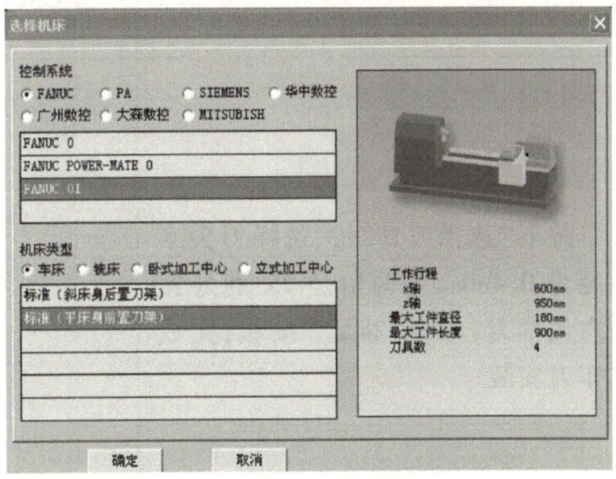
开机回零	起动数控车床，松开“急停”按钮，系统处于回零状态，按下“→”“↓”键，完成机床回零	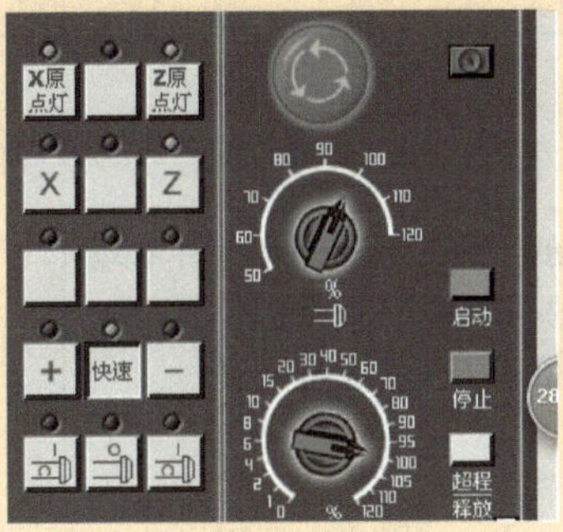
定义毛坯	按下“定义毛坯”键，设置直径为“50”，长度为“102”	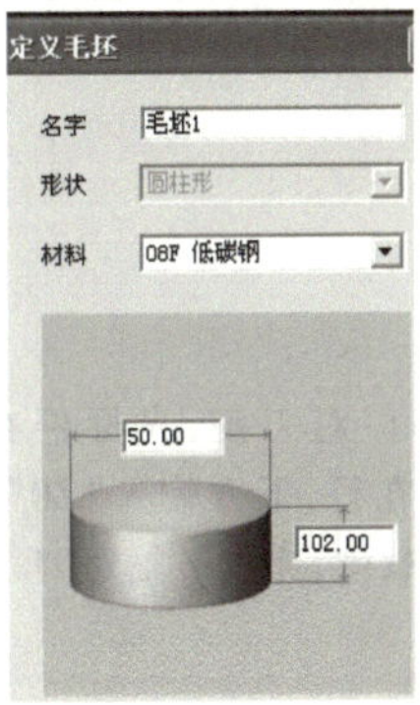
安装零件	按下“选择零件”键，在对话框内选择“毛坯 1”，单击“安装零件”，完成安装	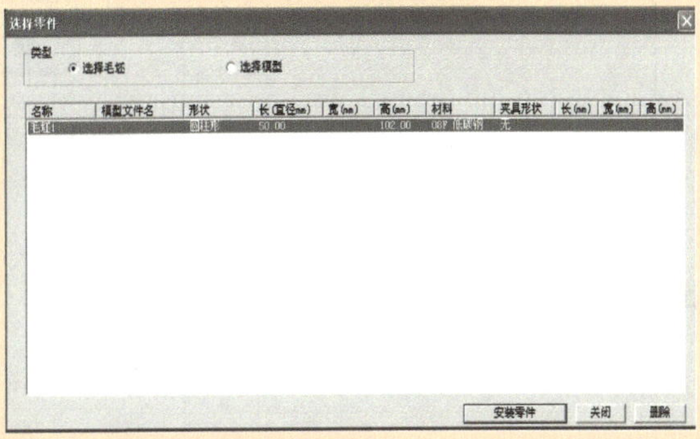

（续）

步骤	操作过程	图示
移动零件	按下“移动零件”键，将毛坯移动至合适位置	
安装刀具	按下“选择刀具”键，选择刀尖半径为 0.4mm、主偏角是 95°的外圆左偏车刀，单击“确定”按钮，完成车刀安装	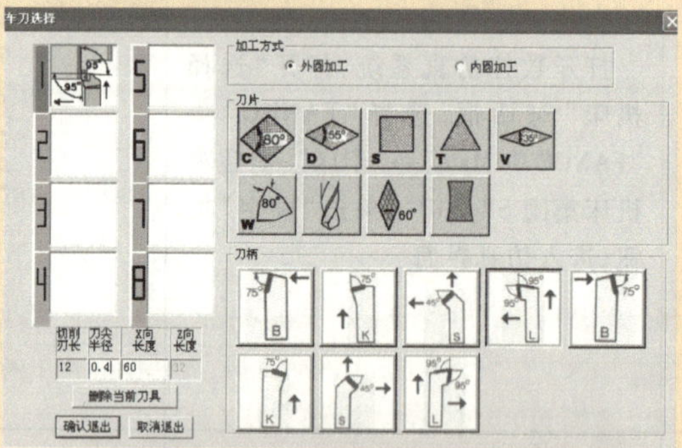
车端面	手动控制车刀，切削掉工件右端薄薄的一层，然后按照原路退出工件，注意车刀不要左右移动	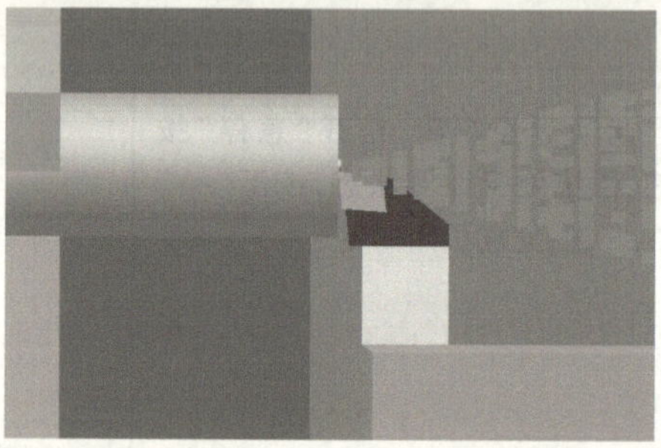
Z 轴对刀	按下“offset”对刀键，光标停在 01 号车刀所在行，下方输入“Z0”，按下“测量”软键，完成 Z 轴对刀	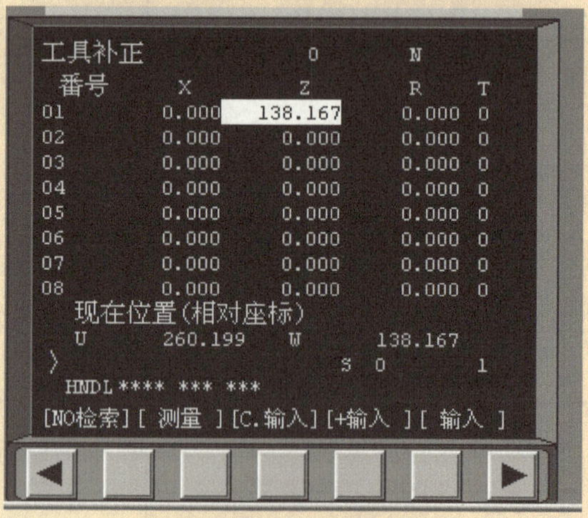
车外圆	手动控制车刀，在工件外圆柱面车削掉薄薄的一层，然后车刀按照原路返回工件外侧，注意 X 向不要移动	

（续）

步骤	操作过程	图示
X轴对刀	主轴停转，按下“测量”→“剖面图测量”，选择工件外圆，记下相应X值，调出“offset”对刀界面，在相应位置输入“X48.911”，然后按下“测量”软键，完成X轴对刀	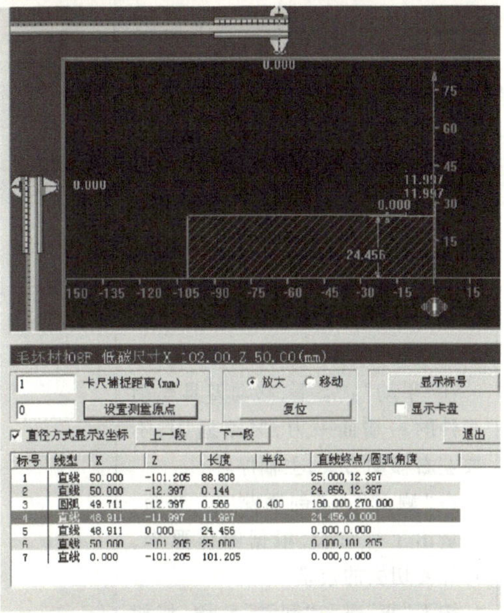
输入刀具参数	继续在01号车刀的对刀界面，找到刀尖半径“R”，在光标位置输入“0.4”，找到刀尖位置号“T”，在光标位置输入“3”	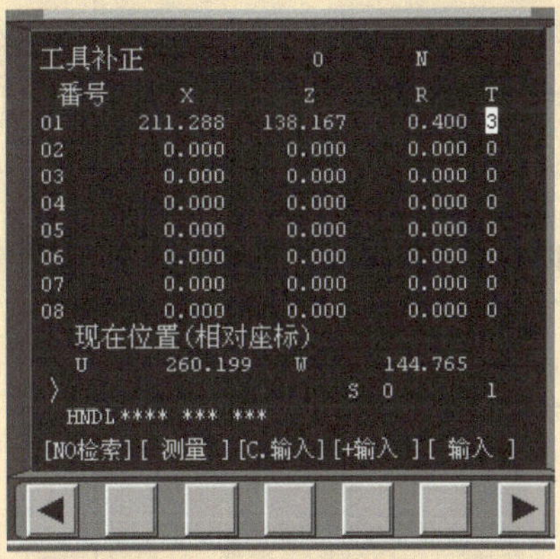
输入右端程序	按下编辑键“EDIT”→程序键“PROG”，进入程序输入界面，完成右端程序O0402的输入	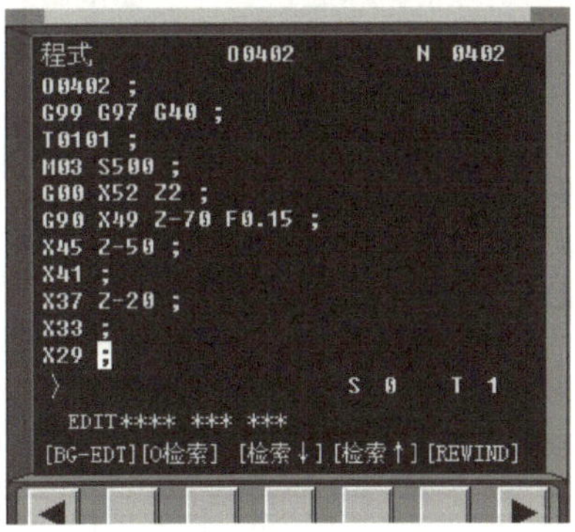
加工右端	选择“自动运行”方式，按下“启动”键，运行右端加工程序	

（续）

<table>
<tr><th>步骤</th><th>操作过程</th><th>图示</th></tr>
<tr><td>零件掉头</td><td>选择菜单栏“零件”→“移动零件”选项，单击“掉头”，使零件掉头装夹，再移动零件至合适位置</td><td>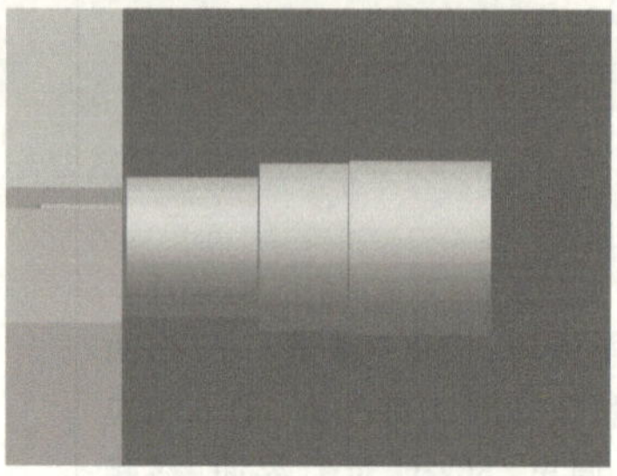</td></tr>
<tr><td>车削右端面，计算切削余量</td><td>在“手动”状态下，移动刀具车削工件的右端面一刀，原路返回，不要左右移动刀具，主轴停转
在“测量”→“剖面测量”界面，测量出工件总长，根据图样要求，计算要切去的余量
按下“W”键和“起源”软键，将相对坐标“W”的值变为“0”</td><td>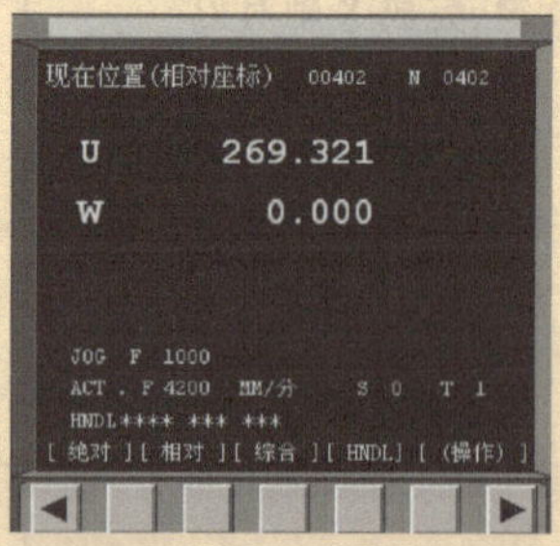
</td></tr>
<tr><td>将车刀调整到W-1.205</td><td>按下“手轮”键，结合倍率调整旋钮“×1”“×10”“×100”，Z向移动车刀，使车刀的“W”坐标等于要去掉的余量“-1.205”</td><td>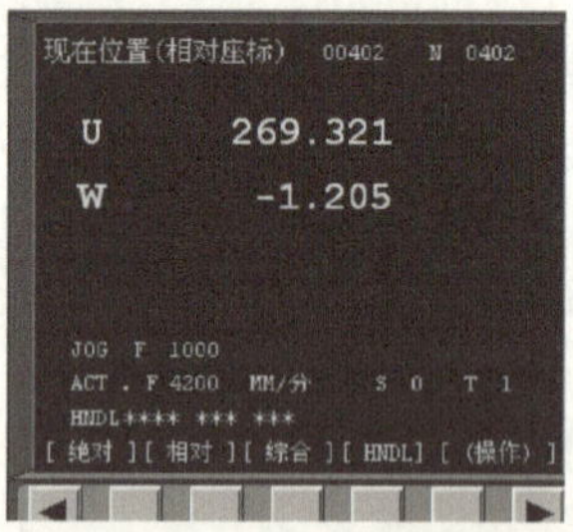
</td></tr>
<tr><td>车端面，保总长</td><td>再次切换至“手动”状态，使车刀沿着X向进刀，切掉工件右端面的余量，保证工件总长</td><td>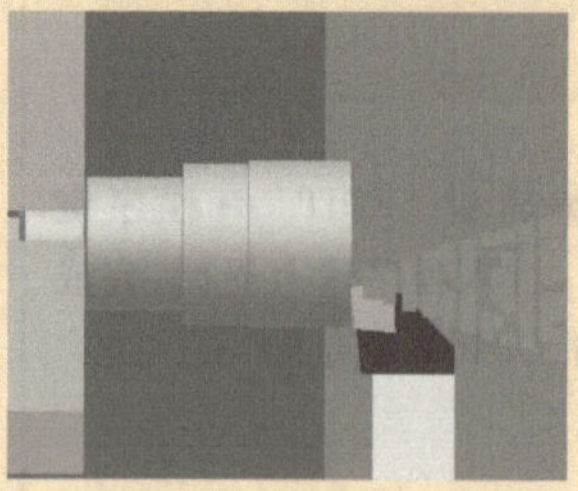</td></tr>
<tr><td>Z轴对刀</td><td>车刀按照原路返回，不要左右移动车刀
按下“offset”对刀键，光标停在01号车刀所在行，下方输入“Z0”，按下“测量”软键，完成Z轴对刀</td><td>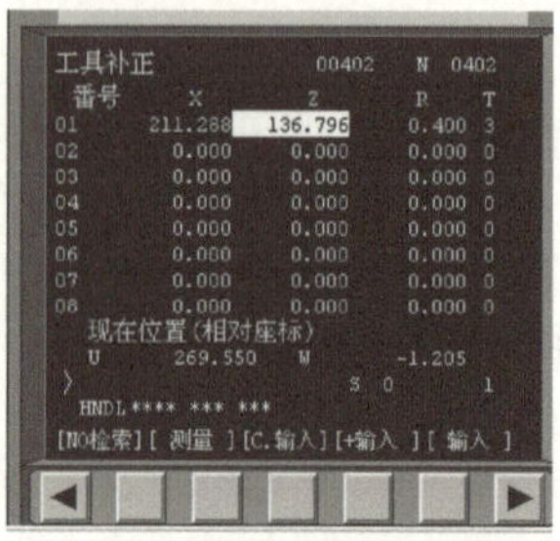
</td></tr>
</table>

（续）

步骤	操作过程	图示
输入左端程序	按下编辑键“EDIT”→程序键“PROG”，进入程序输入界面，完成左端程序 O0401 的输入	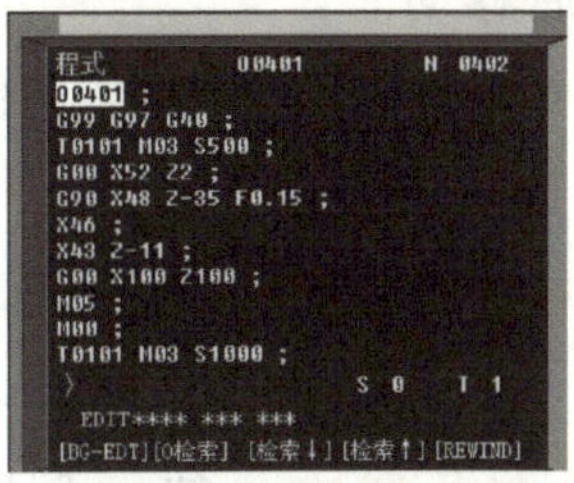
加工左端	选择“自动运行”方式，按下“启动”键，运行左端加工程序	
保存文件	选择菜单栏“文件”→“保存项目”选项，选择保存路径并输入文件名，单击“保存”，完成仿真文件的保存	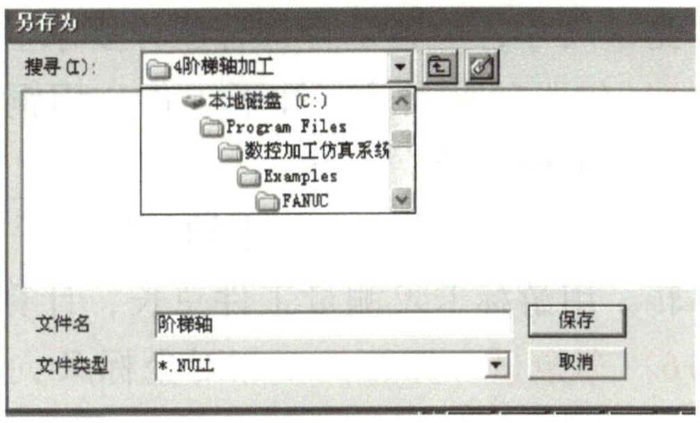

注意：零件的仿真与实际加工是有区别的，零件首次加工运行时，右手应放在“急停”键的上方，速率调得慢些，一旦发现运动趋势不对，应立即按下“急停”键。

四、零件加工步骤

（1）安全生产教育　学习数控车工安全操作规程，检查工装、防护用品是否穿戴整齐。

（2）加工前准备　按照工艺卡片准备毛坯、工量、夹具；完成数控车床开机前的安全检查；机床上电，开启系统，返回参考点。

（3）装夹毛坯　将工件装夹到卡盘上，保证工件伸出 75mm 左右。

（4）安装刀具　1 号车刀安装 95°外圆车刀，利用垫刀片调整刀尖高度，并用顶尖检验刀尖高度。

（5）试切对刀　主轴正转，在“手轮”方式下调整车刀位置，车削工件右端面一刀，再沿 X 向退刀，注意不要左右移动车刀。

（6）Z 轴对刀　在“offset”对刀模式下，光标停在 01 号车刀所在行，下方输入

“Z0”，按下“测量”软键，完成 Z 轴对刀。

（7）试切外圆　移动车刀，车削掉工件外圆一层，沿着 Z 轴方向原路返回，注意车刀不要前后移动。

（8）X 轴对刀　主轴停转，用游标卡尺测量工件外径，在“offset”界面下输入直径值 X 后，按下“测量”软键，完成 X 轴对刀。

（9）验证刀补　在“MDI”模式下输入并运行一小段程序“T0101”“G00 X50 Z50”，检查车刀当前位置是否与输入值相同，以保证对刀正确。

（10）输入右端程序　在“EDIT”编辑模式下，按下“PROG”程序键，进入程序输入界面，完成右端程序 O0401 的输入，并认真检查程序内容。

（11）加工右端　手动操作车刀退离工件一定距离，在“自动”模式下，先选“单段”方式运行一小段程序，确认对刀无误后再取消“单段”方式，连续运行。

（12）测量工件，修正刀补值　程序运行至 M00 后，用外径千分尺测量工件外径，按照图样尺寸计算出刀补值，对刀补值进行修正，刀补值 = 测量值 - 图样尺寸。

（13）精车右端　按下“循环启动”键，运行右端精车程序，完成工件右端加工，并测量尺寸，检验是否符合图样要求。

（14）掉头装夹工件　卸下工件，用铜皮包住 ϕ40mm 部分已加工表面，并将轴肩靠在卡盘上固定装夹工件。

（15）车端面，测长度　主轴正转，手动控制车刀车削工件端面，沿 X 向退刀，主轴停转。用游标卡尺测量工件总长，计算车削余量。

（16）车余量，保总长　相对坐标 Z 向清零，手轮控制车刀 Z 向移动长度余量，主轴正转车削端面，保证工件总长。

（17）Z 轴对刀　X 向退刀，按下“offset”键，切换至对刀界面；光标停在 01 号车刀所在行，下方输入“Z0”，按下“测量”软键，完成 Z 轴对刀。

（18）输入左端程序　按下“EDIT”→“PROG”，进入程序输入界面，完成左端程序 O0402 的输入，并认真检查程序内容。

（19）加工左端　在“自动”模式下，先选“单段”方式运行一小段程序，确认对刀无误后再取消“单段”方式，连续运行。

（20）清理维护　清扫、维护数控车床，将刀具、量具、工具擦干净，整齐地放入工具箱中，并认真填写实训记录单。

操作提示：

1）操作数控车床前，应打开总电源，再按下控制面板开关，最后旋开“急停”按钮。

2）在主轴转动前，必须确保夹紧工件。

3）数控车床出厂前已设置好参数，存储在零号程序里，不得随意改动。

4）出现限位报警时，必须反方向退出 5mm 后，才能解除限位报警。

注意：按照机床润滑卡规定的要求，定点、定时、定质、定量、定人做好机床的润滑工作，防止因缺油造成机床故障。

【任务检测】

小组成员分工检测零件，并将检测结果填入表 4-8 中。

表 4-8　零件检测表

<table>
<tr><th>序号</th><th colspan="2">加工内容</th><th colspan="2">配分</th><th>自检</th><th>互检</th><th>师检</th><th>最终得分</th></tr>
<tr><td rowspan="2">1</td><td rowspan="2">工艺准备（20 分）</td><td>编写加工工艺</td><td colspan="2">10</td><td></td><td></td><td></td><td></td></tr>
<tr><td>编写程序</td><td colspan="2">10</td><td></td><td></td><td></td><td></td></tr>
<tr><td rowspan="12">2</td><td rowspan="12">零件加工（60 分）</td><td rowspan="2">$\phi40_{-0.03}^{0}$mm</td><td>IT</td><td>Ra</td><td rowspan="2"></td><td rowspan="2"></td><td rowspan="2"></td><td rowspan="2"></td></tr>
<tr><td>4</td><td>2</td></tr>
<tr><td>$\phi25_{-0.03}^{0}$mm</td><td>4</td><td>2</td><td></td><td></td><td></td><td></td></tr>
<tr><td>$\phi48_{-0.05}^{0}$mm</td><td>4</td><td>2</td><td></td><td></td><td></td><td></td></tr>
<tr><td>$\phi45_{-0.05}^{0}$mm</td><td>4</td><td>2</td><td></td><td></td><td></td><td></td></tr>
<tr><td>$\phi42_{-0.05}^{0}$mm</td><td>4</td><td>2</td><td></td><td></td><td></td><td></td></tr>
<tr><td>$20_{-0.01}^{0}$mm</td><td>4</td><td>—</td><td></td><td></td><td></td><td></td></tr>
<tr><td>50mm</td><td>4</td><td>—</td><td></td><td></td><td></td><td></td></tr>
<tr><td>11mm</td><td>4</td><td>—</td><td></td><td></td><td></td><td></td></tr>
<tr><td>35mm</td><td>4</td><td>—</td><td></td><td></td><td></td><td></td></tr>
<tr><td>(100±0.1)mm</td><td>4</td><td>—</td><td></td><td></td><td></td><td></td></tr>
<tr><td>安全操作，文明生产</td><td colspan="6">10（违规视情节轻重扣 1~10 分）</td></tr>
<tr><td rowspan="4">3</td><td rowspan="4">外观检测（20 分）</td><td>车削面的表面质量</td><td colspan="2">5</td><td></td><td></td><td></td><td></td></tr>
<tr><td>锐边倒钝</td><td colspan="2">5</td><td></td><td></td><td></td><td></td></tr>
<tr><td>去毛刺</td><td colspan="2">10</td><td></td><td></td><td></td><td></td></tr>
<tr><td>其他项目</td><td colspan="5">一般按照 GB/T 1804-m，
有明显缺陷倒扣 2~10 分</td><td></td></tr>
<tr><td colspan="3">合计（总分）</td><td colspan="2">100</td><td>机床编号</td><td colspan="3"></td></tr>
</table>

【任务评定】

1. 任务评价

综合评价表见表 4-9。

表 4-9　综合评价表

项目	出勤（10 分）	课堂纪律（10 分）	零件加工（60 分）	职业素养（20 分）	综合成绩
个人评价（20%）					
小组评价（30%）					
教师评价（50%）					
综合得分					

2. 任务鉴定

实训鉴定表见表 4-10。

表 4-10　实训鉴定表

自我鉴定	你在本任务中学习了哪些新的知识和技能？加工过程中出现了哪些问题？你是如何解决的？ 学生签名：＿＿＿＿＿＿ ＿＿＿＿年＿＿月＿＿日
教师鉴定	对本学生的最终鉴定(优秀、良好、一般、差)： 指导教师签名：＿＿＿＿＿＿ ＿＿＿＿年＿＿月＿＿日

G90指令

【知识链接】

一、圆柱面车削循环 G90 指令

外圆轮廓加工路线如图 4-2 所示，加工一个轮廓表面需要四个动作：

1）快速进刀（相当于 G00 指令）。

2）切削进给（相当于 G01 指令）。

3）退刀（相当于 G01 指令）。

4）快速返回（相当于 G00 指令）。

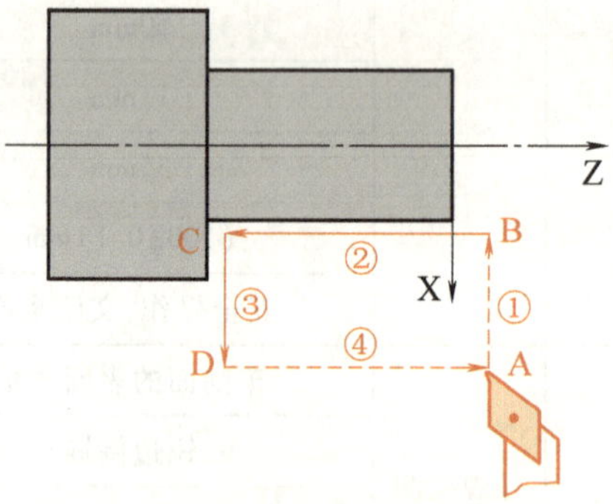

图 4-2　外圆轮廓加工路线（一）

对于加工余量比较大的阶梯轴，如果使用 G01 指令编程，程序就会比较烦琐，使用 G90 指令可以简化程序，用一个程序段即可完成上述四个行程的加工操作。

1. 指令格式

G90　X（U）＿　Z（W）＿　F＿;

其中，X、Z 为切削终点（C 点）的绝对坐标；U、W 为切削终点（C 点）相对循环起点（A 点）的增量值；F 为切削进给量。

2. 指令功能

用于毛坯外圆柱面或内孔表面加工余量较大的粗车。

3. 指令说明

1）G90 指令代表“一句四动”。如图 4-2 所示，G90 指令将 AB、BC、CD、DA 四条直线指令组合成一条指令进行编程，从而达到了简化编程的目的。

2）G90 指令程序段之前用 G00 指定循环起点 A，A 点应在毛坯之外，距离零件端面 2~5mm。

3）G90 指令程序段运行后刀具停在 A 点。

4）G90 指令是模态指令，一经指定就一直有效，在完成固定切削循环后，可用同组的另外一个 G 指令取消其作用。

二、圆锥面车削循环 G90 指令

外圆轮廓加工路线如图 4-3 所示，加工一个轮廓表面需要四个动作：

1）快速进刀（相当于 G00 指令）。

2）切削进给（相当于 G01 指令）。

3）退刀（相当于 G01 指令）。

4）快速返回（相当于 G00 指令）。

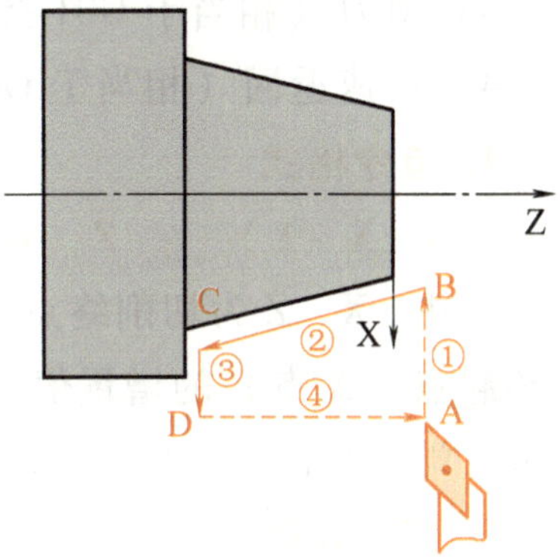

图 4-3　外圆轮廓加工路线（二）

1. 指令格式

G90　X（U）__　Z（W）__　R__　F__；

其中，X、Z 为切削终点（C 点）的绝对坐标；U、W 为切削终点（C 点）相对循环起点（A 点）的增量值；R 是起点 B 与终点 C 所在外圆的半径差值，该值有正负号，若起点 B 所在外圆的半径值小于终点 C 所在外圆的半径值，R 取负值，如图 4-3 所示，反之则 R 取正值；F 为切削进给量。

2. 指令功能

用于毛坯外圆锥面或内孔锥面加工余量较大的粗车。

3. 指令说明

1）走刀轨迹是一个直角梯形。图 4-3 所示是将 AB（快进）→BC（切削）→CD（退刀）→DA（快速返回）四条直线指令组合成一条指令进行编程，简化了程序。

2）执行循环指令 G90 之前，先指定循环起点 A，A 点应在毛坯之外，距离零件端面 2~5mm。

3）G90 指令程序段运行后刀具停在 A 点。

三、端面切削循环 G94 指令

如图 4-4 和图 4-5 所示，刀具从循环起点，按照快速进刀→切削进给→切削进给→快速返回的顺序加工，最后返回循环起点，图中虚线表示按 R 值快速移动，实线表示按 F 指定的进给速度移动。

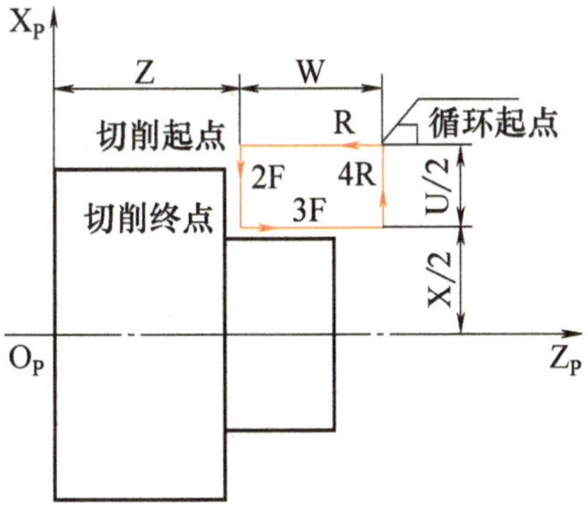

图 4-4　端面切削循环

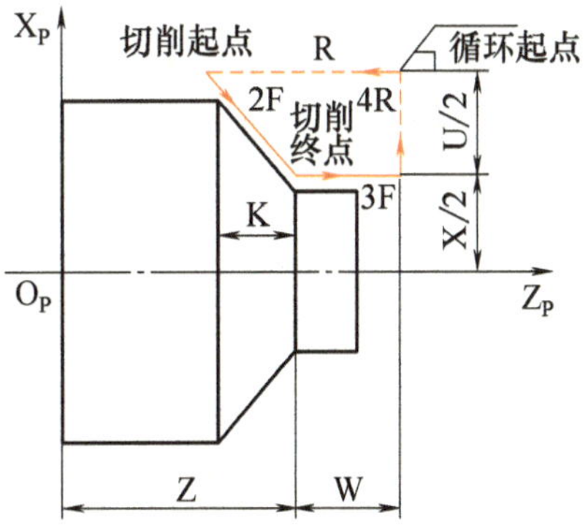

图 4-5　带锥度的端面切削循环

1）快速进刀（相当于 G00 指令）。

2）切削进给（相当于 G01 指令）。

3）退刀（相当于 G01 指令）。

4）快速返回（相当于 G00 指令）。

1. 指令格式

G94 X（U）__ Z（W）__ R__ F__;

其中，X、Z 为切削终点（C 点）的绝对坐标；U、W 为切削终点（C 点）相对循环起点（A 点）的增量值；R 为端面切削起点至切削终点位移在 Z 轴方向的坐标增量，端面切削循环时 R 为零，可省略；F 为切削进给量。

2. 指令功能

实现端面切削循环和带锥度的端面切削循环。

3. 指令说明

1）执行循环指令 G94 之前，先指定循环起点 A，A 点应在毛坯之外，距离零件端面 2~5mm。

2）G94 指令程序段运行后刀具停在 A 点。

3）G94 指令是模态指令，一经指定就一直有效，也可用同组的另外一个 G 指令取消。

【知识拓展】

一、C 倒角指令

（1）指令格式　G01 X__ Z__ C__;

（2）指令功能　进行直线倒角，令刀具从 A 点到 B 点，然后到 C 点，如图 4-6 所示。

（3）指令说明

1）X、Z 是两相邻直线的交点，即 G 点的坐标值。

2）C 是交点 G 到倒角起点 B（或倒角终点 C）的距离。

二、R 圆角指令

（1）指令格式　G01 X__ Z__ R__;

（2）指令功能　进行圆弧倒角，令刀具从 A 点到 B 点，然后到 C 点，如图 4-7 所示。

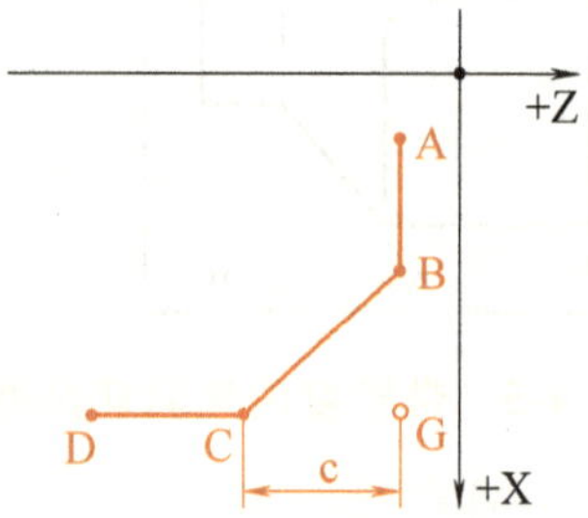

图 4-6　C 倒角指令

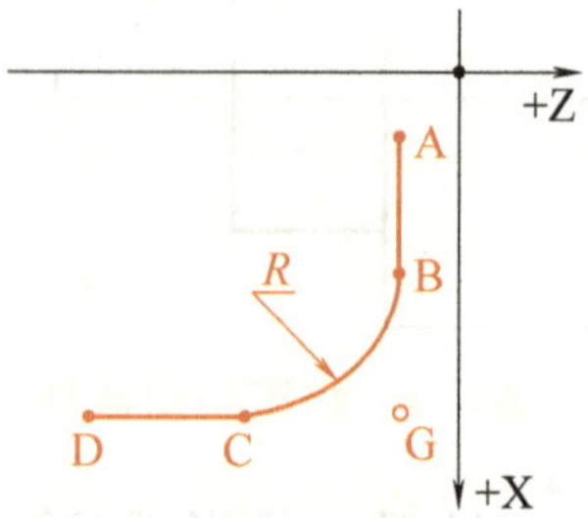

图 4-7　R 圆角指令

(3) 指令说明

1) X、Z 是两相邻直线的交点，即 G 点的坐标值。

2) R 是倒角圆弧的半径值。

注意：

1) 使用增量指令编程进行倒角时，其指令从 G 点开始计算距离。

2) 在螺纹切削程序段中，不得出现倒角指令。

3) 当 X、Z 轴指定的移动量比指定的 R 或 C 小时，系统将报警。

4) 在 G01 状态下，当 C、R 指令均出现时，以后出现的为准。

【能力提升】

一、单项选择题

1. "G90 X50 Z-60 F0.1;" 完成的是（　　）的加工。

A. 圆柱面　　B. 圆锥面　　C. 圆弧面　　D. 螺纹

2. 在 FANUC 系统中，单一固定循环是将一个固定循环，如切入→切削→退刀→返回四个程序段用（　　）指令简化为一个程序段。

A. G90　　B. G54　　C. G30　　D. G80

3. G90 指令是 FANUC 6T 数控车床系统中的（　　）切削循环功能。

A. 圆弧　　B. 曲面　　C. 螺纹　　D. 外圆

4. 使用单一固定循环 G90 指令加工外圆柱面时，一句指令可完成四个动作，可看作下列（　　）四个指令动作。

A. G00、G00、G01、G01　　B. G01、G01、G01、G01

C. G00、G01、G01、G00　　D. G00、G00、G00、G00

5. 使用单一固定循环指令 G90 车削外圆锥面时，走刀轨迹为（　　）。

A. 一条直线　　B. 三角形　　C. 矩形　　D. 直角梯形

二、判断题

1. G90 指令是非模态指令。（　　）

2. 在用 G90 指令车削圆柱面时，整个走刀轨迹中速度是不变的。（　　）

3. 数控车床和普通车床一样都是通过刀具切削完成对零件毛坯的加工，因此二者的工艺路线是相同的。（　　）

4. 编程原点设定对编程是否方便没有影响。（　　）

5. 设定编程原点时，对称零件应选零点的对称中心作为编程原点。（　　）

6. 现代数控机床都有一个基准位置，称为编程原点，是机床制造商设置在机床上的一个物理位置，其作用是使机床与控制系统同步，建立测量机床运动坐标的起始点。（　　）

7. 编制数控加工程序时，一般以机床坐标系为编程坐标系。（　　）

8. 加工工艺制订得合理与否，对机床加工效率和零件加工精度等都有重要影响。（　　）

三、编写程序

如图 4-8 所示阶梯轴零件，毛坯为 ϕ50mm 的 2A12 铝棒，请按图样要求合理制订加工工艺，编写加工程序，安全操作数控车床，并保证加工精度和表面质量要求。

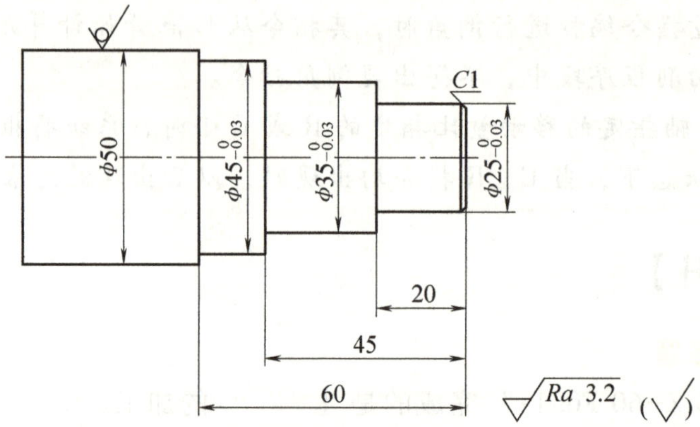

图 4-8 阶梯轴

任务五 加工锥轴类零件

【任务目标】

知识目标

1. 掌握 G71 指令的轨迹、7 个参数的选取值。
2. 掌握 G71 指令的使用注意事项。
3. 掌握工件编程节点的计算方法。

技能目标

1. 能够正确制订锥轴的加工工艺。
2. 能够应用 G71 指令编写锥轴加工程序并进行仿真及加工。
3. 能够对锥轴类零件进行检测，并对加工误差给出处理办法。

素质目标

1. 培养正确使用工具，量具，安全文明生产的意识。
2. 培养遵守车间 6S 管理规定的意识。
3. 培养团结协作的团队意识和精益求精的工匠精神。

【任务引入】

加工图 5-1 所示的锥轴类零件。毛坯为 ϕ55mm×90mm 的 2A12 铝棒，请按图样要求合理制订加工工艺，编写加工程序，安全操作数控车床，并保证加工精度和表面质量要求。

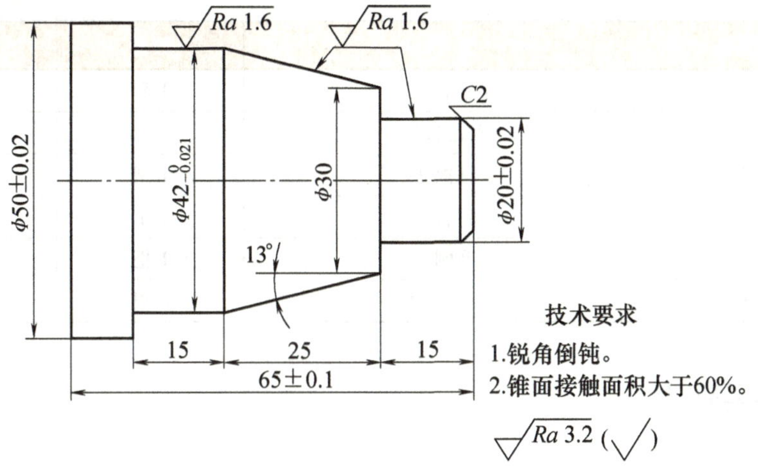

图 5-1　锥轴类零件

【任务分析】

一、分析图样

1. 形状分析

该零件的外形主要由阶梯轴、锥轴和倒角等要素构成，而且两端需要加工。

2. 尺寸精度分析

该零件尺寸主要是外径尺寸、长度尺寸、角度尺寸和倒角尺寸，其中外径尺寸的公差为±0.02mm、$^{0}_{-0.021}$mm，总长尺寸公差为±0.1mm。由于该零件的尺寸精度要求较高，且加工余量较大，须分粗、精加工进行，以保证精度要求。

3. 表面粗糙度分析

该零件右侧台阶轴和锥轴的表面粗糙度值为 *Ra* 1.6μm，其他未标注的表面粗糙度值为 *Ra* 3.2μm，标注的倒角均为 *C*2，锐边倒钝，零件加工完成后须去除毛刺和飞边。

二、确定实训设备清单

机床、刀具、量具、工具和毛坯清单见表 5-1。

表 5-1　机床、刀具、量具、工具和毛坯清单

序号	实训设备	型号	数量	备注
1	机床	CKA6140 型数控车床	6 台	FUNAC-0i-MATE-TF
2	刀具	95°外圆车刀	1 把	MCLNR2020K12
3	量具	0～150mm 游标卡尺	1 把	
		25～50mm 外径千分尺	1 把	
		百分表	1 块	
		游标万能角度尺(0°～320°)	1 把	

（续）

序号	实训设备	型号	数量	备注
4	工具	百分表架	1套	
		内六角扳手	1套	
		卡盘扳手	1把	
		套管	1个	
		毛刷	1把	
5	毛坯	ϕ55mm 铝棒	6根	材料 2A12

车圆锥

【任务实施】

一、制订加工工艺

1. 加工工艺分析

按照零件图要求，工件两端均需加工，已知毛坯长度为 90mm，因此该零件采用两次装夹完成加工，确定加工方案如下。

（1）加工右端：

1）夹持毛坯外圆 ϕ55mm，向外伸出 75mm 左右，找正。

2）车平端面、对刀，设零件右端面中心为编程原点。

3）粗、精车外圆 ϕ50mm、ϕ42mm、圆锥面及 ϕ20mm 至尺寸要求（注意工艺倒角 $C2$，表面粗糙度值为 $Ra1.6\mu m$）。

（2）掉头加工左端

1）垫铜皮夹持 ϕ42mm 外圆，以 ϕ42mm 外圆台阶面定位，保证工件总长，对刀。

2）切端面至长度尺寸要求。

2. 刀具及切削用量

根据零件加工工艺，选择一把机夹式外圆车刀完成零件的粗、精加工，刀具卡片见表 5-2。

表 5-2　刀具卡片

刀号	刀具图片	刀片规格	加工内容	背吃刀量/mm	进给量/(mm/r)	主轴转速/(r/min)
T0101	 95°外圆车刀	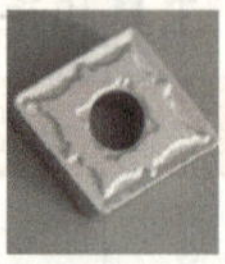 CNMG120404	粗车	1	0.15	500
T0101	 95°外圆车刀	 CNMG120404	精车	0.5	0.1	1000

3. 加工工艺卡片

根据零件加工工艺和刀具的选用情况，制订加工工艺卡片，见表 5-3。

表 5-3　加工工艺卡片

<table>
<tr><td>名称</td><td>锥轴</td><td>零件图号</td><td>CK-03</td><td>系统</td><td>FANUC 0i-TF</td><td>材料</td><td>2A12</td></tr>
<tr><td>工序简图</td><td colspan="7">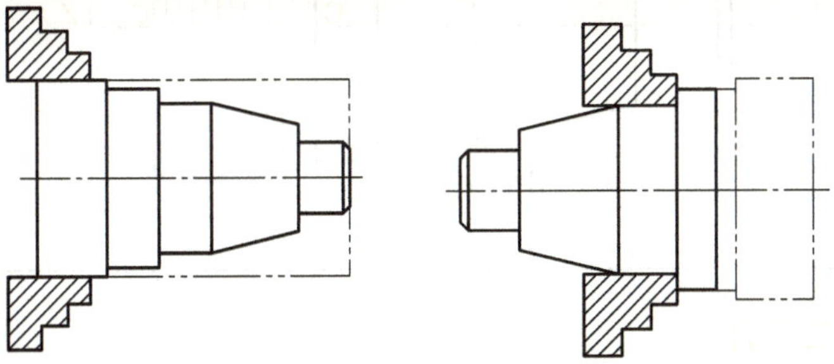
工序1示意图　工序2示意图</td></tr>
</table>

<table>
<tr><td rowspan="2">工序号</td><td rowspan="2">工步</td><td rowspan="2">工步内容</td><td rowspan="2">刀具</td><td colspan="3">切削用量</td></tr>
<tr><td>背吃刀量/mm</td><td>进给量/(mm/r)</td><td>主轴转速/(r/min)</td></tr>
<tr><td rowspan="2">1</td><td>1</td><td>车平端面，粗车外圆 ϕ50mm、ϕ42mm 及端面、圆锥面、ϕ20mm 外圆及端面，留 0.5mm 精车余量</td><td>T0101</td><td>1</td><td>0.15</td><td>500</td></tr>
<tr><td>2</td><td>精车外圆 ϕ50mm、ϕ42mm 及端面、圆锥面、ϕ20mm 外圆及端面</td><td>T0101</td><td>0.5</td><td>0.1</td><td>1000</td></tr>
<tr><td>2</td><td>1</td><td>掉头，车平端面，保证总长 65mm</td><td>T0101</td><td>1</td><td>0.1</td><td>500</td></tr>
</table>

二、节点计算与编程

1. 建立工件坐标系，确定节点坐标

根据零件图样，图中各个编程节点的坐标可以通过标注的尺寸直接读出，零件两端的编程原点和各节点坐标见表 5-4。

表 5-4　编程原点和各节点坐标

<table>
<tr><td>加工内容</td><td>图示</td><td>节点坐标</td></tr>
<tr><td>加工零件右端</td><td>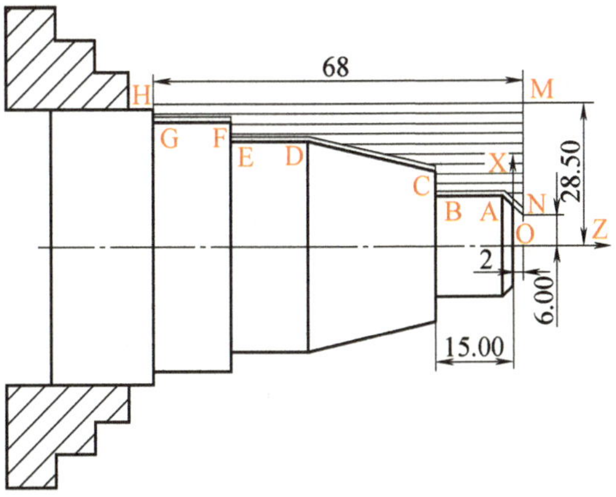
</td><td>O(0,0)
N(12,2)
A(20,-2)
B(20,-15)
C(30,-15)
D(42,-40)
E(42,-55)
F(50,-55)
G(50,-68)
H(57,-68)
M(57,2)</td></tr>
</table>

（续）

加工内容	图示	节点坐标
加工零件左端	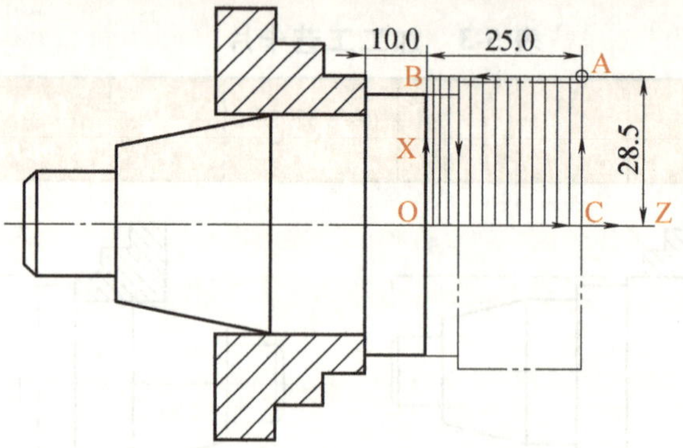	O(0,0) A(57,25) B(57,0) C(0,25)

2. 编写加工程序

根据零件的加工工艺及各节点坐标，编写零件的加工程序。

G71指令应用

G71指令参数设置与仿真

G71动画

(1) 右端加工程序　零件右端加工程序见表 5-5。

表 5-5　零件右端加工程序

程序段号	程序段	说明
N10	O5001;	程序号
N20	G99 G97 G40;	设置进给量 F(单位为 mm/r),恒转速
N30	T0101;	调用 1 号车刀,同时建立工件坐标系
N40	M03 S500 M08;	主轴正转,转速为 500r/min,切削液开
N50	G00 X57 Z2;	刀具快速接近工件,定位至 M 点
N60	G71 U1 R0.5; G71 P70 Q150 U0.5 W0 F0.15;	粗车复合循环。粗车外圆 φ50mm、φ42mm、圆锥面、φ20mm 外圆及端面,保证工件总长度为 65mm,设置粗车进给量为 0.15mm/r
N70	G42 G00 X12;	加入右刀补,快速移动至起刀点 N
N80	G01 X20 Z-2;	车削轴右端倒角
N90	Z-15;	车削 φ20mm 外圆,长度为 15mm
N100	X30;	车削端面
N110	X42 Z-40;	车削圆锥面
N120	Z-55;	车削 φ42mm 外圆
N130	X50;	车削端面
N140	Z-68;	车削 φ50mm 外圆,保证总长度为 65mm
N150	G40 G01 X57;	车削退出至 H 点,取消刀补
N160	G00 X100 Z100;	退刀至 X100 Z100
N170	M05;	主轴停止
N175	M00;	程序暂停,进行精加工前的测量,调整磨耗值
N180	T0101;	调用 1 号精车刀
N190	M03 S1000;	主轴正转,转速为 1000r/min
N195	G00 X57 Z2;	刀具快速接近工件,定位至 M 点

（续）

程序段号	程序段	说明
N200	G70 P70 Q150 F0.1；	精车复合循环
N210	G00 X100 Z100；	退刀至 X100 Z100
N220	M05 M30 M09；	主轴停转，程序结束，关切削液

（2）左端加工程序　零件左端加工程序见表 5-6。

表 5-6　零件左端加工程序

程序段号	程序段	说明
N10	O5002；	程序号
N20	G99 G97 G40；	设置进给量 F（单位为 mm/r），恒转速
N30	T0101；	调用 1 号车刀，同时建立工件坐标系
N40	M03 S500，M08；	主轴正转，转速为 500r/min，开切削液
N50	G00 X57 Z25；	刀具快速接近工件，定位
N60	G94 X0 Z23 F0.1；	调用固定循环车平端面，设置车削进给量为 0.1mm/r
N70	Z21；	固定循环模态调用
N80	Z19；	固定循环模态调用
N90	Z17；	固定循环模态调用
N100	Z15；	固定循环模态调用
N110	Z13；	固定循环模态调用
N120	Z11；	固定循环模态调用
N130	Z09；	固定循环模态调用
N140	Z07；	固定循环模态调用
N150	Z05；	固定循环模态调用
N160	Z03；	固定循环模态调用
N170	Z1.5；	固定循环模态调用
N180	Z0.5；	固定循环模态调用
N190	Z0；	固定循环模态调用
N200	G00 X100 Z100；	退刀至 X100 Z100
N210	M05 M30 M09；	主轴停止，程序停止，关切削液

三、零件加工步骤

（1）安全生产教育　学习数控车工安全操作规程，检查工装、防护用品是否穿戴整齐。

（2）加工前准备　按照工艺卡片准备毛坯、工具、量具、夹具；完成数控车床开机前的安全检查；机床上电，开启系统，返回参考点。

（3）装夹毛坯　将工件装夹到卡盘上，保证工件伸出 75mm 左右。

（4）安装车刀　1 号车刀安装 95°外圆车刀，利用垫刀片调整刀尖高度，并用顶尖检验刀尖高度。

（5）车端面　主轴正转，在“手轮”方式下调整车刀位置，车削工件右端面一刀，再沿X向退刀，注意不要左右移动车刀。

（6）Z轴对刀　在“offset”对刀模式下，光标停在01号车刀所在行，下方输入“Z0”，按下“测量”软键，完成Z轴对刀。

（7）试切外圆　移动车刀，车削掉工件外圆一层，沿着Z轴方向原路返回，注意车刀不要前后移动。

（8）X轴对刀　主轴停转，用游标卡尺测量工件外径，在“offset”界面下输入直径值X后，按下“测量”软键，完成X轴对刀。

（9）验证刀补　在“MDI”模式下输入并运行一小段程序“T0101”“G00 X50 Z50”，检查车刀当前位置是否与输入值相同，以保证对刀正确。

（10）输入右端程序　在“EDIT”模式下，按下“PROG”程序键，进入程序输入界面，完成右端程序O5001的输入，并认真检查程序内容。

（11）加工右端　手动操作车刀退离工件一定距离，在“自动”模式下，先选“单段”方式运行一小段程序，确定对刀无误后再取消“单段”方式，连续运行。

（12）测量工件，修正刀补值　程序运行至M00后，用外径千分尺测量工件外径，按照图样尺寸计算出刀补值，对刀补值进行修正，刀补值=测量值-图样尺寸。

（13）精车右端　按下“循环启动”键，运行右端精车程序，完成工件右端加工并进行测量，检验其是否符合图样要求。

（14）掉头装夹工件　卸下工件，用铜皮包住ϕ42mm部分已加工表面，并将轴肩靠在卡盘上固定装夹工件。

（15）车端面，测长度　主轴正转，手动控制车刀车削工件端面，并沿X向退刀，主轴停转。用游标卡尺测量工件总长，计算车削余量为90.78mm－65mm＝25.78mm。

（16）Z轴对刀　按下“offset”键，切换至对刀界面，光标停在01号车刀所在行，下方输入“Z25.78”，按下“测量”软键，完成Z轴对刀。

（17）输入左端程序　按下“EDIT”→“PROG”，进入程序输入界面，完成左端程序O5002的输入，并认真检查程序内容。

（18）加工左端　在“自动”模式下，先选“单段”方式运行一小段程序，确定对刀无误后再取消“单段”方式，连续运行。

（19）清理维护　清理、维护数控车床，将刀具、量具、工具擦干净，整齐地放入工具箱中，并认真填写实训记录单。

操作提示：

1）G71语句中P、Q的程序段号应和ns、nf后面的段号一致。

2）循环语句的第一句为N1 G0 Xa（垂直进给），最后一句为N2 G0 Xb（垂直退出）。

3）G71程序段中的F、S、T只对粗加工有效；ns~nf程序段中的F、S、T功能只对精加工有效。

4）ns~nf程序段中不能有G50、G96、G97指令，不能调用子程序，不能进行螺纹加工，否则机床将报警。

注意：

1）在确定对刀、程序校验无误后方可加工。

2）程序急停以后，解除急停后，不能继续按照自动运行，应按“RESET”键，重新回零，重新对刀，否则极易撞刀。

【任务检测】

小组成员分工检测零件，并将检测结果填入表 5-7 中。

表 5-7 零件检测表

序号	加工内容		配分		自检	互检	师检	最终得分
1	工艺准备（20 分）	编写加工工艺	10					
		编写程序	10					
2	零件加工（60 分）	($\phi 50 \pm 0.02$) mm	IT	Ra				
			4	2				
		$\phi 42_{-0.021}^{\ 0}$ mm	4	2				
		($\phi 20 \pm 0.02$) mm	4	2				
		C2	6	—				
		15mm	6	—				
		25mm	6	—				
		15mm	6	—				
		(65±0.1) mm	8	—				
		安全操作，文明生产	10（违规视情节轻重扣 1～10 分）					
3	外观检测（20 分）	车削面的表面质量	5					
		锐边倒钝	5					
		去毛刺	10					
		其他项目	一般按照 GB/T 1804-m，有明显缺陷倒扣 2～10 分					
合计（总分）			100		机床编号			

【任务评定】

1. 任务评价

综合评价表见表 5-8。

表 5-8 综合评价表

项目	出勤（10 分）	课堂纪律（10 分）	零件加工（60 分）	职业素养（20 分）	综合成绩
个人评价（20%）					
小组评价（30%）					
教师评价（50%）					
综合得分					

2. 任务鉴定

实训鉴定表见表 5-9。

表 5-9 实训鉴定表

自我鉴定	你在本任务中学习了哪些新的知识和技能？加工过程中出现了哪些问题？你是如何解决的？ 学生签名：__________ ________年____月____日
教师鉴定	对本学生的最终鉴定（优秀、良好、一般、差）： 指导教师签名：__________ ________年____月____日

【知识链接】

G71指令

在数控编程中，使用复合循环指令能大大简化编程，提高编程效率。对于不同的系统，复合循环指令的格式也有所不同，但基本原理是相同的。这里以 FANUC 系统为例，介绍复合循环指令的格式、功能及应用。

一、内、外圆粗车循环 G71 指令

G71 指令应用于圆柱棒料外圆表面粗车、加工余量大、需要多次粗加工的情形。

1. G71 指令加工路线

外圆轮廓加工路线如图 5-2 所示。

1）G71 指令粗车外圆轮廓走刀路线，刀具从循环起点 A 开始，快速退至 C 点，退刀量由 Δw 和 $\Delta u/2$ 决定。

2）快速沿 X 向进给 Δd 深度，按照 G01 指令切削加工，然后沿 45°方向快速退刀，X 向退刀量为 e，再沿 Z 向快速退刀，第一次切削加工结束。

3）沿 X 向进行第二次切削加工，进刀量为 $e+\Delta d$，如此循环直至粗车结束。

4）进行平行于精加工表面的半精加工，刀具沿精加工表面分别留 Δw 和 $\Delta u/2$ 的余量。

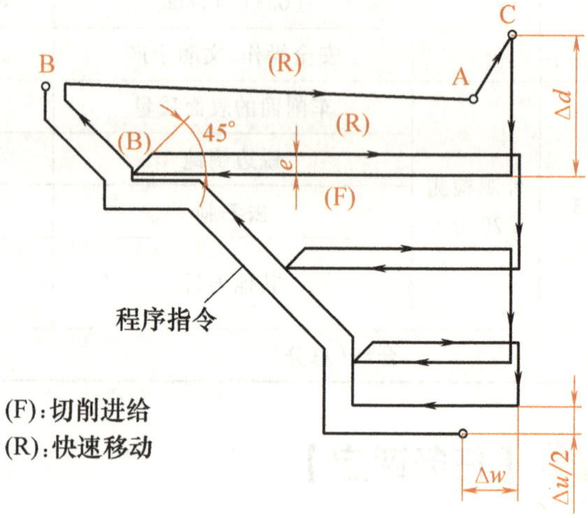

图 5-2 外圆轮廓加工路线

5）半精加工完成后，刀具快速退至循环起点，结束粗车循环所有动作。

2. G71 指令格式

G71 U(Δd) R(e);

G71 P(ns) Q(nf) U(Δu) W(Δw) F(f) S(s) T(t);

其中，Δd 为粗车时的背吃刀量，一般取 1～2mm（即 X 向每次切削深度，由半

径值给定，无正负号）；*e* 为退刀量，无正负号，该值为模态值，一般取 0.5 mm（由半径值给定）；*ns* 为指定精加工路线的第一个程序段段号；*nf* 为指定精加工路线的最后一个程序段段号；Δu 为 X 向的精加工余量，一般取 0.5mm（由直径值给定，外圆表面加工为正，内圆表面加工为负）；Δw 为 *Z* 向的精加工余量，一般取 0mm；*f*、*s*、*t* 为粗加工过程中的切削用量及刀具，*f* 一般取 0.15 或 0.1。

3. G71 指令参数正负号的确定

上述循环指令应用于工件内径轮廓时，就自动成为内径粗车循环，此时径向精车余量 Δu 应指定为负值。图 5-3 中给出了四种切削模式（所有切削循环都平行于 Z 轴）下 U 和 W 的符号判断。

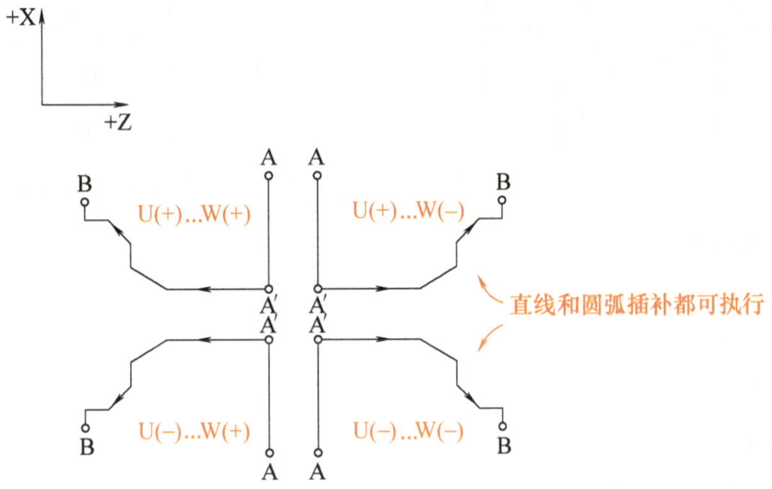

图 5-3　精车余量 Δu 符号的确定

4. G71 指令说明

1）G70 指令是用于 G71 指令后的精加工，不能单独使用，必须在 G71 或 G73 指令后使用。

2）循环起点的确定。G71 指令粗车循环起点的确定主要考虑毛坯的加工余量、进退刀路线等。一般选择在毛坯轮廓外 1~2mm、端面 1~2mm 即可，不宜太远，以减少空行程，提高加工效率。

3）精加工开始程序段中不允许有 Z 向的移动；必须用 G00 或 G01 指令单独指定 X 轴运动（“G0 X __”，表示垂直进给，垂直退出）。

4）在 *ns*~*nf* 程序段中，不能有 G50、G96、G97 指令，不能调用子程序，不能进行螺纹加工，否则机床将报警。

5）G71 指令循环时可以进行刀具位置补偿，但不能进行刀尖半径补偿。因此，在 G71 指令前必须用 G40 指令取消原有的刀尖半径补偿。*ns*~*nf* 程序段中可以含有 G41 或 G42 指令，但只对精车轨迹进行刀尖半径补偿。

6）在使用 G71 指令进行粗加工循环时，只有 G71 程序段中的 F、S、T 才有效；而 *ns*~*nf* 程序段中的 F、S、T 功能只对精加工有效。

7）G71 指令用于圆柱棒料毛坯、轮廓递增或递减的零件，不能加工凹形轮廓零件，如图 5-4 所示。

5. G71 指令示例

（1）示例 1　如图 5-5 所示，采用外径粗车循环 G71 指令编写加工程序，以工件右端面中心为工件坐标系原点，将循环起点设置在直径为 ϕ52mm、距离端面 2mm 的位置，背吃刀量为 1mm（半径值），退刀量为 0.5mm；X 向精加工余量为 0.5mm，Z 向精加工余量为 0mm。

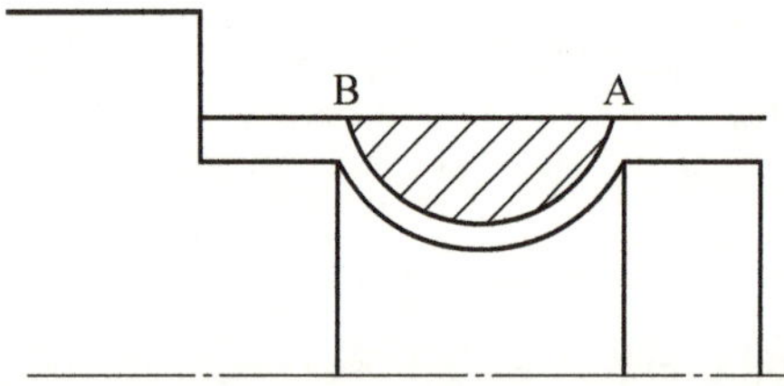

图 5-4　用 G71 指令不能加工凹形轮廓零件

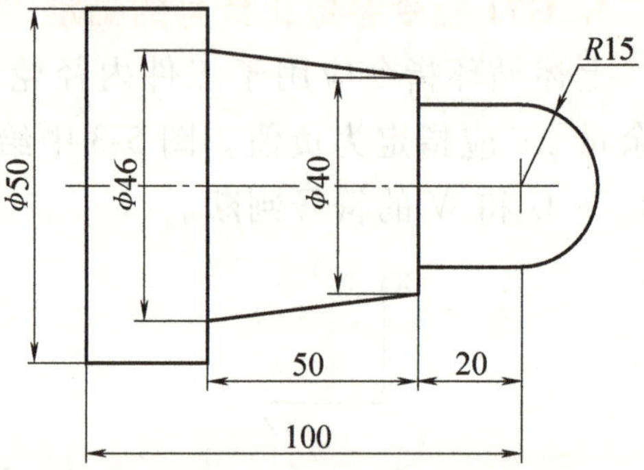

图 5-5　用 G71 指令加工外轮廓零件

数控加工程序如下：

```
O0501;
M03 S500 T0101;
G0 X52 Z2;
G71 U1 R0.5;
G71 P10 Q20 U0.5 W0 F0.15;
N10 G0 X0;
G42 G1 Z0;
G03 X30 Z-15 R15;
G1 W-20.;
X40;
X46 W-50;
X50;
Z-115;
N20 X52;
M03 S1000 F0.1;
G70 P10 Q20;
G40 G0 X100 Z100;
M05;
M30;
```

> 巧用M00或M01进行工件试车削、检测：
> G00 X150 Z150;
> M05;
> M00;
> M03 S1000 F0.1 T0101;
> G0 X52 Z2;

（2）示例 2　如图 5-6 所示，采用内径粗车循环 G71 指令编写加工程序，以工件右端面中心为工件坐标系原点，将循环起点设置在直径为 ϕ6mm、距离端面为 5mm 的位置，背吃刀量为 1.5mm（半径值），退刀量为 1mm；X 向精加工余量为 0.4mm，Z 向精加工余量为 0.1mm。

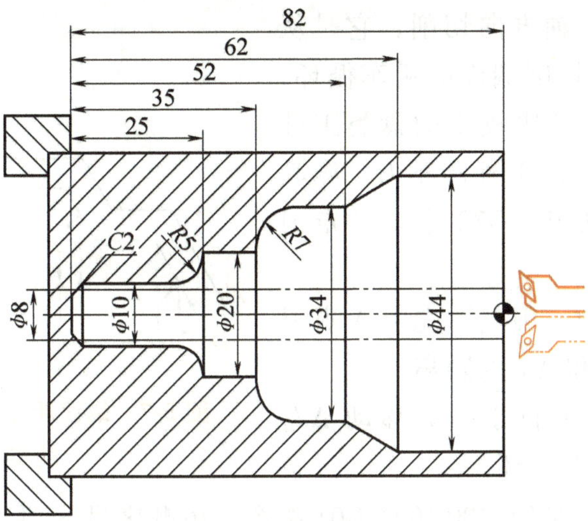

图 5-6　用 G71 指令加工内轮廓零件

数控加工程序如下：

```
O0502;
T0101;
G98 M03 S500;
G00 X6 Z5;
G71 U1.5 R1.0;
G71 P10 Q20 U-0.4 W0.1 F0.15;
N10 G00 G41 X44;
G01 W-25 F0.1;
X34 W-10;
W-10;
G03 X20 W-7 R7;
G01 W-10;
G02 X10 W-5 R5;
G01 W-18;
N20 X6 Z-82;
G00 Z50;
M05; M00;
T0101;
G00 X6 Z5;
M03 S1000;
G70 P10 Q20;
G00 G40 Z100; X100;
M05; M30;
```

二、端面粗车复合循环 G72 指令

G72 指令称为端面粗车复合循环指令。G72 指令的含义与 G71 指令类似，不同

之处是刀具平行于 X 轴方向切削，它是从外径方向向轴线方向切削端面的粗车循环，该循环方式适用于长径比较小的盘类工件的端面粗车。如果使用 93°外圆车刀，则其端面切削刃为主切削刃。G72 指令的走刀轨迹如图 5-7 所示。

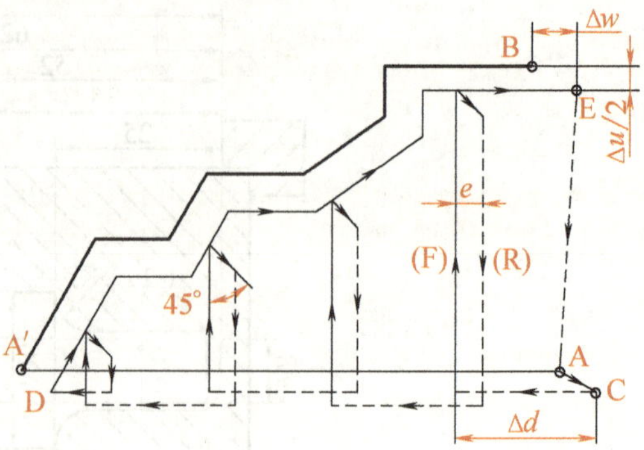

图 5-7　端面粗车复合循环 G72 指令的走刀轨迹

1）在循环开始时，刀具首先由 A 点退回 C 点，移动 $\Delta u/2$ 和 Δw 的距离。

2）刀具从 C 点平行于 AA′移动 Δd，开始第一刀的端面粗车循环。

3）第一步的移动是用 G00 还是 G01 指令，由顺序号 *ns* 中的指令决定，当 *ns* 中用 G00 时，这个移动就用 G00 指令；当 *ns* 中用 G01 时，这个移动就用 G01 指令。

4）第二步切削运动用 G01 指令，当到达本程序段终点时，以与 X 轴成 45°夹角方向退出。

5）第三步以距离切削表面 *e* 的距离快速返回 X 轴的出发点。

6）以背吃刀量为 Δd 进行第二刀切削，当达到精车余量时，沿精加工余量轮廓 DE 加工一刀，使精车余量均匀。

7）从 E 点快速返回 A 点，完成一个粗车循环。

1. G72 指令格式

G72 W(Δ*d*) R(*e*);

G72 P(*ns*) Q(*nf*) U(Δ*u*) W(Δ*w*) F(*f*) S(*s*) T(*t*);

其中，Δd 为每次循环的背吃刀量，为模态值，直到下一个指定之前均有效，也可以用参数指定，一般取 1~2mm（即 Z 向每次切削深度，由半径值给定，无正负号）；*e* 为每次切削的退刀量，为模态值，在下一次指定之前均有效，也可以用参数指定，由半径值给定，不带符号，一般取 0.5 mm；*ns* 为指定精加工路线的第一个程序段段号；*nf* 为指定精加工路线的最后一个程序段段号；Δu 为 X 向的精加工余量；Δw 为 Z 向的精加工余量；*f*、*s*、*t* 为粗加工过程中的切削用量及使用刀具，*f* 一般取值为 0.15 或 0.1。

2. G72 指令说明

1）在 A→A′之间的刀具轨迹，在顺序号 *ns* 的程序段中指定，可以用 G00 或 G01 指令，但不能指定 X 轴的运动。当用 G00 指令时，A→A′为快速移动，当用 G01 指令时，A→A′为切削进给移动。

2）在 A′→B 之间的零件形状，X 轴和 Z 轴都必须是单调增大或单调减小的轮廓。

3）G72 指令必须带有 P、Q 地址 *ns*、*nf*，而且与精加工路径起、止顺序号对应，否则不能进行该循环加工。

4）在顺序号为 *ns* 到顺序号为 *nf* 的程序段中，不能调用子程序。

5）当顺序号 *ns* 程序段用 G00 指令移动时，在指定 A 点时，必须保证刀具在 X

向位于零件之外。顺序号 *ns* 的程序段，不仅用于粗车，还用于精车时进给，一定要保证进给的安全。

3. G72 指令示例

用 G72 指令编程加工图 5-8 所示零件的外轮廓。数控加工程序如下：

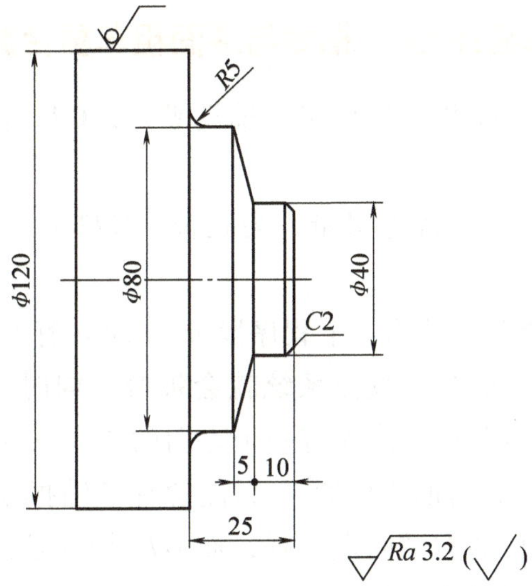

图 5-8　零件示例

程序段	说明
O0503；	程序名
M03 S600；	主轴正转，转速为 600r/min
T0202；	换 2 号端面车刀，导入刀具刀补值
G00 X122 Z1；	快速到达循环起点
G72 W2 R1；	端面粗加工循环
G72 P10 Q20 U0.1 W0.1 F0.2；	X、Z 向精车余量分别为 0.1mm、0.1mm，粗加工进给量为 0.2mm/r
N10 G00 Z-25	加工起点
G01 X90；	加工台阶端面
G03 X80 Z-20 R5；	加工 *R*5mm 的凹弧
G01 Z-15；	加工 φ80mm 外圆
X40 Z-10；	加工圆锥面
Z-2；	加工 φ40mm 外圆
N20 X36 Z0；	加工 *C*2 倒角
G00 X150 Z100；	刀具返回换刀点
M05；	
M00；	主轴停转，程序暂停，进行精加工前测量，调整刀补
T0202；	调 2 号车刀
G00 X122 Z1；	快速到达循环起点

M03 S1000 F0.1;	主轴提速，进给速度减慢
G70 P10 Q20;	精加工外轮廓
G00 X150 Z100;	刀具快速返回换刀点
M05; M30;	主轴停转，程序结束并返回程序起点。

三、内、外圆粗车循环 G71 指令与端面粗车复合循环 G72 指令的区别

1）适用范围不同。G71 指令适用于长轴类零件，G72 指令适用于长径比较小的盘类零件。

2）G71 指令中 U 为 X 向背吃刀量，为正值；G72 指令中 W 为 Z 向背吃刀量，为正值。

3）在 G71 或 G72 指令后的第一个程序段 *ns* 中应含有 G00 或 G01 指令，如果该程序段中不含 G00 或 G01 指令，数控系统就会报警。同时，根据 G71、G72 指令的不同，在程序段 *ns* 的 G 指令后只能含有一个方向的指令（G71 指令后的程序段 *ns* 只能含有 X 轴指令，G72 指令后的程序段 *ns* 只能含有 Z 轴指令）。

4）G71 指令是从工件的右端向左编程，而 G72 指令是从工件的左端向右编程。

5）其余各参数的含义基本相同。

四、锥度的概念

如图 5-9 所示的圆锥，D 为大端直径，d 为小端直径，L 为圆锥的轴向长度，α 为圆锥角（$\alpha/2$ 为圆锥半角，也称斜角）。用 C 表示圆锥的锥度，则有如下计算公式：

$$C=(D-d)/L=2\tan(\alpha/2)$$

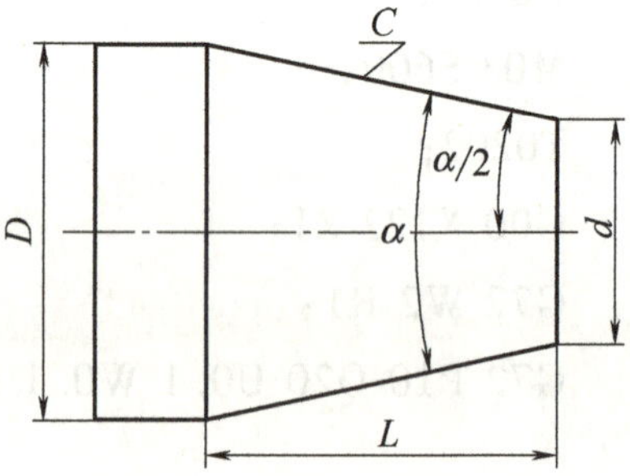

图 5-9　锥度的概念

例如，已知圆锥的大端直径 $D=80\text{mm}$，小端直径 $d=50\text{mm}$，锥度 $C=1/3$，求圆锥轴向长度 L。

根据公式 $L=(D-d)/C$，代入数据得：

$$L=(80-50)\text{mm}/(1/3)=90\text{mm}$$

1. 正圆锥和倒圆锥

如图 5-10 和图 5-11 所示，圆锥小端在切削起点的为正圆锥，圆锥大端在切削起点的为倒圆锥。

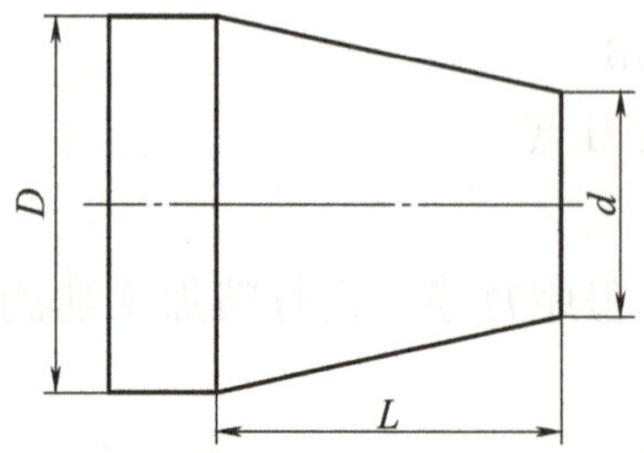

图 5-10　正圆锥

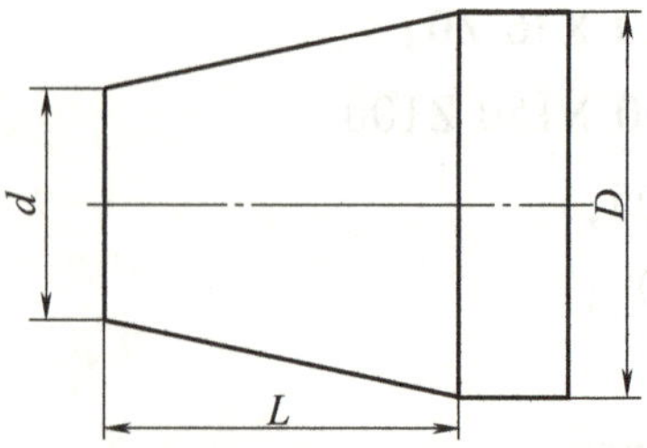

图 5-11　倒圆锥

2. 车圆锥的路线

（1）阶梯切削法　采用阶梯切削路线，两刀或多刀粗车，最后一刀精车。粗车的背吃刀量相同，精车时背吃刀量不同，终刀距 S 要做精确的计算。如图 5-12 所示，根据相似三角形得出终刀距 S。

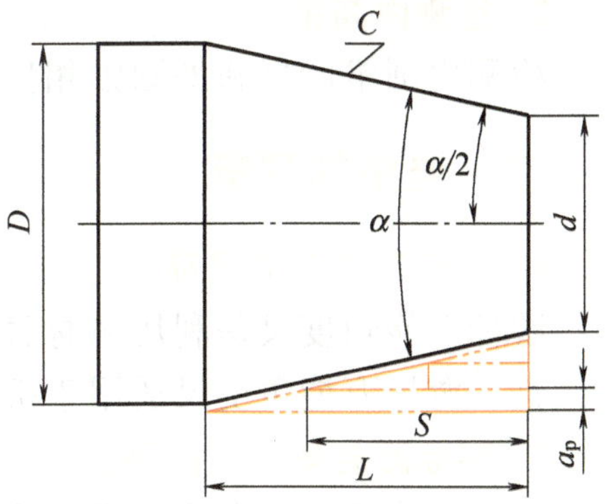

图 5-12　阶梯切削法

（2）平行圆锥素线切削法　如图 5-13 所示的平行圆锥素线切削路线，车削背吃刀量 a_p 相同，刀具切削运动的路线较短，但也需要计算终刀距 S。同样，可根据相似三角形计算得出 S。

（3）终点相同斜线切削法　如图 5-14 所示的斜线加工路线，只需确定每次背吃刀量 a_p，而不需计算终刀距 S，编程方便。但在每次切削过程中背吃刀量是变化的，加工振动比较大，表面质量不易保证，且刀具切削运动的路线较长。

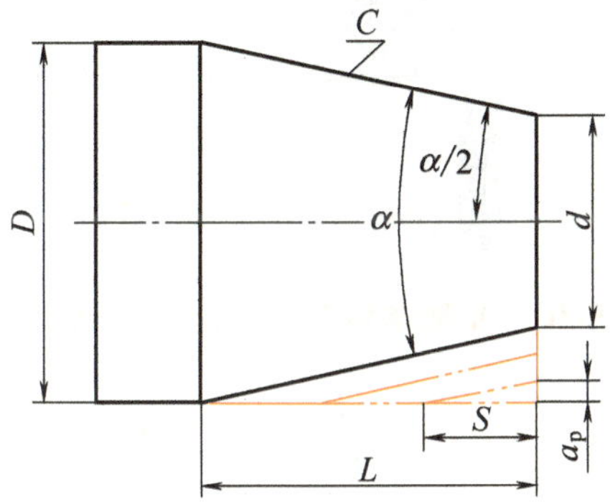

图 5-13　平行圆锥素线切削法

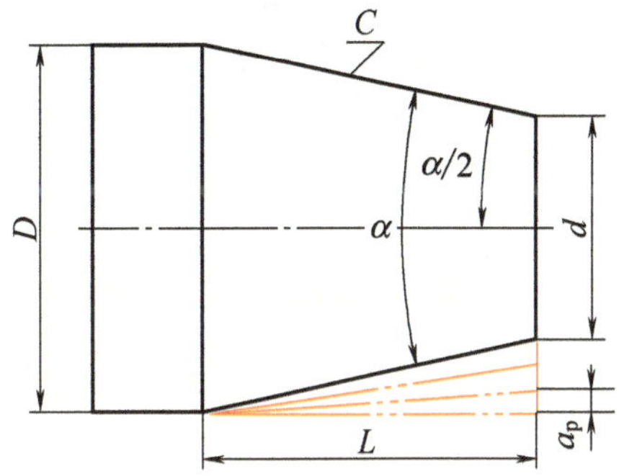

图 5-14　终点相同斜线切削法

【知识拓展】

一、圆锥的检测

圆锥的检测包括锥面接触面积的检测、锥角的测量、圆锥素线直线度误差的测量等。

1. 用标准圆锥环规涂色检测外圆锥面的接触面积

用标准圆锥环规检测车削好的外圆锥（锥度要一致），先用铁锈红（氧化铁+全损耗系统用油）沿外圆锥的素线薄而均匀地涂上色，一般要在圆周上均匀地涂三根素线，然后把圆锥环规轻轻地套到车削好的外圆锥上，稍加周向推力，转动半圈后取下圆锥环规，观察工件表面铁锈红擦去的情况。若三条铁锈红全长擦痕均匀，说明圆锥表面接触良好，锥度正确。若小端铁锈红被擦除，说明工件圆锥角小了；若大端铁锈红被擦除，说明工件圆锥角大了。然后看圆锥面的着色面积是否大于 75%，若大于 75%，则合格。另外，在圆锥环规的一端（大端或小端）有一个缺口，用于检测圆锥直径尺寸，缺口两侧分别表示圆锥的最大和最小合格尺寸，只有工件端面在缺口范围内才算合格。

2. 检测内圆锥

检测内圆锥刚好和外圆锥相反，用的是圆锥塞规，检测方法同上。

二、锥角的测量

1. 游标万能角度尺简介

游标万能角度尺是利用游标读数原理，直接测量工件角度或进行划线的一种角度量具。游标万能角度尺适用于机械加工中的内、外角度测量。

2. 游标万能角度尺的种类

游标万能角度尺有Ⅰ型Ⅱ型两种，其测量范围分别为 0°~320°和 0°~360°，如图 5-15 和图 5-16 所示。这里主要介绍Ⅰ型游标万能角度尺。Ⅰ型游标万能角度尺可测 0°~320°的外角及 40°~130° 的内角。

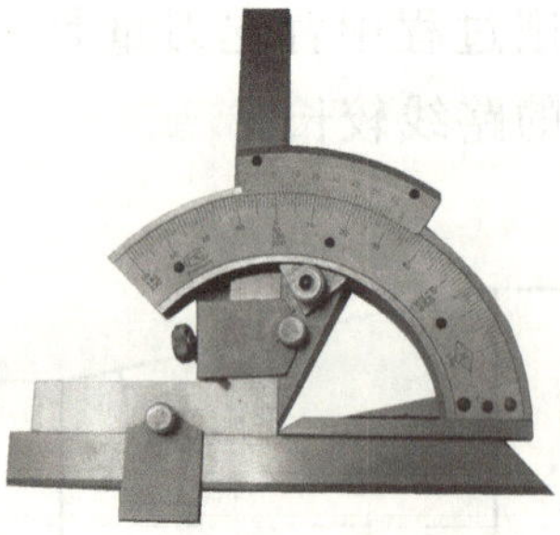

图 5-15　Ⅰ型游标万能角度尺实物

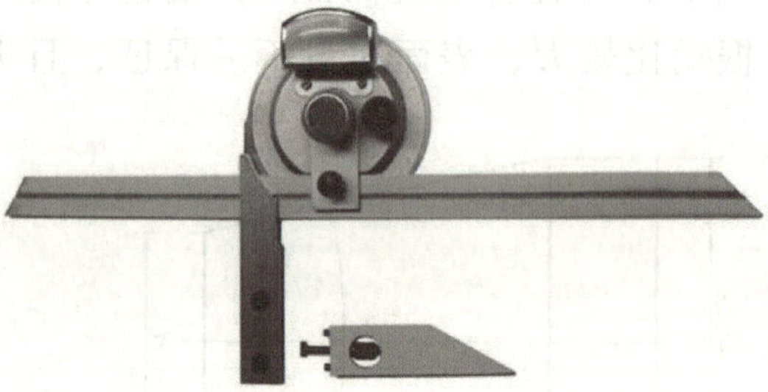

图 5-16　Ⅱ型游标万能角度尺实物

3. 游标万能角度尺的结构与读数原理

（1）Ⅰ型游标万能角度尺的结构与测量范围　Ⅰ型游标万能角度尺的结构如图 5-17 所示。它由主尺、直角尺、游标尺、锁紧装置、基尺、直尺、卡块等组成。在游标万能角度尺上，基尺是固定在尺座上的，直角尺是用卡块固定在扇形板上，游标尺是用卡块固定在直角尺上。若把直角尺拆下，也可把直尺固定在扇形板上。由于直角尺和直尺可以移动和拆换，使游标万能角度尺可以测量 0°~320°范围内的任何角度。直角尺和直尺全装上时，可测量 0°~50°的外角度；仅装上直尺时，可测量 50°~140°的角度；仅装上直角尺时，可测量 140°~230°的角度；把直角尺和直尺全拆下时，可测量 230°~320°的角度（即可测量 40°~130°的内角度）。

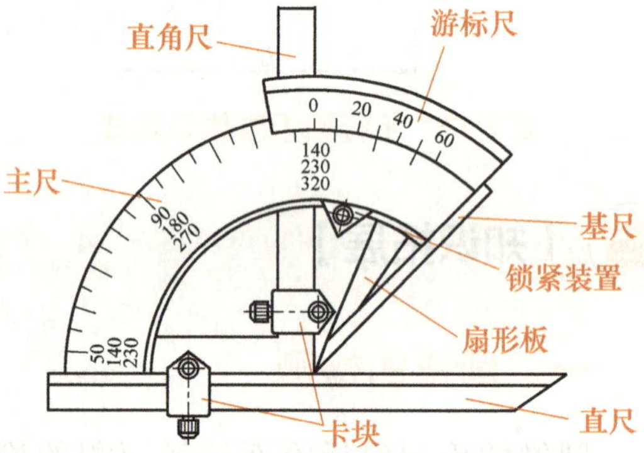

图 5-17　Ⅰ型游标万能角度尺的结构

（2）游标万能角度尺的读数原理　游标万能角度尺的读数机构是根据游标原理制成的，由刻有基本角度标尺标记的主尺和固定在扇形板上的游标尺组成。扇形板可在主尺上回转移动（有锁紧装置），形成了和游标卡尺相似的游标读数机构。主尺标尺标记每格为 1°。游标尺的标尺标记是取主尺的 29°等分为 30 格，因此每格为 29°/30，即主尺与游标尺一格的差值为 2′，也就是说，游标万能角度尺的分度值为 2′。其读数方法与游标卡尺完全相同。

4. 游标万能角度尺的使用方法与读数方法

（1）测量 0°～50°之间的角度　将直角尺和直尺全都装上，零件的被测部位放在基尺与直尺的测量面之间进行测量，如图 5-18 所示。

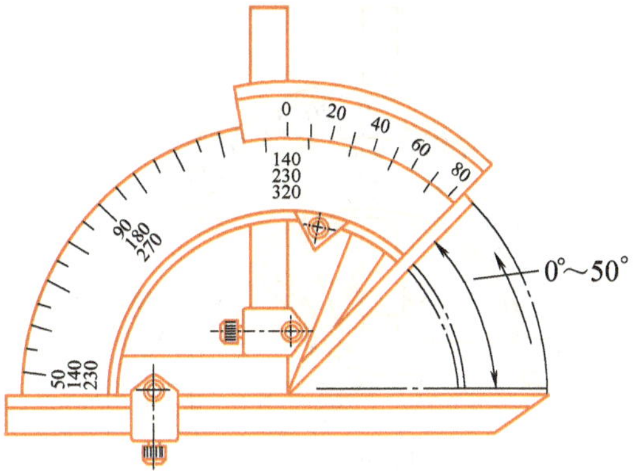

图 5-18　测量 0°～50°之间的角度

（2）测量 50°～140°之间的角度　把直角尺卸掉，装上直尺，使它与扇形板连在一起。将零件的被测部位放在基尺和直尺的测量面之间进行测量，如图 5-19 所示。

也可以不拆下直角尺，只把直尺和卡块卸掉，再把直角尺拉到下边，直到直角尺短边与长边的交线和基尺的尖棱对齐为止。把零件的被测部位放在基尺和直角尺短边测量面之间进行测量，如图 5-20 所示。

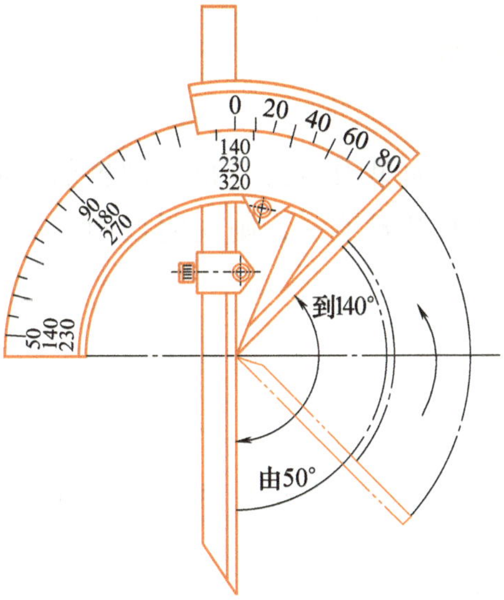

图 5-19　测量 50°～140°之间的角度 1

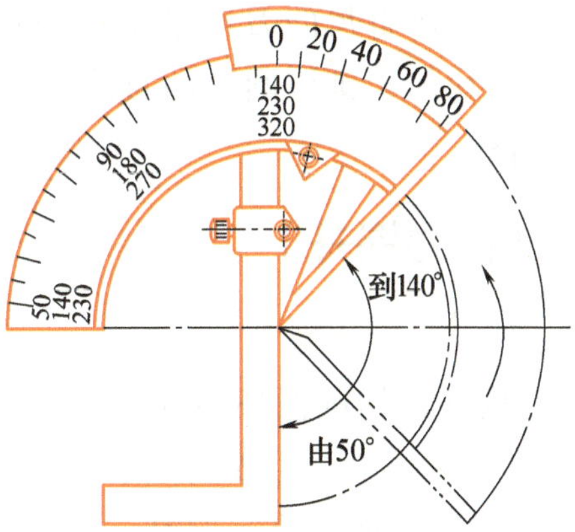

图 5-20　测量 50°～140°之间的角度 2

（3）测量 140°～230°之间的角度　把直尺和卡块卸掉，只装直角尺，把直角尺推上去，直到直角尺短边与长边的交线和基尺的尖棱对齐为止。把零件的被测部位放在基尺和直角尺短边的测量面之间进行测量，如图 5-21 所示。

（4）测量 230°～320°之间的角度（即 40°～130°的内角）　把直角尺、直尺和卡块全部卸掉，只留下扇形板和主尺（带基尺）。把零件的被测部位放在基尺和扇形板测量面之间进行测量，如图 5-22 所示。

三、使用刀口形直尺检测圆锥素线的直线度误差

1. 刀口形直尺的用途

刀口形直尺（图 5-23）主要用于以光隙法进行直线度误差测量和平面度误差测量，也可与量块一起，用于检测平面度误差。它具有结构简单、操作方便、测量效率高等优点。

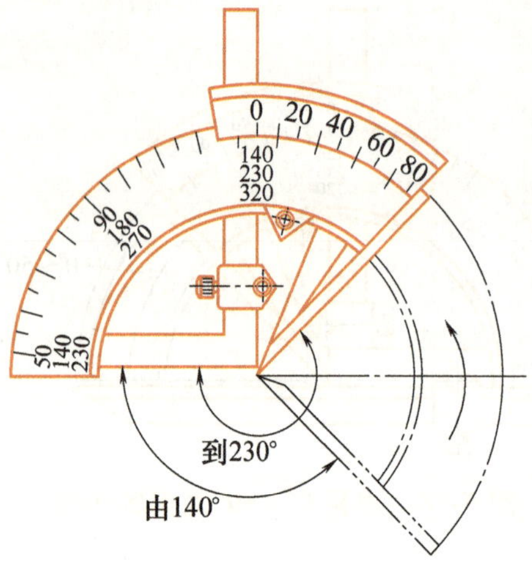

图 5-21　测量 140°～230°之间的角度

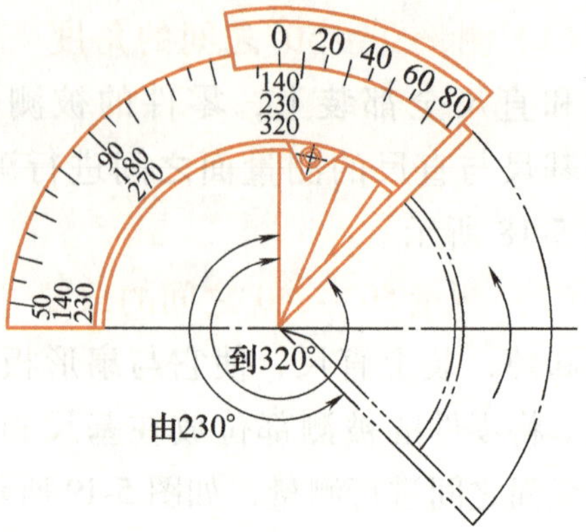

图 5-22　测量 230°～320°之间的角度

图 5-23　刀口形直尺

2. 刀口形直尺的使用方法

将刀口形直尺的刀口紧靠在圆锥面的素线上，如果刀口形直尺与圆锥面之间透光微弱而均匀，则该圆锥的直线度合格；如果透光强弱不一，则说明该圆锥的直线度不合格。

【能力提升】

一、单项选择题

1. 内外圆切削循环指令“G71 U(Δ*d*)　R(*e*)；G71　P(*ns*)　Q(*nf*)　U(Δ*u*)　W(Δ*w*)　F(*f*)”中的Δ*d*是指（　　）。

A. 指定精加工路线的第一个程序段的顺序号

B. X 向的精加工余量（由直径值指定）

C. Z 向的精加工余量

D. 背吃刀量（无正负号）

2. 使用 G70 指令进行（　　），切除粗加工中留下的余量。

A. 精加工循环　　B. 精车　　C. 粗加工循环　　D. 半精车

3. G71 指令用于（　　）毛坯的大部分加工余量。

A. 粗车圆柱棒料　　B. 精车圆柱棒料

C. 粗车锻造棒料　　D. 粗车棒料

4. FANUC 系统程序段“G71 U2 R0.5;”，其中的 U2 表示（　　）。

A. 粗车两次　　B. 精车两次

C. 粗车每次切削深度为 2mm　　D. 精车每次切削深度为 2mm

5. FANUC 系统 G71 指令中出现的 F0.2 表示（　　）。

A. 粗车进给量为 0.2mm/min　　B. 精加工进给量为 0.2mm/r

C. 粗车进给量为 0.2mm/r　　　　　　D. 精加工进给量为 0.2mm/min

6. 指令“G71 U(Δd) R(e); G71 P(ns) Q(nf) U(Δu) W(Δw) F(f)”中的 Δu 是指（　　）。

A. 指定精加工路线的第一个程序段的顺序号

B. X 向的精加工余量（由直径值指定）

C. Z 向的精加工余量

D. 背吃刀量（无正负号）

7. 主轴转速 n（r/min）与切削速度 v（m/min）的关系表达式为（　　）。

A. $n=\pi vD/1000$　　　　　　B. $n=1000/vD$

C. $v=\pi Dn/1000$　　　　　　D. $v=1000/n$

二、判断题

1. 零件外轮廓必须符合 X 向的共同单调增大或减小的模式。（　　）

2. G71 指令中的 X 向精车余量为负值，说明是在加工外圆。（　　）

3. 循环中的第一个程序段（即 ns 段）必须用 G00 或 G01 指令单独指定 X 向运动。（　　）

4. G71 指令可实现半精车。（　　）

5. 在使用 G71 指令进行粗加工循环时，只有 G71 程序段中的 F、S、T 才有效；而 ns~nf 程序段中的 F、S、T 功能即使被指定对粗车循环也无效。（　　）

6. “G70 P(ns) Q(nf)”中的 ns 用于指定精加工循环的最后一个程序段的顺序号。（　　）

7. 工件材料是选择进给量的主要依据。（　　）

8. 将刀口形直尺的刀口紧靠在圆锥面的素线上，如果刀口形直尺与圆锥面之间透光微弱而均匀，则该圆锥的直线度合格；如果透光强弱不一，则说明该圆锥的直线度不合格。（　　）

9. 刀口形直尺主要以光隙法进行直线度误差和平面度误差测量，也可与量块一起检验平面度误差。（　　）

10. 用铁锈红检测圆锥面时，若圆锥面的着色面积大于 75%，则其合格。（　　）

三、编写程序

如图 5-24 所示的轴类零件，毛坯为 ϕ40mm×100mm 的 2A12 铝棒，未注倒角 $C2$，请按图样要求合理制订加工工艺，编写加工程序，并保证加工精度和表面质量要求。

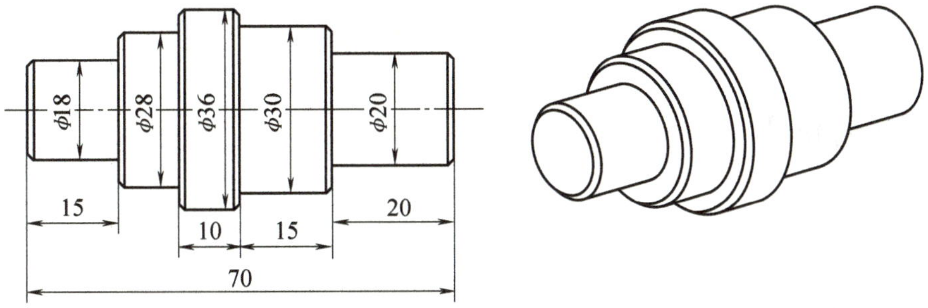

图 5-24　带倒角轴类零件

任务六　加工圆弧轴类零件

【任务目标】

知识目标

1. 掌握 G02、G03 指令方向的判定方法。
2. 掌握 G02、G03 指令的格式及应用。
3. 掌握工件圆弧切点的计算方法。

技能目标

1. 能够正确制订圆弧轴的加工工艺。
2. 能够应用 G02、G03 指令编写圆弧轴的加工程序。
3. 能够对圆弧轴类零件进行检测，对加工误差给出处理办法。

素质目标

1. 培养正确使用工具、量具，安全文明生产的意识。
2. 培养遵守车间 6S 管理规定的意识。
3. 培养团结协作的团队意识和精益求精的工匠精神。

【任务引入】

图 6-1 所示为圆弧轴类零件。毛坯为 $\phi35$mm×100mm 的 2A12 铝棒，请按图样要求合理制订加工工艺，编写加工程序，安全操作数控车床，并保证加工精度和表面质量要求。

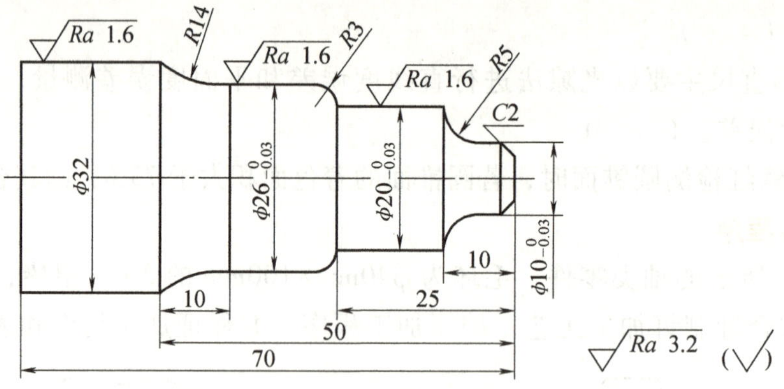

图 6-1　圆弧轴类零件

【任务分析】

一、分析图样

1. 形状分析

该零件的外形主要由台阶轴、倒角、凹弧和凸弧等要素构成。

2. 尺寸精度分析

零件尺寸主要是外径尺寸、长度尺寸、倒角尺寸和圆弧尺寸，其中三处外径尺寸的公差均为$_{-0.03}^{\ 0}$mm。由于该零件的精度要求较高，且加工余量较大，需要分粗、精加工，以保证加工精度。

3. 其他分析

该零件右侧台阶轴的表面粗糙度值为 $Ra1.6\mu m$，其他未标注的表面粗糙值为 $Ra3.2\mu m$，标注的倒角均为 $C2$，锐边倒钝，零件加工完成后需要去除毛刺和飞边。

二、确定实训设备清单

机床、刀具、量具、工具和毛坯清单见表 6-1。

表 6-1　机床、刀具、量具、工具和毛坯清单

序号	实训设备	型号	数量	备注
1	机床	CKA6140 型数控车床	6 台	FUNAC-0i-MATE-TF
2	刀具	95°外圆车刀	1 把	MCLNR2020K12
		3mm 切断刀	1 把	
3	量具	0～150mm 游标卡尺	1 把	
		25～50mm 外径千分尺	1 把	
		百分表	1 块	
4	工具	百分表架	1 套	
		内六角扳手	1 套	
		卡盘扳手	1 把	
		套管	1 个	
		毛刷	1 把	
5	毛坯	ϕ35mm×100mm 铝棒	6 根	材料 2A12

【任务实施】

一、制订加工工艺

1. 加工工艺分析

按照零件图的要求，已知毛坯长度为 100mm，零件右端需要加工，然后用切断刀切断。零件采用一次装夹完成加工，确定加工方案如下：

1）夹持毛坯 ϕ35mm 外圆，向外伸出 75mm 左右，找正。

2）车平端面，对刀，设零件右端面中心为编程原点。

3）粗、精车外圆至 ϕ10mm、ϕ20mm、ϕ26mm 及 ϕ32mm。

4）用 3mm 切断刀切断。

2. 刀具及切削用量

根据零件加工工艺，选择一把机夹式外圆车刀完成零件的粗、精加工，刀具卡片见表 6-2。

表 6-2 刀具卡片

刀号	刀具图片	刀片规格	加工内容	背吃刀量/mm	进给量/(mm/r)	主轴转速/(r/min)
T0101	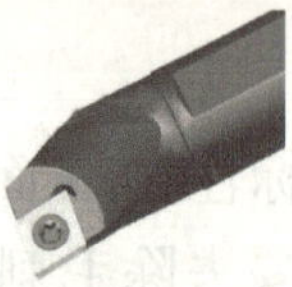 95°外圆车刀	 CNMG120404	粗车	1	0.15	500
T0101	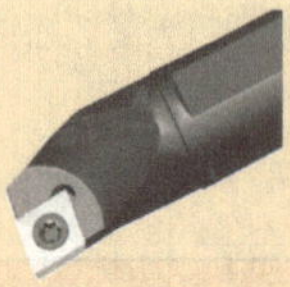 95°外圆车刀	 CNMG120404	精车	0.5	0.1	1000
T0303	 3mm切断刀	 MGMN300-M	切断	—	0.05	500

3. 加工工艺卡片

根据零件的加工工艺和刀具的选用情况，制订加工工艺卡片，见表 6-3。

表 6-3 加工工艺卡片

<table>
<tr><td>名称</td><td>圆弧轴</td><td colspan="2">零件图号</td><td>CK-04</td><td>系统</td><td>FANUC 0i-TF</td><td>材料</td><td>2A12</td></tr>
<tr><td>工序简图</td><td colspan="8">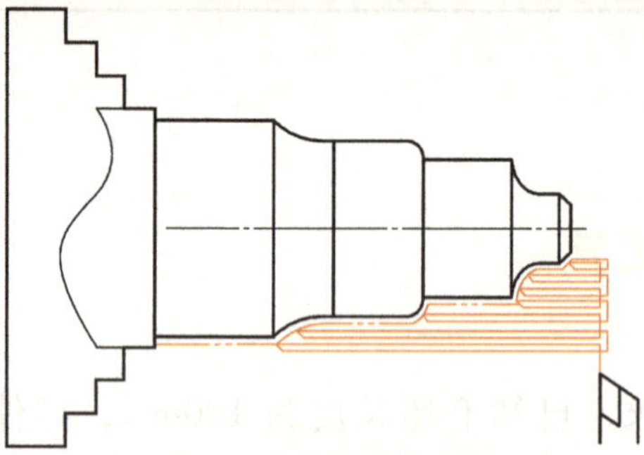
工序示意图</td></tr>
<tr><td rowspan="2">工序号</td><td rowspan="2">工步</td><td colspan="3" rowspan="2">工步内容</td><td rowspan="2">刀具</td><td colspan="3">切削用量</td></tr>
<tr><td>背吃刀量/mm</td><td>进给量/(mm/r)</td><td>主轴转速/(r/min)</td></tr>
<tr><td rowspan="3">1</td><td>1</td><td colspan="3">车平端面，粗车外圆至 ϕ49mm、ϕ41mm、ϕ26mm，留 0.5mm 精车余量</td><td>T0101</td><td>1</td><td>0.15</td><td>500</td></tr>
<tr><td>2</td><td colspan="3">精车外圆 ϕ48mm、ϕ40mm、ϕ25mm</td><td>T0101</td><td>0.5</td><td>0.1</td><td>1000</td></tr>
<tr><td>3</td><td colspan="3">用 3mm 切断刀切断</td><td>T0303</td><td>—</td><td>0.05</td><td>500</td></tr>
</table>

二、节点计算与编程

1. 建立工件坐标系，确定节点坐标

根据零件图样，图中各个编程节点的坐标可以通过标注的尺寸直接读出，零件右端的编程原点和各节点坐标见表 6-4。

表 6-4　编程原点和各节点坐标

加工内容	图示	节点坐标
加工零件右端	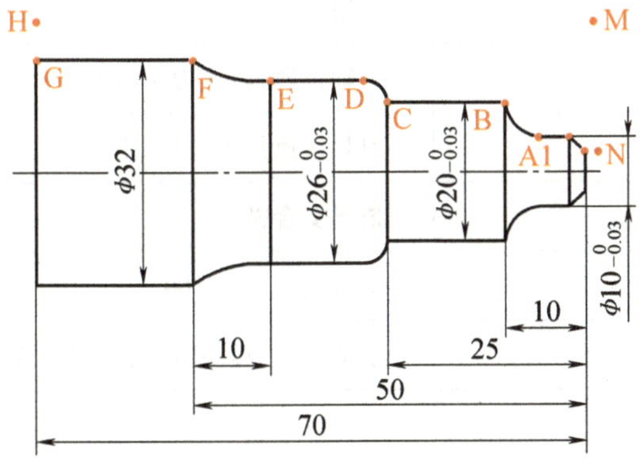	M(X37,Z2) N(X6,Z2) N1(X6,Z0) A(X10,Z-2) A1(X10,Z-5) B(X20,Z-10) C(X20,Z-25) D(X26,Z-28) E(X26,Z-40) F(X32,Z-50) G(X32,Z-70) H(X37,Z-70)

2. 编写加工程序

根据零件的加工工艺及各节点坐标，编写零件的加工程序，见表 6-5。

表 6-5　零件加工程序

程序段号	程序段	说明
N10	O6001;	程序号
N20	G99 G97 G40;	设置进给量 F(单位为 mm/r),恒转速
N30	T0101;	调用 1 号车刀,同时建立工件坐标系
N40	M03 S500 M08;	主轴正转,转速为 500r/min,切削液开
N50	G00 X37 Z2;	刀具快速接近工件,定位至 M 点
N60	G71 U1 R0.5; G71 P70 Q160 U0.5 W0;	粗车复合循环。粗车外圆 φ50mm、φ42mm、圆锥面、φ20mm 外圆及端面,保证工件总长度为 70mm,设置粗车进给量为 0.5mm/r
N70	G42 G00 X6;	加入右刀补,快速移动至起刀点
N80	G01 Z0 F0.1;	工步接近工件
N90	X10 Z-2;	车削轴右端倒角
N100	Z-5;	车削 φ10mm 外圆,长度为 5mm
N110	G02 X20 Z-10 R5;	车削 *R*5mm 圆弧
N120	G01 Z-25;	车削 φ20mm 外圆,长度为 25mm
N130	G03 X26 Z-28 R3;	车削 *R*3mm 凸弧
N140	G01 Z-40;	车削 φ26mm 外圆
N150	G02 X32 Z-50 R14;	车削 *R*14mm 凹弧

（续）

程序段号	程序段	说明
N155	G01 Z-73;	车削 ϕ32mm 外圆，保证工件总长 70mm，留出切断量 3mm
N160	G40 G00 X37;	X 向退刀
N165	G00 X100 Z100;	退刀至 X100 Z100
N170	M05;	主轴停止
N175	M00;	程序暂停，进行中间测量，调整磨耗值
N180	T0101;	调用 1 号精车刀
N190	M03 S1000;	主轴正转，转速为 1000r/min
N195	G00 X37 Z2;	刀具快速接近工件，定位
N200	G70 P70 Q160;	精车复合循环
N210	G00 X100 Z100;	退刀至 X100 Z100
N220	M05 M30 M09;	主轴停转，程序结束，关切削液

三、零件加工步骤

（1）安全生产教育　学习数控车工安全操作规程，检查工装、防护用品是否穿戴整齐。

（2）加工前准备　按照工艺卡片准备毛坯、工具、量具、夹具；机床上电，开启系统，返回参考点。

（3）装夹毛坯　将工件装夹到卡盘上，保证工件伸出 85mm 左右。

（4）安装车刀　1 号车刀装 95°外圆车刀，利用垫刀片调整刀尖高度，用顶尖检验刀尖高度。

（5）车端面　主轴正转，在“手轮”方式下调整车刀位置，车削工件右端面一刀，再沿 X 向退刀，注意不要左右移动车刀。

（6）Z 轴对刀　在“offset”对刀模式下，光标停在 1 号车刀所在行，下方输入“Z0”，按下“测量”软键，完成 Z 轴对刀。

（7）试切外圆　移动车刀，车削掉工件外圆一层，沿着 Z 向原路返回，注意车刀不要前后移动。

（8）X 向对刀　主轴停转，用游标卡尺测量工件外径，在“offset”界面下输入直径值 X 后，按下“测量”软键，完成 X 向对刀。

（9）验证刀补　在“MDI”模式下输入并运行一小段程序“T0101”“G00 X50 Z50”，检查车刀当前位置是否与输入值相同，以保证对刀正确。

（10）输入右端程序　在“EDIT”模式下，按下程序键“PROG”，进入程序输入界面，完成右端程序 O6001 的输入，并认真检查程序内容。

（11）加工右端　手动操作车刀退离工件一定距离，在“自动”模式下，先选“单段”方式运行一小段程序，确定对刀无错误后再取消“单段”方式，连续运行。

(12) 测量工件，修正刀补值　程序运行至 M00 后，用外径千分尺测量工件外径，按照图样尺寸计算刀补值，对刀补值进行修正。

(13) 精车右端　按下“循环启动”键，运行右端精车程序，完成工件右端的加工；进行测量，检验其是否符合图样要求。

(14) 切断　换刀宽为 3mm 的切断刀，移动至 Z-73mm 处切断。

(15) 清洁维护　清理、维护数控车床，将刀具、量具、工具擦干净，整齐地放入工具箱中，并认真填写实训记录单。

操作提示： 1) G02、G03 圆弧语句后面的直线运动一定要写上 G01 指令，否则系统会报警。

2) 由右向左切削外圆弧面时，在 G0 或 G1 语句前加右刀补 G42 指令，刀位移动方向号是“3”；切削内圆弧面时，在 G0 或 G1 语句前加左刀补 G41 指令，刀位移动方向号是“2”。

3) 取消左右刀补指令是在 G0 或 G1 语句前加 G40 指令。

4) 注意“RESET”键的作用。编程时，“RESET”键可以使指针回到程序开始位置，机床运行时可以使主轴停转。

【任务检测】

小组成员分工检测零件，并将检测结果填入表 6-6 中。

表 6-6　零件检测表

序号	加工内容		配分		自检	互检	师检	最终得分
1	工艺准备（20分）	编写加工工艺	10					
		编写程序	10					
2	零件加工（60分）	ϕ32mm	IT	*Ra*				
			2	2				
		$\phi26_{-0.03}^{0}$mm	3	3				
		$\phi20_{-0.03}^{0}$mm	3	3				
		$\phi10_{-0.03}^{0}$mm	3	3				
		10mm	2	2				
		25mm	2	2				
		50mm	2	2				
		70mm	2	—				
		*R*3mm	2	2				
		*R*5mm	2	2				
		*R*14mm	2	2				
		*C*2	2	—				
		安全操作，文明生产	10（违规视情节轻重扣 1~10 分）					

（续）

序号	加工内容		配分	自检	互检	师检	最终得分
3	外观检测（20 分）	车削面的表面质量	5				
		锐边倒钝	5				
		去毛刺	10				
		其他项目	一般按照 GB/T 1804-m，有明显缺陷倒扣 2~10 分				
合计（总分）			100	机床编号			

【任务评定】

1. 任务评价

综合评价表见表 6-7。

表 6-7 综合评价表

项目	出勤（10 分）	课堂纪律（10 分）	零件加工（60 分）	职业素养（20 分）	综合成绩
个人评价（20%）					
小组评价（30%）					
教师评价（50%）					
综合得分					

2. 任务鉴定

实训鉴定表见表 6-8。

表 6-8 实训鉴定表

自我鉴定	你在本任务中学习了哪些新的知识和技能？加工过程中出现了哪些问题？你是如何解决的？ 学生签名：____________ ________年____月____日
教师鉴定	对本学生的最终鉴定（优秀、良好、一般、差）： 指导教师签名：___________ __________年____月____日

【知识链接】

G02、G03指令的应用

一、圆弧插补指令 G02、 G03

该指令应用于有圆弧的棒料加工的情形。

1. 指令方向和凹凸圆弧方向的判断

(1) G02、G03 方向判断　如图 6-2 所示，先确定数控车床的 Y 轴，然后逆着 Y 轴的方向看该圆弧，顺时针方向圆弧用 G02 表示，逆时针方向圆弧用 G03 表示。

(2) 凹凸弧方向判断　如图 6-3 和图 6-4 所示，按照“右手笛卡儿准则”，后置刀架，Y 轴朝上；前置刀架，Y 轴朝下。逆着 Y 轴方向看该圆弧，顺时针方向圆弧用 G02 表示，逆时针方向圆弧用 G03 表示。

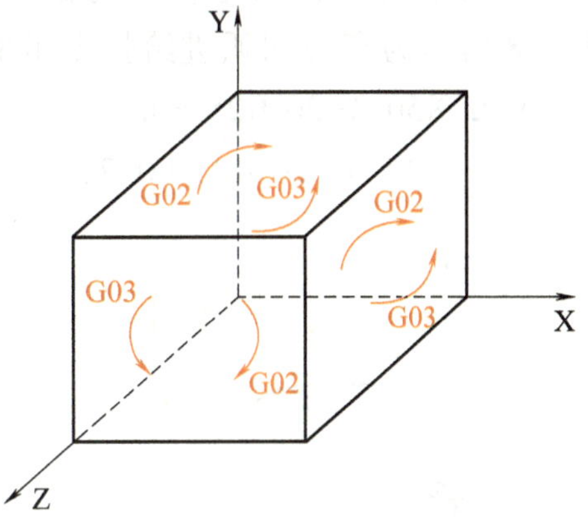

图 6-2　G02、G03 指令方向的判断

为了方便记忆，无论是前置刀架还是后置刀架（刀具从右向左车削），凸弧进给用 G03 指令，凹弧进给用 G02 指令，如图 6-5 所示。

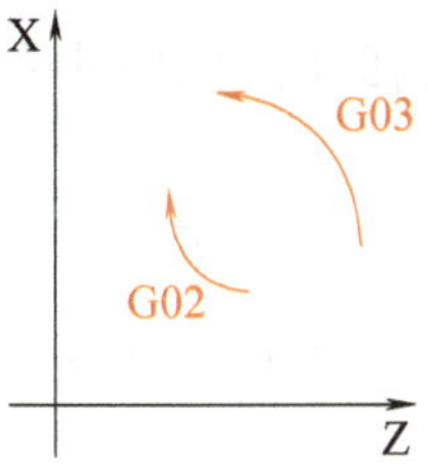

图 6-3　后置刀架，Y 轴朝上

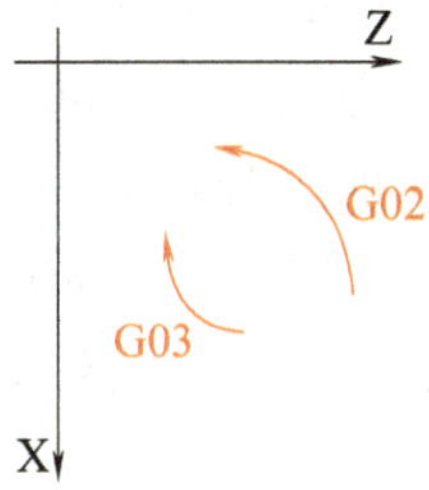

图 6-4　前置刀架，Y 轴朝下

2. 指令格式

(1) 指定半径的顺时针圆弧插补指令 G02 的格式

G02　X(U) __ Z(W) __ R __ F __;

其中，X、Z 为圆弧终点的绝对坐标；U、W 为圆弧终点相对于圆弧起点在 X、Z 轴方向上的坐标增量；R 为圆弧半径；F 为刀具切削进给速度，如图 6-6 所示。

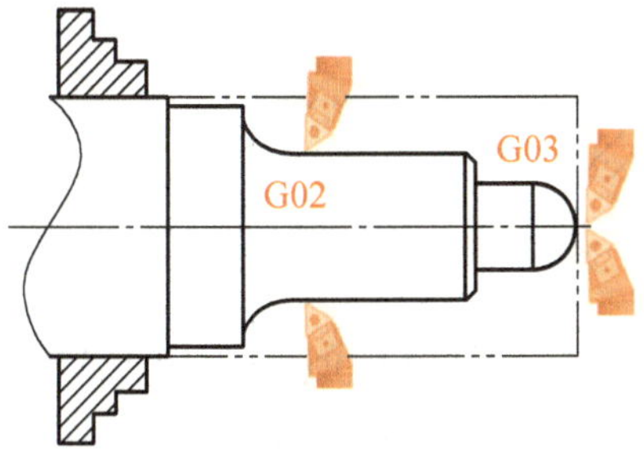

图 6-5　凹凸弧方向判断

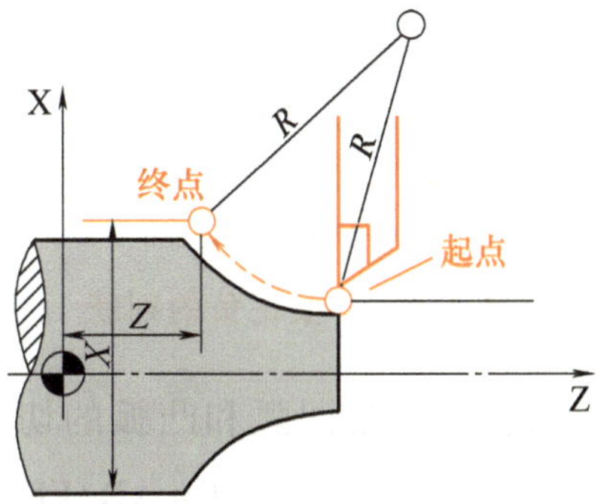

图 6-6　顺时针圆弧插补指令 G02

(2) 指定半径的逆时针圆弧插补指令 G03 的格式

G03　X(U) __ Z(W) __ R __ F __;

其中，X、Z 为圆弧终点的绝对坐标；U、W 为圆弧终点相对于圆弧起点在 X、

Z 轴方向上的坐标增量；R 为圆弧半径；F 为刀具切削进给速度，如图 6-7 所示。图 6-8 所示为车刀凹弧进给指令示例：

G02 X50 Z-20 R25 F0. 2；

G02 U20 W-20 R25 F0. 2；

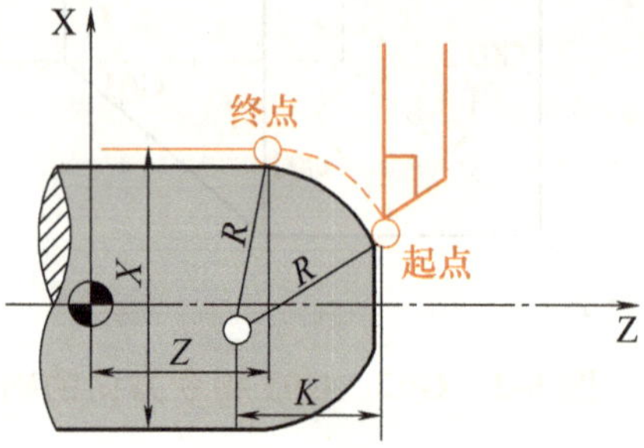

图 6-7　逆时针圆弧插补指令 G03

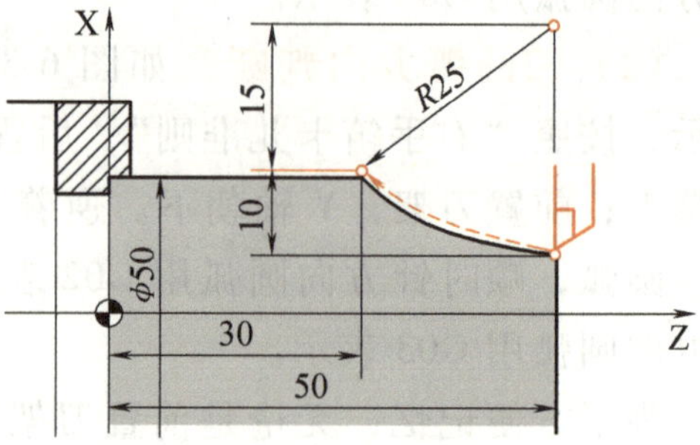

图 6-8　G02 指令示例

圆弧指令进给路线

3. R 值正负的判断

如图 6-9 所示，圆弧起点是 B 点，终点是 A 点。

当圆弧圆心角小于 180°时，此圆弧称为劣弧，如圆弧 1，程序中的 R 用正值表示。劣弧 1 的加工程序是：G02 X-60 Z40 R50 F0. 2。

当圆弧圆心角大于 180°且小于 360°时，此圆弧称为优弧（实际应用中较少看到），如圆弧 2，程序中的 R 用负值表示。优弧 2 的加工程序是：G02 X-60 Z40 R-50 F0. 2。

4. 指令应用

如图 6-10 所示，试用 G02、G03 指令编写一段精加工程序。

圆弧指令的应用

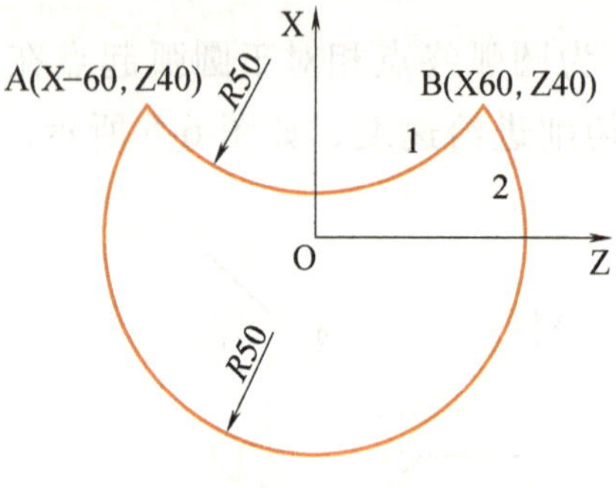

图 6-9　R 值正负的判断

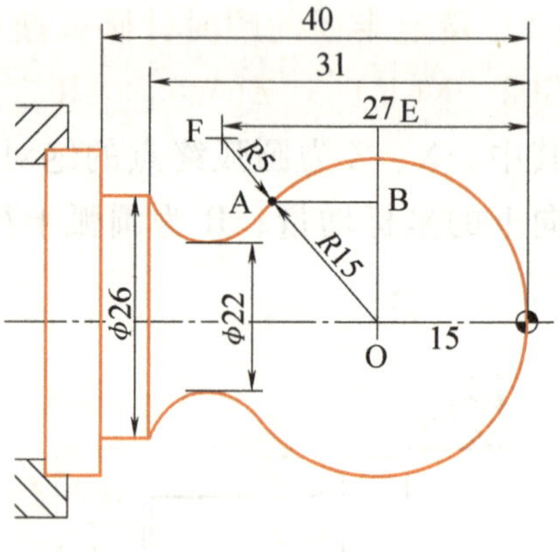

图 6-10　G02、G03 指令应用

本例主要考察凹弧和凸弧的切点 A 的坐标的计算。利用相似三角形 OAB 和 OFE 的对应边成比例，OA/OF = AB/FE = OB/OE，又知 OF = 20，EF = 12，OE = 16，OA = 15，可以算出，AB = 9，OB = 12，所以切点 A 的坐标是（24，-24）。

精加工程序段如下：

G00 X0；

G01 Z0 F0. 1；

G03 X24 Z-24 R15;
G02 X26 Z-31 R5;
G01 Z-40;
G00 X35;

二、用半径样板测量圆弧

在机械行业中，圆弧的测量方法有很多种，如半径样板测圆弧法、三坐标测量机测圆弧法、投影仪测圆弧法等。这里介绍用半径样板测量圆弧的方法，这是一种常用的非精确圆弧测量方法。

1. 半径规概述

半径样板也称半径规、R 规，它是利用光隙法测量圆弧半径的专用工具。测量时，必须使半径样板的测量面与工件的圆弧面完全紧密地接触，当半径样板测量面与工件的圆弧面之间没有间隙时，工件的圆弧半径值即为此时对应的半径样板上所示的数字。

由于这种测量方法是通过光隙目测，是比对测量，故精度不是很高，只能用在精度要求不是很高的场合。而且半径样板的数量有限，所以其应用有一定的局限性。但其携带和操作非常方便，所以仍有使用的价值，属于常用量具。

半径样板可分为检查凸形圆弧的凹形半径样板和检查凹形圆弧的凸形半径样板两种。半径样板成套地组成一组，根据半径范围，一般每组由凹形样板和凸形样板各 16 片组成，每片样板都是用 0.5mm 厚的不锈钢板制造的，精度比较高，如图 6-11 所示。

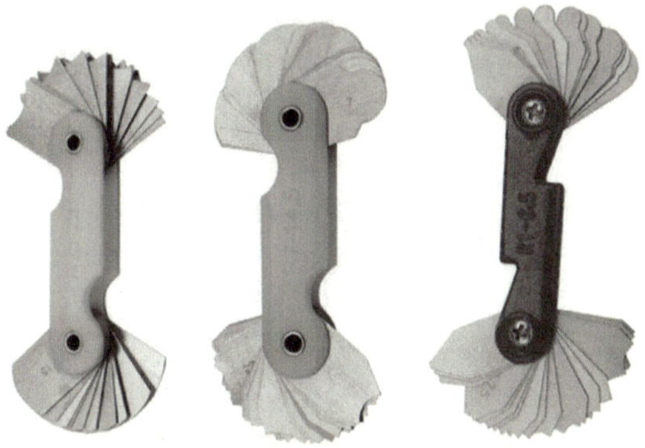

图 6-11　常见半径样板

2. 半径样板的规格

半径样板的规格比较多，常见的有以下几种。

（1）1～6.5mm 半径样板　包括以下 16 个规格：1.0mm、1.25mm、1.5mm、1.75mm、2.0mm、2.25mm、2.5mm、2.75mm、3.0mm、3.5mm、4.4mm、4.5mm、5.0mm、5.5mm、6.0mm、6.5mm。

（2）7～14.5mm 半径样板　包括以下 16 个规格：7.0mm、7.5mm、8mm、8.5mm、9mm、9.5mm、10mm、10.5mm、11mm、11.5mm、12mm、12.5mm、13mm、13.5mm、14mm、14.5mm。

（3）15～25mm 半径样板　包括以下 16 个规格：15.0mm、15.5mm、16.0mm、16.5mm、17.0mm、17.5mm、18.0mm、18.5mm、19.0mm、19.5mm、20.0mm、21mm、22mm、23mm、24mm、25mm。

3. 半径样板的用法

图 6-12 检测凹圆弧半径

用半径样板检测圆弧半径时，先选择与被检圆弧半径名义尺寸相同的半径样板（每一片半径样板上都标有其半径大小的数字），将其靠紧被测圆弧，要求半径样板平面与被测圆弧垂直（即半径样板平面的延长面将通过被测圆弧的圆心）。用透光法查看半径样板与被测圆弧的接触情况，完全不透光为合格；如果有透光现象，则说明被检测圆弧的尺寸不符合要求。r 为工件上圆弧的半径，R 为半径样板的圆弧半径，测量时，$r>R$ 或 $r<R$ 时均不合格；只有当 $r=R$ 时才合格，如图 6-12 和图 6-13 所示。

4. 注意事项

如图 6-14 所示，测量时，注意 P 平面必须过被测圆弧圆心（P 平面是半径样板的中心平面）。

总之，虽然半径样板的测量精度不高，并且只能检测半径样板上有尺寸参数的圆弧半径，但对于精度要求不高的圆弧来说，仍是一种比较便捷的测量方法。

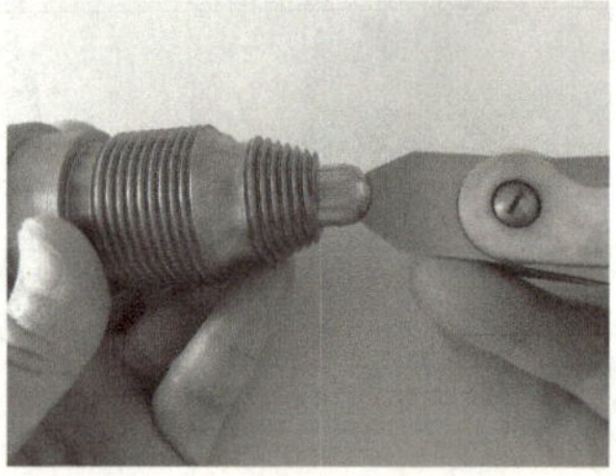

图 6-13 检测凸圆弧半径

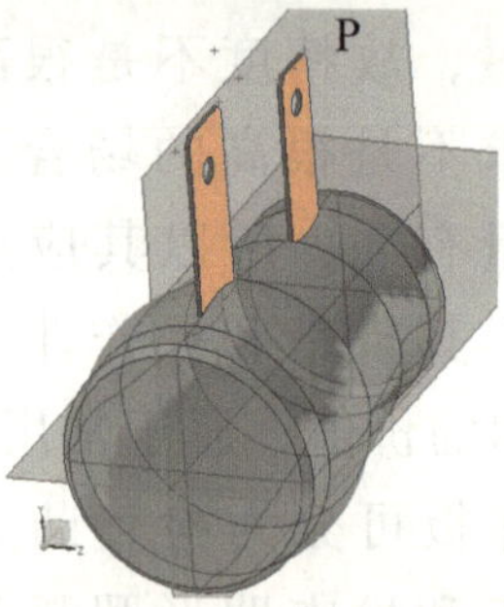

图 6-14 测量时半径样板和被测量圆弧的相对位置

【知识拓展】

一、刀具半径补偿的用途

1. 假想刀尖与刀尖圆弧半径

在理想状态下，总是把车刀的刀位点假想成一个点（图 6-15 中的 C 点），但实际加工中的车刀，其刀尖往往不是一个理想的点，而是一段圆弧（图 6-15 中的圆弧 AB），即假想刀尖在实际加工中是不存在的。

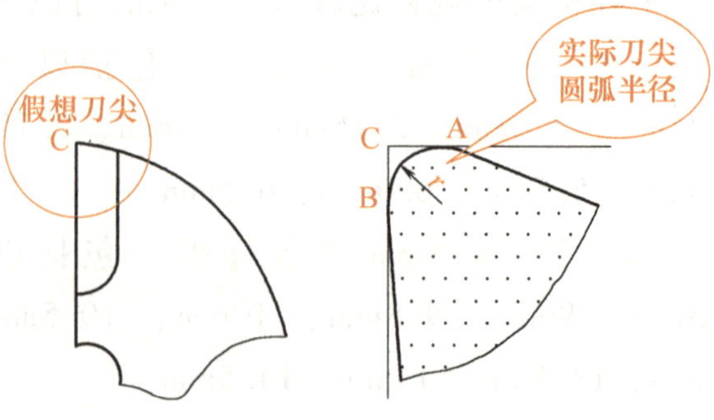

图 6-15 假想刀尖与刀尖圆弧半径

2. 刀尖圆弧半径的影响

如图 6-16 所示，以假想刀尖进行加工时，在加工圆锥或圆弧面时，会造成过切或者欠切，影响工件的尺寸和精度。

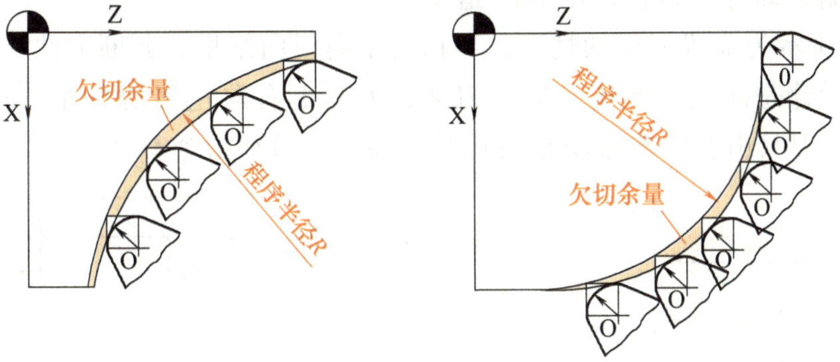

图 6-16　工件欠切

3. 补救措施

为了确保工件的形状及尺寸，加工时刀具与工件轮廓偏移一个半径值，这种偏移称为刀尖圆弧半径补偿。多数车床数控系统都有刀尖圆弧半径补偿功能，编程时，只要按工件轮廓进行编程，再通过数控系统补偿刀尖圆弧半径和刀尖方位即可，如图 6-17 所示。

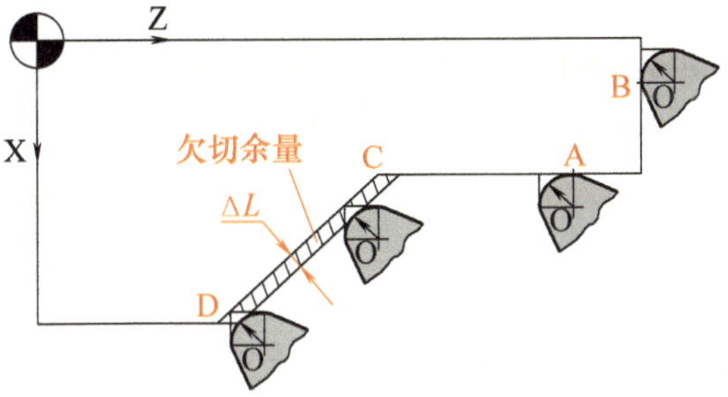

图 6-17　刀尖圆弧半径补偿

二、左刀补 G41 和右刀补 G42 的概念

1. 刀尖半径左、右补偿

假定工件不动，沿着刀具运动方向看：刀具位于工件右侧，用刀尖半径右补偿指令 G42，如图 6-18 所示；刀具位于工件左侧，用刀尖半径左补偿指令 G41，如图 6-19 所示。

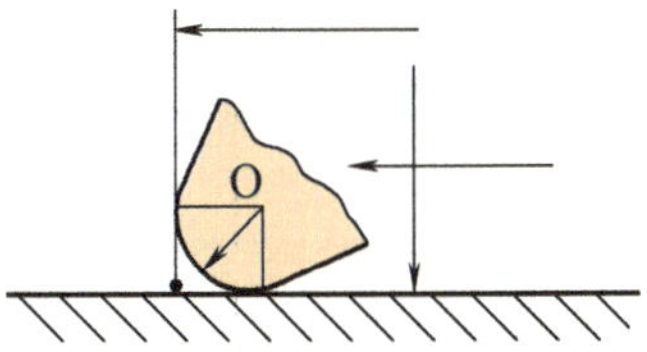

图 6-18　刀尖半径右补偿指令 G42

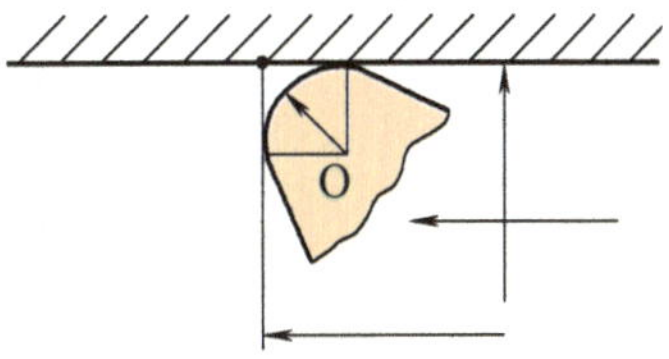

图 6-19　刀尖半径左补偿指令 G41

2. G41、G42 指令的判定

按右手笛卡儿坐标法则，在判别时，一定要从+Y 沿着−Y 轴方向观察刀具所在位置。

图 6-20 所示为后置刀架，刀具在工件的右侧为右刀补，用 G42 指令；如果刀具

在工件的左侧，即为左刀补，用 G41 指令。

图 6-21 所示为前置刀架的情况，Y 轴的正向指向纸里，判断方法一样。

总之，无论是前置刀架还是后置刀架，刀具由右向左移动车外圆时，都用右刀补指令 G42；刀具由右向左移动车内孔时，都用左刀补指令 G41。

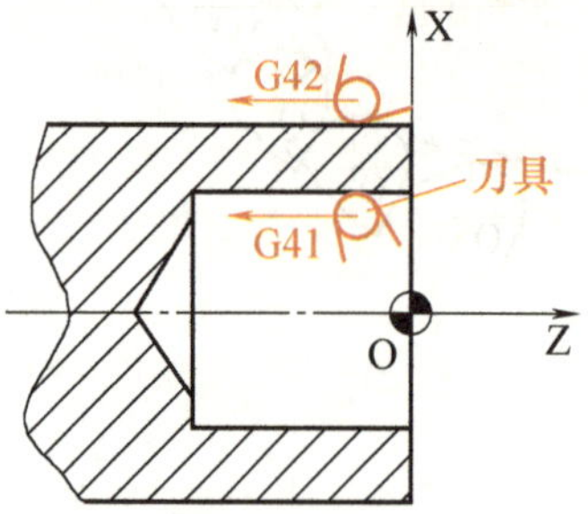

图 6-20　后置刀架，+Y 轴向外

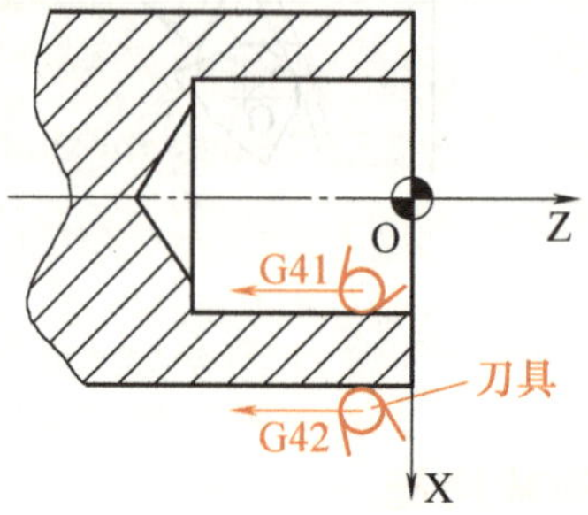

图 6-21　前置刀架，+Y 轴向里

三、刀具补偿指令的格式

1. 刀补指令格式

左刀补指令：G41 G00/G01 X(U)__ Z(W)__ F__;

右刀补指令：G42 G00/G01 X(U)__ Z(W)__ F__;

取消刀补指令：G40 G00/G01 X(U)__ Z(W)__ F__;

注意：

1）半径补偿只能在 G00 或 G01 指令的运动（非切削段）中建立或取消，即 G41、G42 指令只能和 G00 或 G01 指令一起使用，不能与圆弧指令 G02 或 G03 一起使用。

2）G41 和 G42 是模态指令，在刀补执行完成后，应当用 G40 指令取消补偿。

3）在 MDI 方式下不能执行刀补指令，也不能取消刀补指令。

2. 刀尖半径补偿过程

刀补的建立、进行与取消过程如图 6-22 所示。

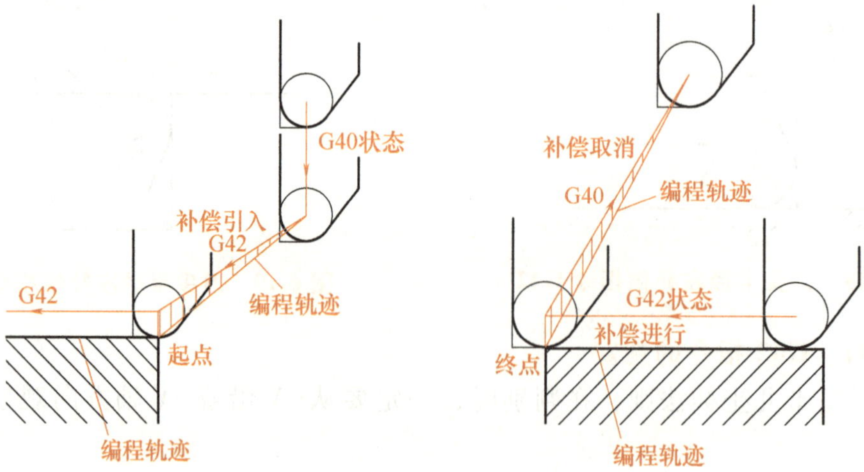

图 6-22　刀补的建立、进行与取消

1）刀补的建立。刀具中心从与编程轨迹重合过渡到与编程轨迹偏离一个偏移量的过程。

2）刀补的进行。执行 G41、G42 指令的过程中，刀具中心始终与编程轨迹相距一个偏移量。

3）刀补的取消。切削完成后刀具离开工件，G40 刀具中心轨迹过渡到与编程轨迹重合。

四、刀尖方位号简介

1. 刀尖方位号的概念

数控车床的刀尖位置可归纳为九种，如图 6-23 和图 6-24 所示。每一种刀尖方位都给定一个编号，这就是刀尖方位号。刀尖方位号不同，刀具的补偿量与补偿方向也不同。

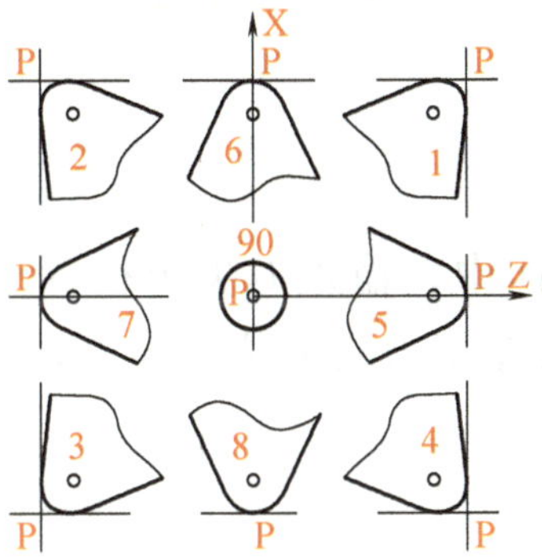

图 6-23 后置刀架方位号

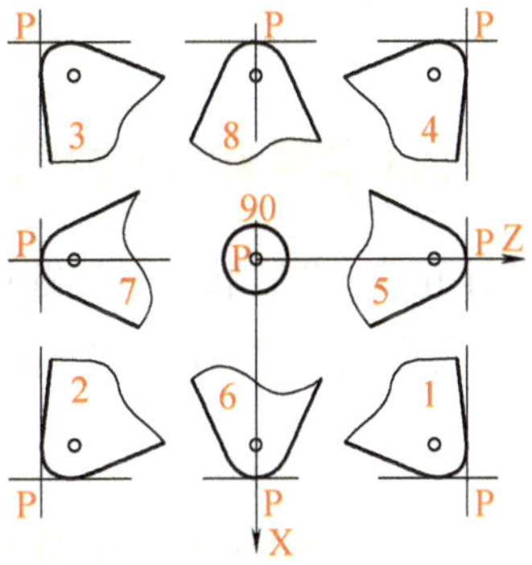

图 6-24 前置刀架方位号

2. 刀尖方位号的记法

（1）车外圆时 无论是前置刀架还是后置刀架，只要是从+Z 轴沿着-Z 轴方向切削的外圆车刀，刀尖方位号均为 3，即 T=3；从-Z 轴沿着+Z 轴方向切削的外圆车刀，刀尖方位号均为 4，即 T=4，如图 6-25 所示。

（2）车内孔时 无论是前置刀架还是后置刀架，只要是从+Z 轴沿着-Z 轴方向切削的内孔车刀，刀尖方位号均为 2，即 T=2；从-Z 轴沿着+Z 轴方向切削的内孔车刀，刀尖方位号均为 1，即 T=1，如图 6-26 所示。

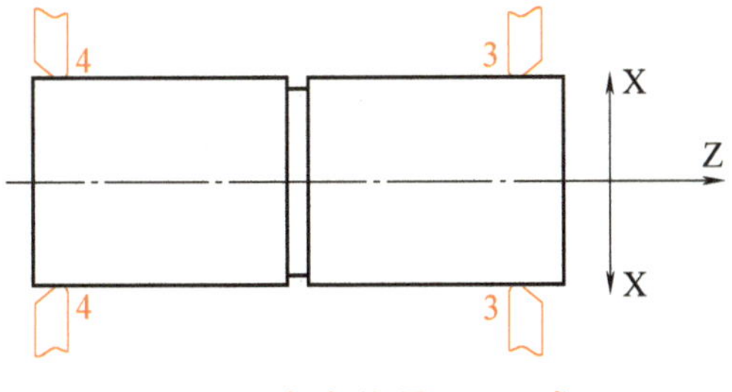

图 6-25 刀尖方位号 T=3 或 T=4

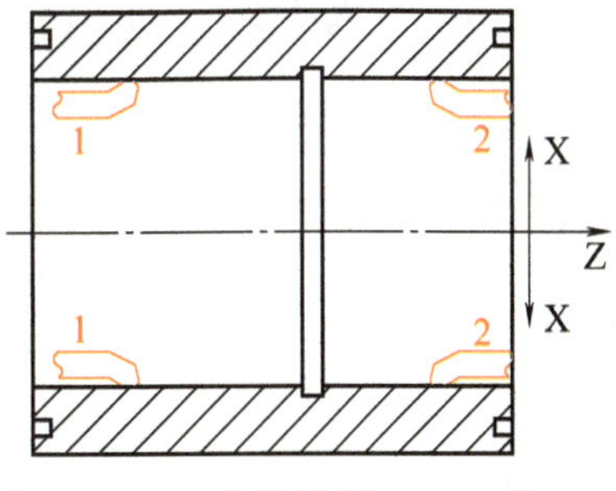

图 6-26 刀尖方位号 T=2 或 T=1

（3）径向切槽时 无论是前置刀架还是后置刀架，只要是从+X 轴沿着-X 轴方向切削的外圆切槽刀，刀尖方位号均为 8，即 T=8；从-X 轴沿着+X 轴方向切削的内孔切槽刀，刀尖方位号均为 6，即 T=6，如图 6-27 所示。

（4）端向切槽时　无论是前置刀架还是后置刀架，只要是从+Z 轴沿着−Z 轴方向切削的端面切槽刀，刀尖方位号均为 7，即 T=7；从−Z 轴沿着+Z 轴方向切削的端面切槽刀，刀尖方位号均为 5，即 T=5，如图 6-28 所示。

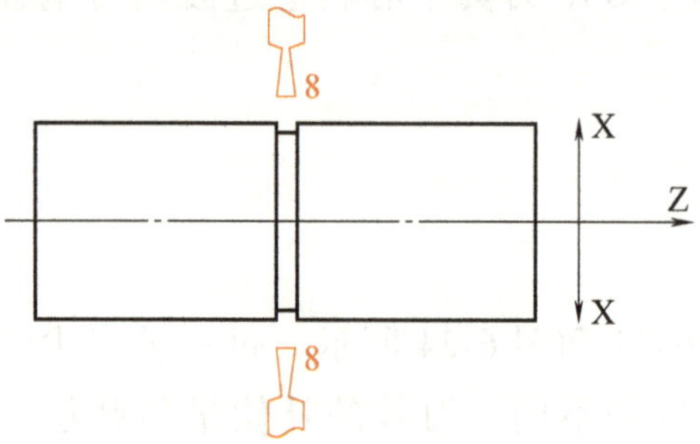

图 6-27　径向切槽的刀尖方位号 T=8 或 T=6

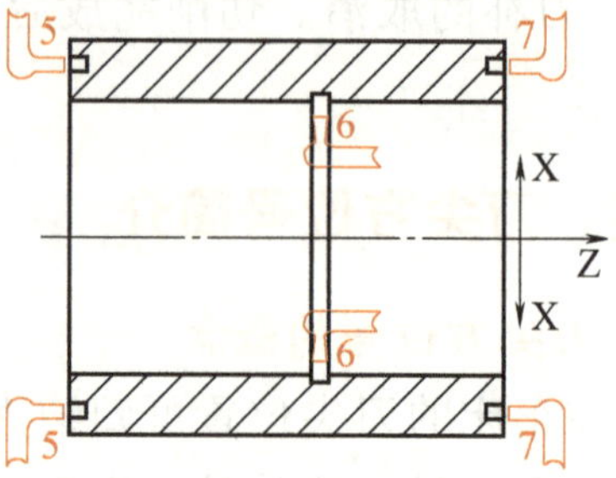

图 6-28　端面切槽的刀尖方位号 T=7 或 T=5

五、刀具半径和刀位号的输入

在“补正”→“形状”→“测量”的对刀操作界面中，输入刀尖半径 R 和刀位号 T，数控系统将自动进行刀尖圆弧半径的补偿和自动修正刀具的位置误差，如图 6-29 所示。

六、刀具补偿指令应用示例

运用刀具半径补偿指令编写图 6-30 所示零件的精加工程序。

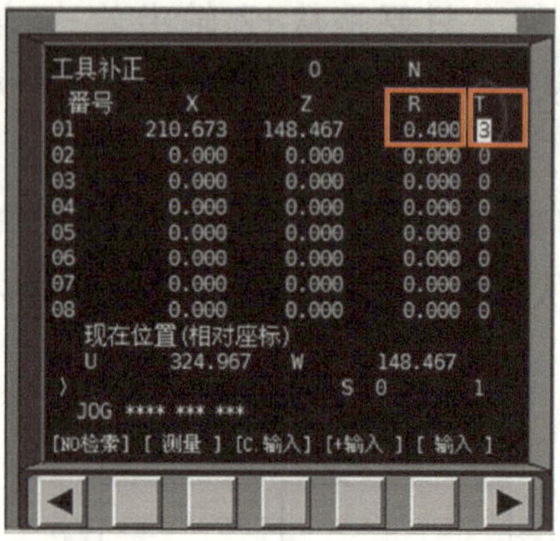

图 6-29　刀具半径和刀位号的输入

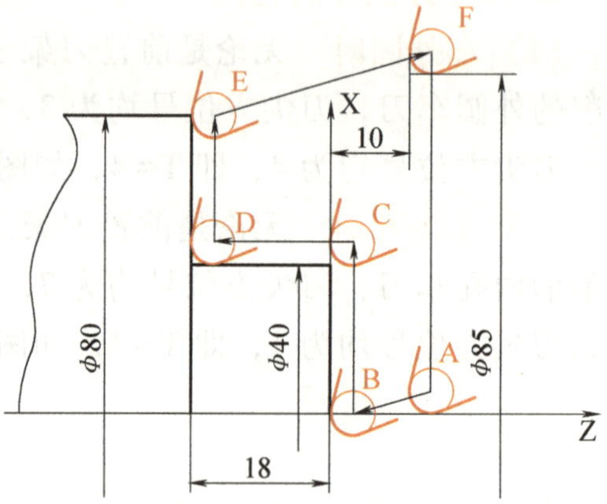

图 6-30　运用刀具半径补偿指令编写程序

O0601；

T0101；

M03 S1000；

G00 X0 Z10；（F-A）

G42 G01 Z0 F0.15；（A-B）

X40；（B-C）

Z-18；（C-D）
X80；（D-E）
G40 G00 X85 Z10；（E-F）
M05；
M30；

【能力提升】

一、单项选择题

1. 在数控车床上车内孔，前置刀架，刀具由右向左移动，编程时要用（　　）指令。

A. G41　　B. G42　　C. G40　　D. G00

2. 在数控车床上车外圆，前置刀架，刀具由右向左移动，编程时要用（　　）指令。

A. G41　　B. G42　　C. G40　　D. G00

3. 半径补偿可在（　　）的运动（非切削段）中建立或取消。

A. G00/G01　　B. G02　　C. G03　　D. G02/G03

4. “G02 X20 Z-10 R10;”中的 R 表示（　　）。

A. 进给量　　B. 背吃刀量　　C. 圆弧半径值　　D. 退刀量

5. “G02 X20 Y20 R-10 F100;”所加工的一般是（　　）。

A. 整圆　　B. 夹角≤180°的圆弧

C. 180°<夹角<360°的圆弧　　D. 夹角<90°的圆弧

6. 节点是在满足允许误差要求的条件下用（　　）去逼近实际轮廓曲线。

A. 一节线段　　B. 若干插补线段　　C. 一段圆弧　　D. 虚线

7. 逆时针方向圆弧插补指令为（　　）。

A. G02　　B. G03　　C. G01　　D. G04

8. 取消刀具半径补偿指令为（　　）。

A. G41　　B. G42　　C. G40　　D. G04

9. 顺时针方向圆弧插补指令为（　　）。

A. G02　　B. G03　　C. G01　　D. G04

10. 根据给定的进给速度和轮廓形状的要求，在轮廓的已知点之间确定一些中间点的方法称为（　　）。

A. 进给路线　　B. 插补　　C. 基点　　D. 加工

11. 在工件材质、精车余量和刀具已定的情况下，表面粗糙度取决于（　　）。

A. 主轴转速和切削速度　　B. 主轴转速和进给量

C. 进给量和切削速度　　D. 进给量和精车余量

12. 数控车床具有（　　）功能，能加工出表面粗糙度值小而均匀的零件。

A. 恒线速切削　　B. 圆弧插补　　C. 直线插补　　D. 固定循环

二、判断题

1. 在 MDI 方式下不能执行刀补的建立过程，也不能执行刀补的取消过程。（　　）

2. 无论是前置刀架还是后置刀架，刀具由右向左移动车外圆时，都用右刀补指令 G42；刀具由右向左移动车内孔时，都用左刀补指令 G41。(　　)

3. 在判断数控车床刀具补偿方向时，一定要在 Y 轴正向侧向 Y 轴负向观察刀具所在位置。然后顺着刀尖运动方向看，刀具在工件的右侧为右刀补，用 G42 指令；如果刀具在工件的左侧，即为左刀补，用 G41 指令。(　　)

4. 车内孔时，无论是前置刀架还是后置刀架，只要是从 Z 轴正向朝向 Z 轴负向切削的内孔车刀，刀尖方位号均为 2。(　　)

5. 车外圆时，无论是前置刀架还是后置刀架，只要是从 Z 轴正向朝向 Z 轴负向切削的外圆车刀，刀尖方位号均为 3。(　　)

6. 当刀具的刀尖形状和切削时所处的位置不同时，刀具的补偿量与方向也不同。(　　)

7. 建立刀补要在进入切削之前。(　　)

8. 根据圆弧所在平面的两坐标轴之外的第三坐标轴的正向向负向看，顺时针方向为 G02，逆时针方向为 G03。(　　)

9. 由于数控车床具有直线和圆弧插补功能，所以可以车削任意直线和曲线组成的形状复杂的回转体零件。(　　)

10. 用恒线速控制加工端面、圆锥面和圆弧时，由于 X 坐标值不断变化，当刀具逐渐接近工件的旋转中心时，主轴转速会越来越低。(　　)

11. G96 是恒线速切削控制有效指令，数控系统执行 G96 指令后，S 后面的数值表示主轴转速。(　　)

12. 数控车床用恒线速控制加工锥度和圆弧时，必须限制主轴的最高转速。(　　)

13. 恒线速控制的原理是切削线速度 $v=\pi DN/1000$。(　　)

三、编写程序

如图 6-31 所示的圆弧轴类零件，毛坯为 ϕ45mm 的 2A12 铝棒，请按图样要求合理制订加工工艺，编写加工程序，安全操作数控车床，并保证加工精度和表面质量要求。

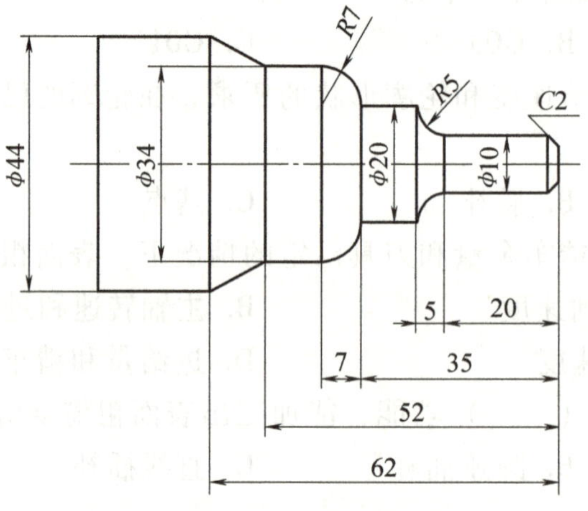

图 6-31　圆弧轴类零件加工

任务七　加工凹凸轴类零件

【任务目标】

知识目标

1. 掌握 G73 指令的轨迹、7 个参数的选取值。
2. 掌握 G73 指令的使用注意事项。
3. 掌握工件圆弧切点的计算方法。

技能目标

1. 能够正确制订固定形状粗车循环面的加工工艺。
2. 能够应用 G73 指令编写轴加工程序并进行仿真及加工。
3. 能够对曲线轴类零件进行检测，对加工误差给出处理办法。

素质目标

1. 培养正确使用工具、量具，安全文明生产的意识。
2. 培养遵守车间 6S 管理规定的意识。
3. 培养团结协作的团队意识和精益求精的工匠精神

【任务引入】

如图 7-1 所示的小葫芦零件，其毛坯为 ϕ25mm×100mm 的 2A12 铝棒，请按图样要求合理制订加工工艺，编写加工程序，安全操作数控车床，并保证加工精度和表面质量要求。

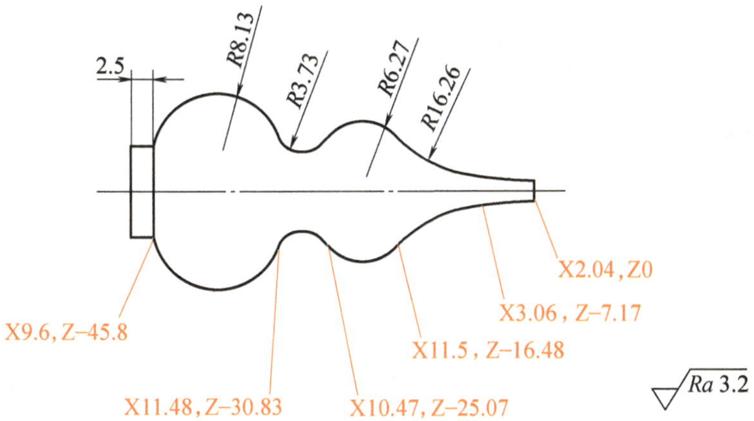

图 7-1　小葫芦零件

【任务分析】

一、分析图样

1. 形状分析

该零件的外形主要由凹凸相间的圆弧面以及圆锥面等要素构成。

2. 尺寸精度分析

凹凸圆弧面的半径分别是 $R16.26$mm、$R6.27$mm、$R3.73$mm、$R8.13$mm，由于小葫芦是凹凸造型的工艺品，有一定的观赏价值，需要分粗、精加工，以保证表面质量。

3. 其他分析

小葫芦的表面粗糙度值为 $Ra3.2\mu$m，未标注的倒角均为 $C1$，锐边倒钝，零件加工完成后需要去除毛刺和飞边。

二、确定实训设备清单

机床、刀具、量具、工具和毛坯清单见表 7-1。

表 7-1 机床、刀具、量具、工具和毛坯清单

序号	实训设备	型号	数量	备注
1	机床	CKA6140 型数控车床	6 台	FUNAC-0i-MATE-TF
2	刀具	93°外圆车刀	1 把	MCLNR2020K12
		3mm 切槽刀	1 把	
3	量具	0~150mm 游标卡尺	1 把	
		25~50mm 外径千分尺	1 把	
4	工具	内六角扳手	1 套	
		卡盘扳手	1 把	
		套管	1 个	
		毛刷	1 把	
5	毛坯	ϕ30mm 铝棒	6 根	材料 2A12

【任务实施】

车削小葫芦零件

一、制订加工工艺

1. 加工工艺分析

按照零件图的要求，毛坯长度为 100mm，小葫芦采用一次装夹完成加工，加工方案如下：

1）夹持毛坯外圆 ϕ25mm，向外伸出 65mm 左右，找正。

2）车平端面，对刀，设零件右端面中心为编程原点。

3）粗车 $R16.26$mm、$R6.27$mm、$R3.73$mm、$R8.13$mm 圆弧轴及圆锥面，留 0.5mm 精车余量。

4）精车 $R16.26$mm、$R6.27$mm、$R3.73$mm、$R8.13$mm 圆弧轴及圆锥面。

5）用 3mm 的切断刀切断。

2. 刀具及切削用量

根据零件加工工艺，选择一把机夹式外圆车刀完成零件的粗、精加工，刀具卡片见表 7-2。

表 7-2　刀具卡片

刀号	刀具图片	刀片规格	加工内容	背吃刀量/mm	进给量/mm	主轴转速/(r/min)
T0101	 93°外圆车刀	 CNMG120404	粗车	1	0. 15	500
T0101	 93°外圆车刀	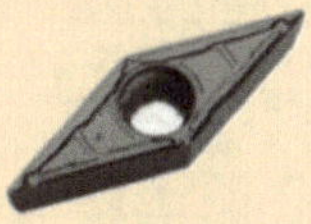 CNMG120404	精车	0. 5	0. 1	1000
T0303	 3mm切断刀	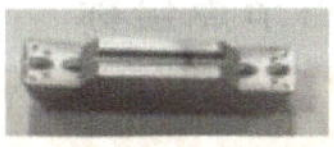 MGMN300-M	切断	—	0. 05	500

3. 加工工艺卡片

根据零件加工工艺和刀具的选用情况，制订加工工艺卡片，见表 7-3。

表 7-3　加工工艺卡片

名称	凹凸轴	零件图号	CK-05	系统	FANUC 0i-TF	材料	2A12
工序简图	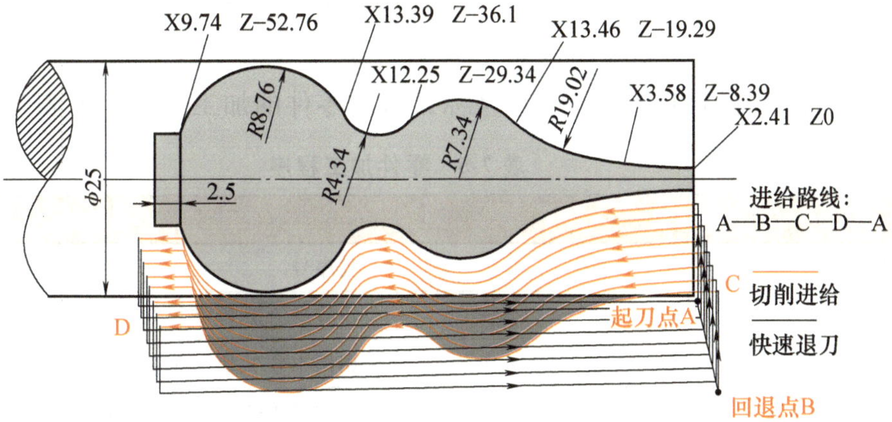						

（续）

工序号	工步	工步内容	刀具	切削用量		
				背吃刀量/mm	进给量/(mm/r)	主轴转速/(r/min)
1	1	车平端面，对刀	T0101	1	0.1	500
	2	粗车 *R*16.26mm、*R*6.27mm、*R*3.73mm、*R*8.13mm 圆弧轴及圆锥面，留 0.5mm 精车余量	T0101	2	0.15	500
	3	精车 *R*16.26mm、*R*6.27mm、*R*3.73mm、*R*8.13mm 圆弧轴及圆锥面	T0101	0.5	0.1	1000
	4	用 3mm 的切断刀切断	T0303	—	0.1	500

二、节点计算与编程

1. 建立工件坐标系，确定节点坐标

根据零件图样，图中各个编程节点的坐标可以通过标注的尺寸直接读出，零件的编程原点和各节点坐标见表 7-4。

表 7-4　编程原点和各节点坐标

加工内容	图示	节点坐标
加工零件右端	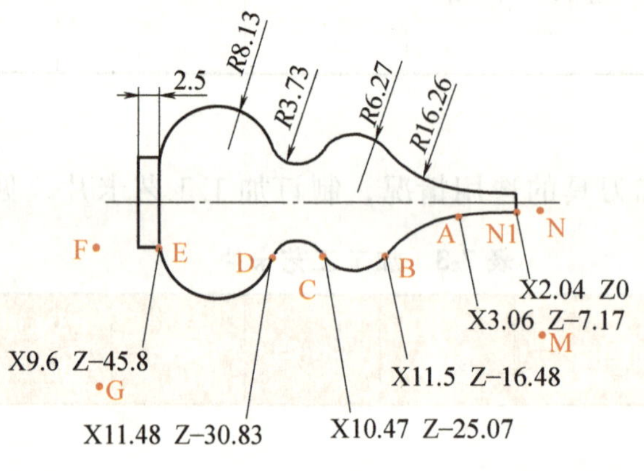	M(X27, Z2) N(X2.04, Z2) N1(X2.04, Z0) A(X3.06, Z-7.17) B(X11.5, Z-16.48) C(X10.47, Z-25.07) D(X11.48, Z-30.83) E(X9.6, Z-45.8) F(X9.6, Z-53) G(X27, Z-53)

2. 编写加工程序

根据零件的加工工艺及各节点坐标，编写零件的加工程序，见表 7-5。

表 7-5　零件加工程序

程序段	说明
O7001;	程序号
G99 G97 G40;	设置进给量 F(单位为 mm/r)，恒转速
T0101;	调用 1 号车刀，同时建立工件坐标系
M03 S500 M08;	主轴正转，转速为 500r/min，切削液开
G00 X27 Z2;	刀具快速接近工件

（续）

程序段	说明
G73 U10 R10;	粗车复合循环,X 向背吃刀量为 10mm,分 10 次车削
G73 P1 Q2 U0.5 W0 F0.15	设置精加工余量"U0.5 W0",粗车进给量为 0.15mm/r
N1 G42 G00 X2.04;	加入右刀补,快速移动至起刀点
G01 Z0 F0.1;	工步接近工件
X3.06 Z-7.17;	车削圆锥轴
G02 X11.5 Z-16.48 R16.26;	车削 R16.26mm 的凹弧面
G03 X10.47 Z-25.07 R6.27;	车削 R6.27mm 的凸弧面
G02 X11.48 Z-30.83 R3.73;	车削 R3.73mm 的凹弧面
G03 X9.6 Z-45.8 R8.13;	车削 R8.13mm 的凸弧面
G01 Z-52;	车削 ϕ9.6mm 外圆,留出切断量
N2 G40 G00 X27;	X 向退刀
G00 X100 Z100;	退刀至 X100 Z100
M05;	主轴停止
M00;	程序暂停,进行中间测量,调整磨耗值
T0101;	调用 1 号精车刀;
M03 S1000;	主轴正转,转速为 1000r/min
G00 X27 Z2;	刀具快速接近工件,定位
G70 P1 Q2;	精车复合循环
G00 X100 Z100;	退刀至 X100 Z100
M05 M30 M09;	主轴停转,程序结束,关切削

G73指令编程加工

三、零件加工步骤

（1）安全生产教育　学习数控车工安全操作规程，检查工装、防护用品是否穿戴整齐。

（2）加工前准备　按照工艺卡片准备毛坯、工具、量具、夹具；机床上电，开启系统，返回参考点。

（3）装夹毛坯　将工件装夹到卡盘上，保证工件伸出 65mm 左右。

（4）安装车刀　1 号车刀安装 93°外圆车刀，利用垫刀片调整刀尖高度，用顶尖检验刀尖高度。

（5）车端面　主轴正转，在“手轮”方式下调整车刀位置，车削工件右端面一刀，再沿 X 向退刀，注意不要左右移动车刀。

（6）Z 轴对刀　在“offset”对刀模式下，光标停在 1 号车刀所在行，下方输入“Z0”，按下“测量”软键，完成 Z 轴对刀。

（7）试切外圆　移动车刀，车削掉工件外圆一层，沿着 Z 向原路返回，注意车刀不要前后移动。

（8）X 轴对刀　主轴停转，用游标卡尺测量工件外径，在“offset”界面下输入直径值 X 后，按下“测量”软键，完成 X 向对刀。

（9）验证刀补　在“MDI”模式下输入并运行一小段程序“T0101”“G00 X50 Z50”，检查车刀当前位置是否与输入值相同，以保证对刀正确。

（10）输入右端程序　在“EDIT”模式下，按下程序键“PROG”，进入程序输入界面，完成右端程序 O7001 的输入，并认真检查程序内容。

（11）加工右端　手动操纵车刀退离工件一定距离，在“自动”模式下，先选“单段”方式运行一小段程序，确定对刀无错误后再取消“单段”方式，连续运行。

（12）测量工件，修正刀补值　程序运行至 M00 后，用外径千分尺测量工件外径，按照图样尺寸计算刀补值，对刀补值进行修正。

（13）精车右端　按下“循环启动”键，运行右端精车程序，完成工件右端的加工；进行测量，检验其是否符合图样要求。

小葫芦零件仿真加工

（14）切断刀切断　换刀宽为 3mm 的切断刀移动至 Z-52mm 处切断。

（15）清洁维护　清理、维护数控车床，将刀具、量具、工具擦干净，整齐地放入工具箱，并认真填写实训记录单。

操作提示：

1）注意 U 和 R 参数的含义，U 是半径方向的加工总量，R 是粗加工循环次数，必须和 G71 指令区分开。

2）G73 的后面五个参数的取值“P1 Q2 U0.5 W0 F0.15”都是经验数据，与 G71 指令的参数含义和取值都是一样的。

3）G73 指令中的 *ns* 程序段必须为 G00 或 G01 指令，否则系统将报警；*ns* 段允许有 X 向或 Z 向上的移动，这一点不同于 G71 指令。

4）G02、G03 圆弧语句最后一定要加 R 参数，否则系统将报警。

5）G73 指令不能与 G41、G42 指令同时使用，因此在 G73 指令前必须用 G40 指令取消原有的刀尖半径补偿。*ns*~*nf* 程序段中可以含有 G41 或 G42 指令，但只对精加工有效。

小葫芦零件不垂直的问题

【任务检测】

小组成员分工检测零件，并将检测结果填入表 7-6 中。

表 7-6　零件检测表

序号	加工内容		配分		自检	互检	师检	最终得分
1	工艺准备（20 分）	编写加工工艺	10					
		编写程序	10					
2	零件加工（60 分）	*R*16.26mm	IT	*Ra*				
			5	5				
		*R*6.27mm	4	4				
		*R*3.73mm	4	4				
		*R*8.13mm	4	4				
		2.5mm	4	4				
		45.8mm	4	4				
		安全操作，文明生产	10（违规视情节轻重扣 1~10 分）					

（续）

序号	加工内容		配分	自检	互检	师检	最终得分
3	外观检测（20 分）	车削面的表面质量	5				
		锐边倒钝	5				
		去毛刺	10				
		其他项目	一般按照 GB/T 1804-m，有明显缺陷倒扣 2～10 分				
合计（总分）			100	机床编号			

【任务评定】

1. 任务评价

综合评价表见表 7-7。

表 7-7 综合评价表

项目	出勤（10 分）	课堂纪律（10 分）	零件加工（60 分）	职业素养（20 分）	综合成绩
个人评价（20%）					
小组评价（30%）					
教师评价（50%）					
综合得分					

2. 任务鉴定

实训鉴定表见表 7-8。

表 7-8 实训鉴定表

自我鉴定	你在本任务中学习了哪些新的知识和技能？加工过程中出现了哪些问题？你是如何解决的？ 学生签名：________ ____年____月____日
教师鉴定	对本学生的最终鉴定（优秀、良好、一般、差）： 指导教师签名：________ ____年____月____日

【知识链接】

在实际生产中，有一些零件的毛坯为铸件、锻件，这些零件的轮廓往往是凹凸形状的，而前面讲的 G71 指令用于加工棒料毛坯的轮廓递增或递减的零件，不能加工凹凸形状的零件。那么应该用什么指令加工凹凸形状的零件呢?

G73指令讲解

一、固定形状粗车循环指令 G73 简介

G73 指令的刀具轨迹平行于工件的轮廓,故经常用于加工凹凸形状的零件,或者余量均匀的铸造或锻造成形的坯料。

1. G73 指令加工路线

外圆轮廓加工路线如图 7-2 所示。

G73外圆轮廓加工路线

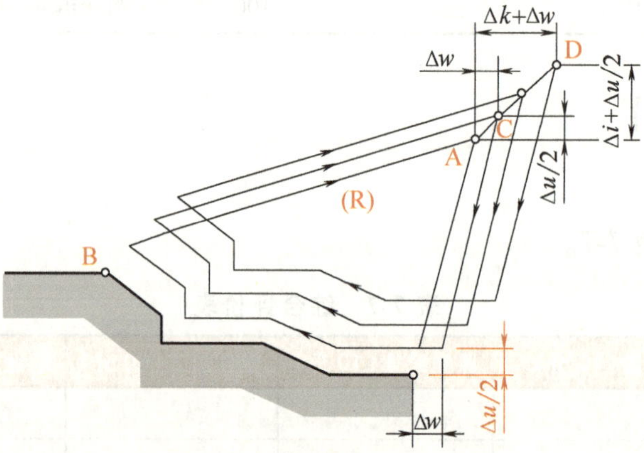

图 7-2　外圆轮廓加工路线

1)粗加工时,刀具从 A 点后退至 D 点,后退距离分别为 $\Delta i+\Delta u/2$、$\Delta k+\Delta w$。

2)沿着 A→B 的工件轮廓路线粗加工 R 次。

3)每加工完一次,向前推进一个距离,再沿着轮廓加工一次。

4)粗加工循环之后自动留出精加工余量 $\Delta u/2$、Δw。

2. G73 指令格式

G73　U(Δ*i*)　W(Δ*k*)　R(*d*);

G73　P(*ns*)　Q(*nf*)　U(Δ*u*)　W(Δ*w*)　F__;

其中,Δi 为 X 向总切削量或总退刀量(半径值),Δi=(毛坯直径-工件最小直径)/2;Δk 为 Z 向总切削量或总退刀量,一般取 $\Delta k=0$;*d* 为粗加工循环次数;*ns* 为精加工路线第一个程序段的段号;*nf* 为精加工路线最后一个程序段的段号;Δu 为 X 向的精加工余量,一般取 0.5mm(直径值,加工外圆表面时为正,加工内圆表面时为负);Δw 为 Z 向的精加工余量,一般取 0mm;F 为粗加工过程中的切削用量,一般取 F0.15 或 F0.1。

3. G73 指令说明

1)在 MDI 方式中不能使用 G73 指令,否则系统将报警。

2)G73 指令用于加工毛坯形状与零件轮廓形状基本接近的铸件、锻件等毛坯件。若用于圆棒料的加工会有较多的空行程,效率较低。

3)在 *ns*~*nf* 程序段中,不能包含子程序(宏程序)、固定循环指令、螺纹切削指令、不能指定 G96/G97 指令。

4)G73 指令中的 *ns* 程序段必须为 G00 或 G01 指令,否则系统将报警;*ns* 段允

许有 X 向或 Z 向的移动，这一点不同于 G71 指令。

5）G73 指令循环时可以进行刀具位置补偿（调整磨耗值），但不能进行刀尖半径补偿。因此，在 G73 指令前必须用 G40 指令取消原有的刀尖半径补偿。在 *ns*～*nf* 程序段中可以含有 G41 或 G42 指令，但只对精加工有效。

6）G73 指令程序段中的 F、S、T 功能对粗加工循环有效，而在 *ns*～*nf* 程序段中的 F、S、T 功能只对精加工有效。

7）G73 指令可以用来加工凹凸造型的零件，而 G71 指令则不能，如图 7-3 所示。

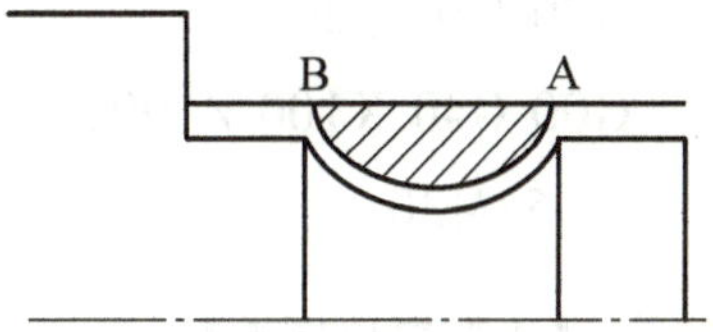

图 7-3　G73 指令可以加工凹形轮廓零件

二、G73 指令应用示例

如图 7-4 所示，采用 G73 指令编写加工程序，以工件右端面中心为工件坐标系原点，将循环起点设置在 ϕ52mm、距离端面为 2mm 的位置，半径方向切削总量为 U =(50－30)/2 = 10mm（半径值），粗加工循环次数为 10 次；X 向精加工余量为 0.5mm，Z 向精加工余量为 0mm，粗加工进给速度 F=0.15mm/r。

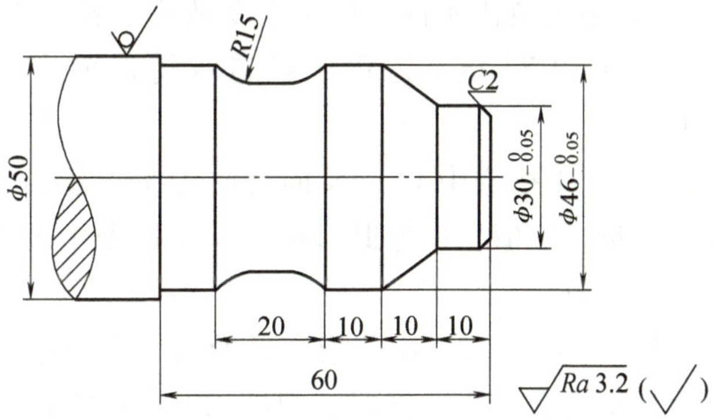

图 7-4　用 G73 指令加工外轮廓零件

G73指令应用

```
O0701;
G99 G97 G40;
M03 S500;
T0101;
G00 X52 Z2;
G73 U10 R10;
G73 P10 Q20 U0.5 W0 F0.15;
N10 G42 G00 X26;
G01 Z0;
X30 Z-2;
Z-10;
X46 Z-20;
Z-30;
G02 X46 Z-50 R15;
G01 Z-60;
N20 X52;
G00 X150 Z150;
M05;
```

```
M00;(巧用 M00 或 M01 进行工件试车、检测、调整磨耗值)
M03 S1000 F0.1;
T0101;
G0 X52 Z2;
G70 P10 Q20;
G00 G40 X100 Z100;
M05;M30;
```

【知识拓展】

一、G71 指令、G72 指令、G73 指令和 G70 指令的不同点

1）适用范围不同。G71 指令适用于长轴类零件，G72 指令适用于长径比较小的盘类零件，G73 指令适用于锻造或铸造成形的凹凸形状零件，G70 指令适合于精加工。

2）G71 指令中 U 为 X 向背吃刀量，正值，R 为退刀量；G72 指令中 W 为 Z 向背吃刀量，正值，R 为退刀量；G73 指令中 U 为 X 向切削总量，半径值，R 为粗加工循环次数。

3）G71、G72、G73 指令后的第一个程序段 *ns* 中应含有 G00 或 G01 指令，否则数控系统就会报警。同时，根据 G71、G72 指令的不同，在 *ns* 段的 G 指令后只能含有一个方向指令（G71 指令后的 *ns* 段只能含有 X 向指令，G72 指令的后的 *ns* 段只能含有 Z 向指令），而 G73 指令后的 *ns* 段允许有 X 向和 Z 向两个方向上的移动，这一点不同于 G71 指令和 G72 指令。

4）G71 指令和 G73 指令是从工件的右端向左编程，而 G72 指令是从工件的左端向右编程。

二、G71 指令、G72 指令、G73 指令和 G70 指令的相同点

1）在 MDI 方式下，不能使用 G70、G71、G72、G73 指令，否则机床会报警。

2）在 G70、G71、G72、G73 指令的 *ns*～*nf* 段中，不能包含子程序（宏程序）、固定循环指令、螺纹切削指令，不能指定 G96/G97 指令。

3）G71、G72、G73 指令循环时可以进行刀具位置补偿（调整磨耗值），但不能进行刀尖半径补偿。因此，在 G73 指令前必须用 G40 指令取消原有的刀尖半径补偿。在 *ns*～*nf* 程序段中可以含有 G41 或 G42 指令，但只对精加工有效。

4）G71、G72、G73 指令程序段中的 F、S、T 功能对粗加工循环有效，而 *ns*～*nf* 程序段中的 F、S、T 功能只对精加工有效。

【能力提升】

一、单项选择题

1. G73 U(Δd)　R(Δe);

G73 P(*ns*)　Q(*nf*)　U(Δu)　W(Δw)　F(*f*)　S(*s*)　T(*t*)；

上述指令中的 F(*f*) 代表（　　）。

A. 精加工时的进给量　　B. 粗加工时的进给量　　C. A、B 全错

2. G73 指令适合加工（　　）。

A. 凹凸曲线类轮廓零件

B. 单调递增轮廓零件

C. 单调递减轮廓零件

3. G73 U(Δd)　R(Δe)；

G73 P(*ns*) Q(*nf*) U(Δu) W(Δw) F(*f*) S(*s*) T(*t*)；

上述指令中的 Δe 代表（　　）。

A. 粗加工循环次数　　B. 退刀量

C. 进刀量　　D. X 向直径

4. G73 U(Δd)　R(Δe)；

G73 P(*ns*)　Q(*nf*)　U(Δu)　W(Δw)　F(*f*)　S(*s*)　T(*t*)；

上述指令格式中的 *nf* 代表（　　）。

A. 精加工初始段号　　B. 粗加工初始段号

C. 精加工终止段号　　D. 粗加工终止段号

5. G73 指令加工中的 *ns* 程序段必须为（　　）指令，否则系统会报警。

A. G00　　B. G01

C. G00 或 G01　　D. 以上全错

6. G73 U(Δd)　R(Δe)；

G73 P(*ns*)　Q(*nf*)　U(Δu)　W(Δw)　F(*f*)　S(*s*)　T(*t*)；

上述指令中的 Δw 代表（　　）。

A. Z 向精加工余量　　B. Z 向总切削深度

C. X 向总切削深度　　D. X 向直径

7. G71、G72、G73 指令程序段中的 Δw、Δu 是指精加工余量值，该值按其余量的方向有（　　）之分。

A. 正　　B. 负

C. 正、负　　D. 以上全错

8. 使用 G73 指令编程时，在 *ns*~*nf* 程序段中，不能含有（　　）。

A. 固定循环指令　　B. 返回参考点指令

C. 螺纹切削指令　　D. 以上全对

9. 小王用 G73 指令切削工件时，发现第一刀总是走空刀，U 和 R 取值应该如何调整？（　　）

A. 适当增大 X 向切削总量 U　　B. 适当减小 X 向切削总量 U

C. 适当减少粗车循环次数 R　　D. 适当增加粗车循环次数 R

二、判断题

1. G73 U(Δd)　R(Δe)；

G73 P(*ns*) Q(*nf*) U(Δu) W(Δw) F(*f*) S(*s*) T(*t*);

其中，Δd 代表 X 向总切削量，无正负号，由半径值指定。(　)

2. 在 MDI 方式中不能使用 G73 指令，否则系统会报警。(　)

3. G73 指令必须带有 P、Q 地址 *ns*、*nf*，且与精加工路径起、止顺序号对应，否则不能进行该循环加工。在 *ns*～*nf* 程序段中，不能调用子程序。(　)

4. 精加工路径的第一段既可以是 X 向的刀具移动，也可以是 Z 向的刀具移动，还可以 X 向、Z 向同时移动，这一点与 G71/G72 指令相同。(　)

5. G73 指令循环开始前要定义一个循环起点，该起点在 X 向略大于毛坯最大直径，在 Z 向离开工件 1～3mm 即可。(　)

6. G73 指令适用于凹凸曲线类轮廓零件的车削编程，适合进行成形毛坯加工。它一般不用于棒料的加工，因为用于棒料的加工会有较多的空行程，效率较低。(　)

7. G73 U(Δd) R(Δe);

G73 P(*ns*) Q(*nf*) U(Δu) W(Δw) F(*f*) S(*s*) T(*t*);

其中的 Δe 代表粗加工循环次数。(　)

三、U 的计算

如图 7-5 和图 7-6 所示的两个轴类零件，毛坯为 ϕ20mm 的铝棒，求单边最大切削余量 U(i)。

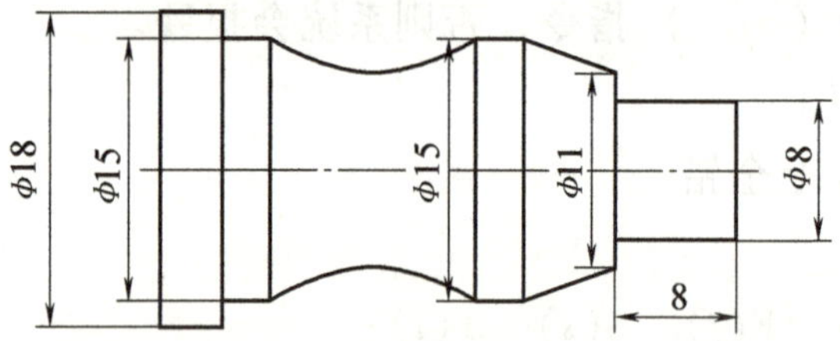

图 7-5　轴类零件 1

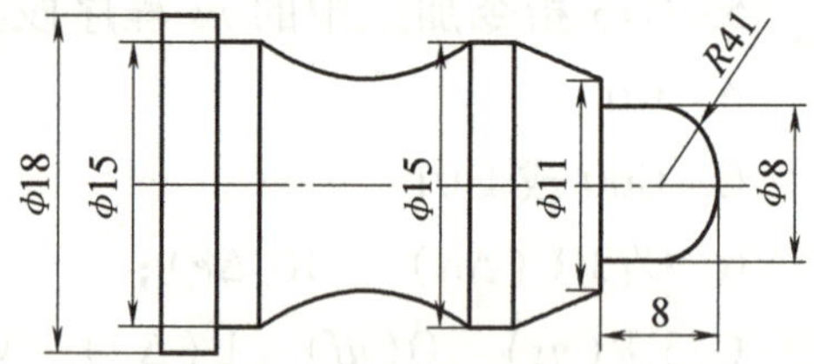

图 7-6　轴类零件 2

四、编写程序

1. 如图 7-7 所示的子弹头工件，毛坯为 ϕ20mm×100mm 的 2A12 铝棒，请按图样要求合理制订加工工艺，编写加工程序，安全操作数控车床，并保证加工精度和表面质量要求。

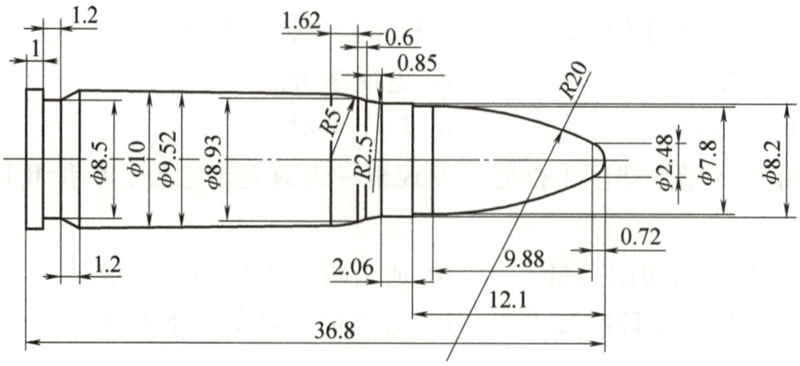

图 7-7　子弹头

2. 如图 7-8 所示的小葫芦工件，毛坯为 ϕ40mm×100mm 的 2A12 铝棒，请按图样要求合理制订加工工艺，编写加工程序，安全操作数控车床，并保证加工精度和表面质量要求。

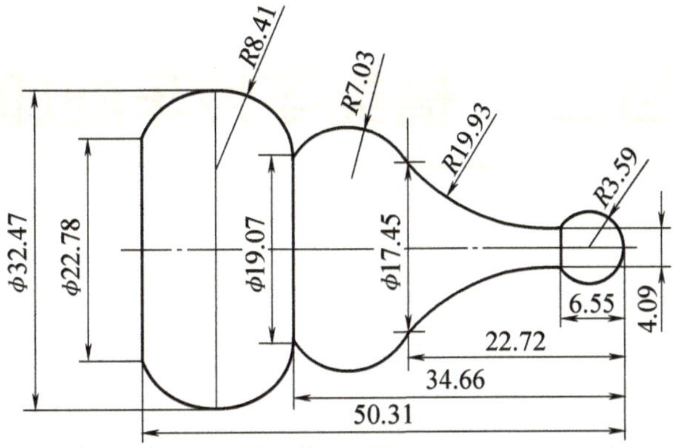

图 7-8　小葫芦

3. 如图 7-9 所示的国际象棋，毛坯为 ϕ40mm 的 2A12 铝棒，请按图样要求合理制订加工工艺，编写加工程序，安全操作数控车床，并保证加工精度和表面质量要求。

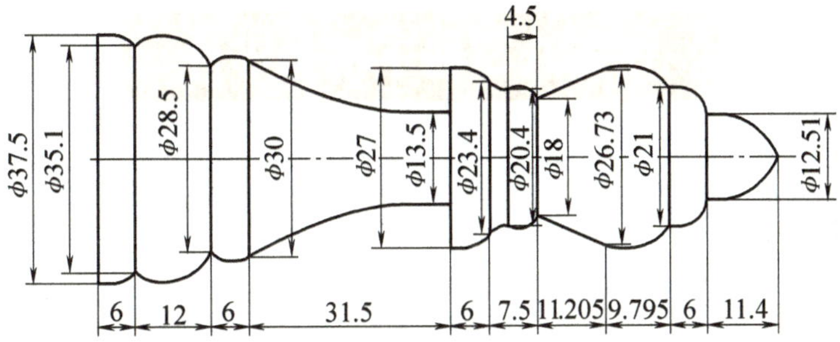

a)

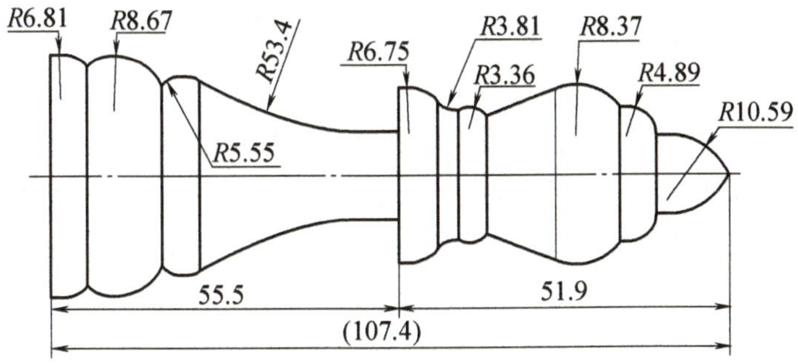

b)

图 7-9　国际象棋

项目三　槽类零件车削加工

常见的沟槽有外沟槽、内沟槽、端面沟槽以及退刀槽，本项目介绍切槽指令G04、G75的指令格式、参数取值，并以具体的梯形槽加工为任务导向，完成工艺的制订、刀具的选择、节点的计算、参数的选取、程序的编制以及仿真等步骤，在实际的零件加工过程中掌握机床操作要领和注意事项。

任务八　加工槽类零件

【任务目标】

知识目标

1. 掌握 G04 指令的格式、参数取值。
2. 掌握 G75 指令的格式及参数的含义。
3. 掌握切槽指令起刀点及节点的算法。

技能目标

1. 能够正确制订宽槽、均布槽、梯形槽的加工工艺。
2. 能够应用 G75 指令编写宽槽、均布槽的加工程序并完成加工。
3. 能够对各种槽类零件进行检测，针对加工误差给出处理办法。

素质目标

1. 培养正确使用工具、量具，安全文明生产的意识。
2. 培养遵守车间 6S 管理规定的意识。
3. 培养团结协作的团队意识和精益求精的工匠精神。

【任务引入】

如图 8-1 所示的梯形槽零件，毛坯为 ϕ30mm×45mm 的 2A12 铝棒，未注倒角均为 $C1$，锐边倒钝，请按图样要求合理制订加工工艺，编写加工程序，安全操作数控车床，并保证加工精度和表面质量要求。

【任务分析】

一、分析图样

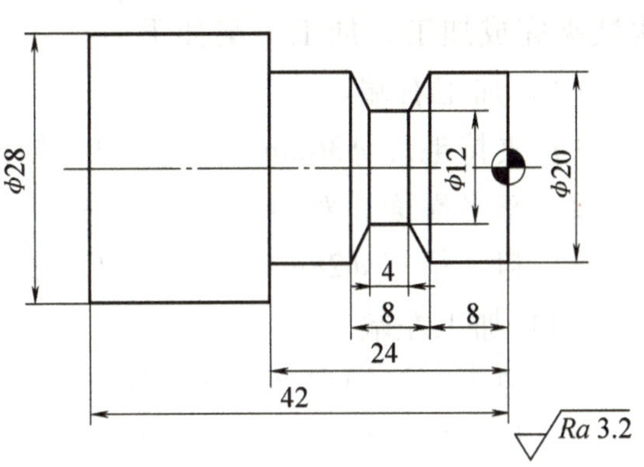

图 8-1　梯形槽零件

切槽加工

1. 形状分析

该零件的外形主要由台阶轴和梯形槽两种要素构成。

2. 尺寸精度分析

零件尺寸主要是外径尺寸、长度尺寸和梯形槽尺寸，未注公差为±0.1mm。

3. 其他分析

该零件的表面粗糙度值为 *Ra*3.2μm，锐边倒钝，加工完成后需要去除毛刺和飞边。

二、确定实训设备清单

机床、刀具、量具、工具和毛坯清单见表 8-1。

表 8-1　机床、刀具、量具、工具和毛坯清单

序号	实训设备	型号	数量	备注
1	机床	CKA6140 型数控车床	6 台	FUNAC-0i-MATE-TF
2	刀具	95°外圆车刀	1 把	MCLNR2020K12
		3mm 切槽刀	1 把	
3	量具	0~150mm 游标卡尺	1 把	
		25~50mm 外径千分尺	1 把	
		百分表	1 块	
4	工具	百分表架	1 套	
		内六角扳手	1 套	
		卡盘扳手	1 把	
		套管	1 个	
		毛刷	1 把	
5	毛坯	ϕ30mm 铝棒	6 根	材料 2A12

【任务实施】

一、制订加工工艺

1. 加工工艺分析

按照零件图的要求，毛坯长度为 45mm，零件长度为 42mm，因此该零件采用两

次装夹完成加工，加工方案如下。

（1）加工右端。

1）夹持毛坯 ϕ30mm 外圆，向外伸出 30mm 左右，找正。

2）车平端面，对刀，设零件右端面中心为编程原点。

3）粗、精车 ϕ28mm 外圆至尺寸要求，长度为 25mm。

（2）加工左端。

1）掉头，垫铜皮夹持 ϕ28mm 外圆，保证工件总长，对刀。

2）粗、精车外圆 ϕ20mm 至尺寸要求。

3）切梯形槽至尺寸要求。

2. 确定刀具及切削用量

根据零件加工工艺，选择一把机夹式外圆车刀完成零件的粗、精加工，刀具卡片见表 8-2。

表 8-2 刀具卡片

刀号	刀具图片	刀片规格	加工内容	背吃刀量/mm	进给量/(mm/r)	主轴转速/(r/min)
T0101	 95°外圆车刀	 CNMG120404	粗车	1	0.15	500
T0101	 95°外圆车刀	 CNMG120404	精车	0.5	0.1	1000
T0303	 3mm切槽刀	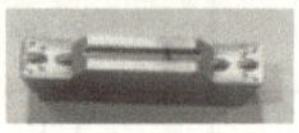 MGMN300-M	切槽	1	0.05	500

3. 加工工艺卡片

根据零件加工工艺和刀具的选用情况，制订加工工艺卡片，见表 8-3。

表 8-3 加工工艺卡片

名称	梯形槽零件	零件图号	CK-06	系统	FANUC 0i-TF	材料	2A12
工序简图	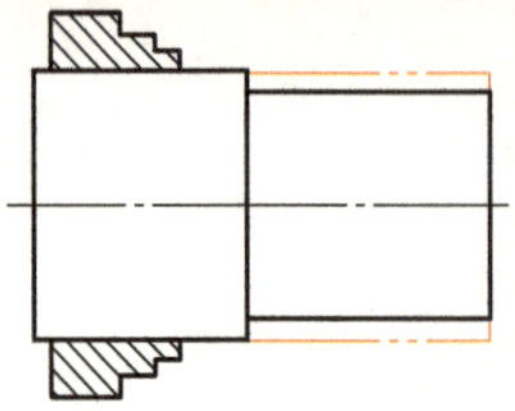 工序1示意图 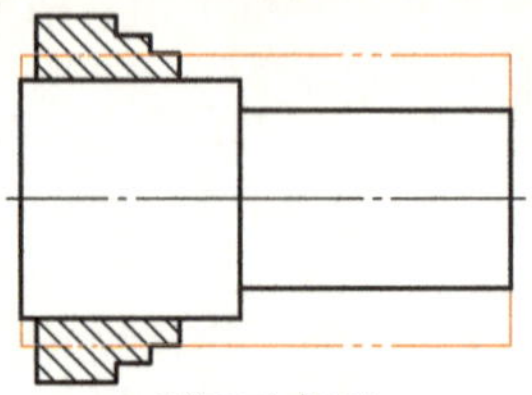 工序2示意图 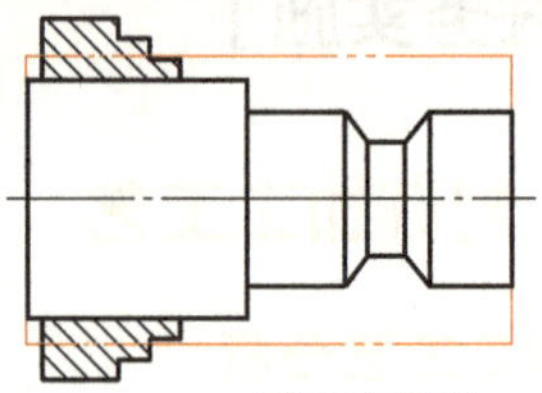 工序3示意图						

（续）

工序号	工步	工步内容	刀具	切削用量		
				背吃刀量/mm	进给量/(mm/r)	主轴转速/(r/min)
1	1	车平端面，粗车 φ28mm 外圆	T0101	1	0.15	500
	2	精车 φ28mm 外圆	T0101	0.5	0.1	1000
2	1	掉头，车平端面，保证工件总长 42mm	T0101	1	0.1	500
	2	粗车 φ20mm 外圆	T0101	1	0.15	500
	3	精车 φ20mm 外圆	T0101	0.5	0.1	1000
3	1	切梯形槽	T0303	1	0.05	500

二、节点计算与编程

1. 建立工件坐标系，确定节点坐标

根据零件图样，可以用 3mm 切槽刀按着“直进→退出→左偏→切削→退出→右偏→切削→退出”的步骤车削梯形槽，零件的编程原点和各节点坐标见表 8-4。

表 8-4　编程原点和各节点坐标

加工内容	图示	节点坐标
加工梯形槽	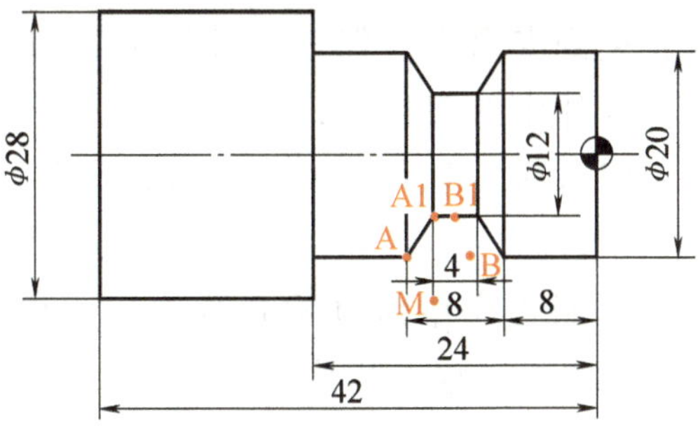	M(X29, Z-14) A1(X12, Z-14) A(X20, Z-16) B(X20, Z-11) B1(X12, Z-13)

2. 编写加工程序

根据零件的加工工艺及各节点坐标，编写梯形槽的加工程序，见表 8-5。

表 8-5　梯形槽的加工程序

程序段号	程序段	内容说明
N01	O8001;	程序号
N02	G99 G97;	设置进给量 F(单位为 mm/r)，每转进给
N05	M03 S500;	主轴正转，转速为 500r/min
N10	G00 X100 Z100;	回换刀点
N15	T0303;	调用切槽刀，刀宽为 3mm
N20	G00 X29 Z-14;	定位至切入点
N25	G01 X12 F0.1;	切槽至槽宽 3mm，进给量为 0.1mm/r
N30	G04 X2.0;	在槽底暂停 2s

（续）

程序段号	程序段	内容说明
N35	G01 X29 F1.0;	退出
N40	G01 X20 Z-16 F1.0;	进刀至左侧斜面加工起点
N45	G01 X12 Z-14 F0.1;	切左侧斜面
N50	X29 F1.0;	退刀
N55	G01 X20 Z-11 F1.0;	进刀至右侧斜面加工起点
N60	G01 X12 Z-13 F0.1;	切右侧斜面
N65	X29 F1.0;	退刀
N70	G00 X100 Z100;	回换刀点
N75	M05;	主轴停止
N80	M30;	程序结束

三、零件加工步骤

（1）安全生产教育　学习数控车工安全操作规程，检查工装、防护用品是否穿戴整齐。

（2）加工前准备　按照工艺卡片准备毛坯、工具、量具、夹具；完成数控车床开机前的安全检查；机床上电，开启系统，返回参考点。

（3）装夹毛坯　将工件装夹到卡盘上，保证工件伸出 30mm 左右。

（4）安装刀具　对照工艺卡片中的刀位号进行安装。

（5）试切对刀　平端面对刀 Z 轴，切外圆对刀 X 轴。注意对刀后要检查对刀结果是否正确，确认正确后再进行加工。

（6）输入右端加工程序　对照程序单认真检查程序。程序输入完成后，对于有模拟加工功能的机床要进行模拟加工，检查程序是否正确。

（7）粗加工右端　粗车 ϕ28mm 外圆，长度为 25mm。对于初学者，使用单段模式进行加工。

（8）测量工件，调整刀补参数　根据测量结果，进行刀具补偿参数的调整。

（9）精加工右端　部分机床需要注意更换转速是否需要换档。

（10）检测　测量工件右端加工部分尺寸 ϕ28mm，调整磨耗值，保证各尺寸精度。

（11）掉头装夹，平端面，对刀　掉头，垫铜皮夹持 ϕ28mm 外圆，以 ϕ20mm 外圆台阶面定位，保证工件总长，对刀。

（12）输入左端加工程序　对照程序单认真检查程序。

（13）粗加工左端　采用单段模式，加工 ϕ20mm 外圆，留余量。

（14）测量工件　根据测量结果进行刀具补偿参数的调整。

（15）精加工左端。

（16）检测，调整刀补参数　测量左端加工部分尺寸，调整磨耗值，保证各尺寸精度。

（17）输入梯形槽切槽程序　对照程序单认真检查程序，并进行仿真校验。

（18）按照“直进→退出→左偏→切削→退出→右偏→切削→退出”的步骤切梯形槽，切直槽及加工两侧斜面。

（19）检测　测量梯形槽，调整磨耗值，保证各尺寸精度。

（20）加工后的工作　拆卸工件。整理工具、量具；机床返回参考点，关机；清理机床，填写实训记录单。

四、操作注意事项

1）为了尽可能减少刀具振动和偏移，刀杆悬伸量应尽可能小，并选择尽可能大的刀具尺寸，以便获得高的加工精度及稳定性。

2）安装刀具时，切削刃与工件中心应等高，否则易崩刃甚至断刀。

3）为得到垂直加工表面，减少振动，刀具和工件中心线应成 90°。

4）整体型刀杆的刚性最好，机夹式切槽刀推荐用于轴向和径向浅槽切削。

5）切槽刀有左右两个刀尖及切削刃中心处三个刀位点，在整个加工程序中应采用同一个刀位点，一般采用左侧刀尖作为刀位点，这样对刀、编程较方便。

6）切槽过程中退刀路线应合理，避免产生撞刀现象；切槽后应先沿径向（X 向）退刀，再沿轴向（Z 向）退刀，而且进给倍率一定要调小。

【任务检测】

小组成员分工检测零件，并将检测结果填入表 8-6 中。

表 8-6　零件检测表

序号	加工内容		配分		自检	互检	师检	最终得分
1	工艺准备（20 分）	编写加工工艺	10					
		编写程序	10					
2	零件加工（60 分）	ϕ28mm	IT	*Ra*				
			4	4				
		ϕ20mm	4	4				
		ϕ12mm	4	4				
		4mm	4	4				
		8mm	4	4				
		24mm	4	2				
		42mm	4	—				
		安全操作，文明生产	10（违规视情节轻重扣 1~10 分）					
3	外观检测（20 分）	车削面的表面质量	5					
		锐边倒钝	5					
		去毛刺	10					
		其他项目	一般按照 GB/T 1804-m，有明显缺陷倒扣 2~10 分					
合计（总分）			100		机床编号			

【任务评定】

1. 任务评价

综合评价表见表 8-7。

表 8-7 综合评价表

项目	出勤（10 分）	课堂纪律（10 分）	零件加工（60 分）	职业素养（20 分）	综合成绩
个人评价（20%）					
小组评价（30%）					
教师评价（50%）					
综合得分					

2. 任务鉴定

实训鉴定表见表 8-8。

表 8-8 实训鉴定表

自我鉴定	你在本任务中学习了哪些新的知识和技能？加工过程中出现了哪些问题？你是如何解决的？ 学生签名：__________ ____年____月____日
教师鉴定	对本学生的最终鉴定（优秀、良好、一般、差）： 指导教师签名：__________ ____年____月____日

【知识链接】

一、槽的相关知识

G73 指令的刀具轨迹平行于工件的轮廓，故经常用于加工凹凸形状的零件，或者余量均匀的铸造或锻造成形的坯料。

1. 槽的种类

如图 8-2 所示，在工件上加工各种形状的槽，称为切槽。常见的槽有外沟槽、内沟槽和端面沟槽。

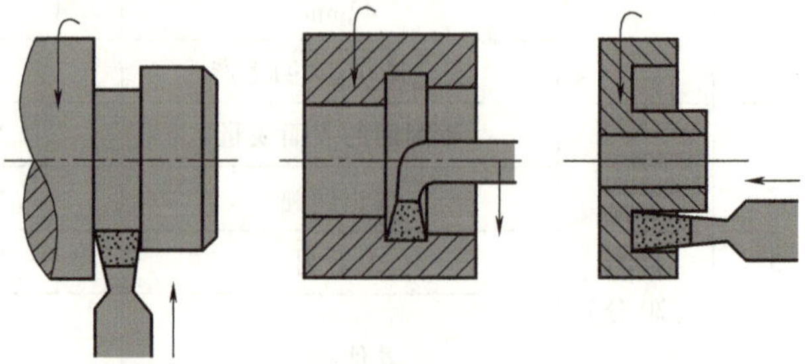

a) 外沟槽　　b) 内沟槽　　c) 端面沟槽

图 8-2 车外沟槽、内沟槽和端面沟槽

（1）外沟槽的形式　常用的外沟槽有外圆直槽、圆弧沟槽、梯形槽和45°外沟槽等，如图8-3所示。

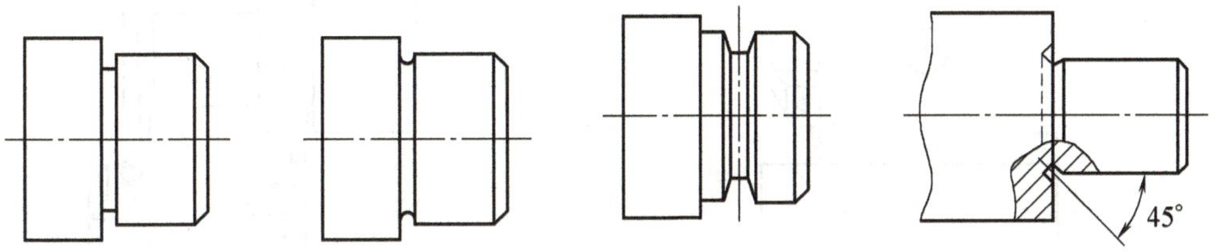

a) 外圆直槽　b) 圆弧沟槽　c) 梯形槽　d) 45°外沟槽

图8-3　外沟槽的形式

（2）内沟槽的形式　内沟槽的截面形状有矩形、圆弧形、梯形和燕尾槽等，内沟槽在机器零件中起退刀、密封、定位、通气、通油等作用，如图8-4所示。

（3）端面沟槽的形式　端面沟槽的截面形状有直槽、圆弧槽、燕尾槽、T形槽等，如图8-5所示。

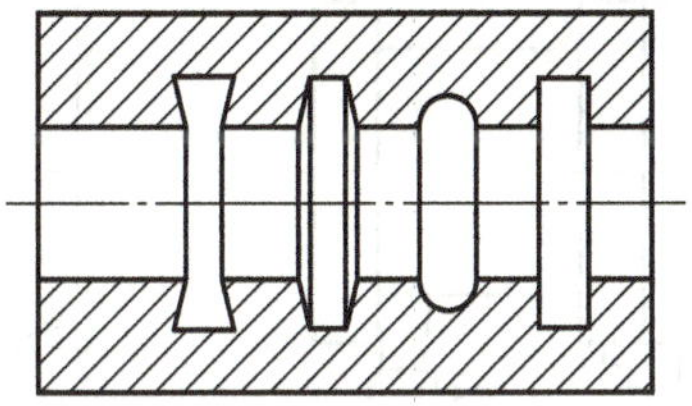

图8-4　内沟槽的形式

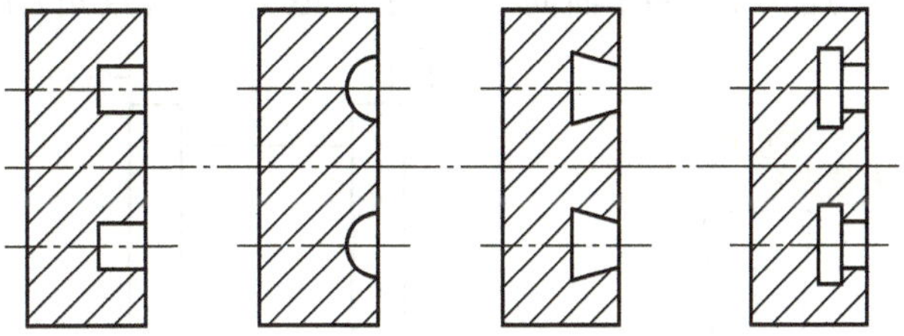

a) 直槽　b) 圆弧槽　c) 燕尾槽　d) T形槽

图8-5　端面沟槽的形式

2. 切槽刀

（1）切槽刀的形式　常用切槽刀如图8-6所示，刀片材料一般为硬质合金或硬质合金涂层刀片。

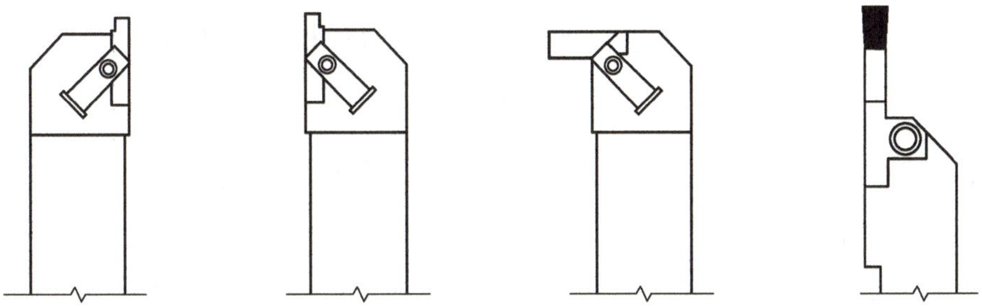

a) 切槽刀左切　b) 切槽刀右切　c) 内孔切槽刀　d) 切断刀

图8-6　切槽刀的形式

（2）使用切槽刀时的注意事项

1）为了尽可能减少振动和偏移，刀杆悬伸量应尽可能小，刀杆应尽可能选择大尺寸。

2）安装刀具时，切削刃与工件中心应等高，否则易崩刃甚至断刀。

3）为了得到垂直加工表面、减少振动，刀具和工件中心线应成90°，如图8-7所示。

4）焊接式整体型刀杆的刚性最好，机夹式推荐用于轴向和径向浅槽切削，如图 8-8 所示。

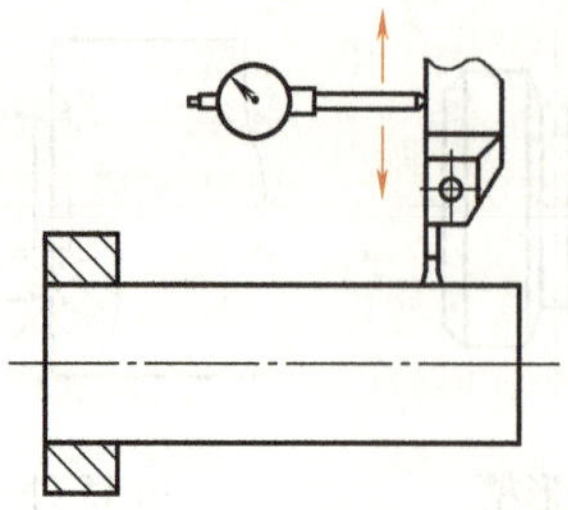

图 8-7　刀具和工件中心线成 90°

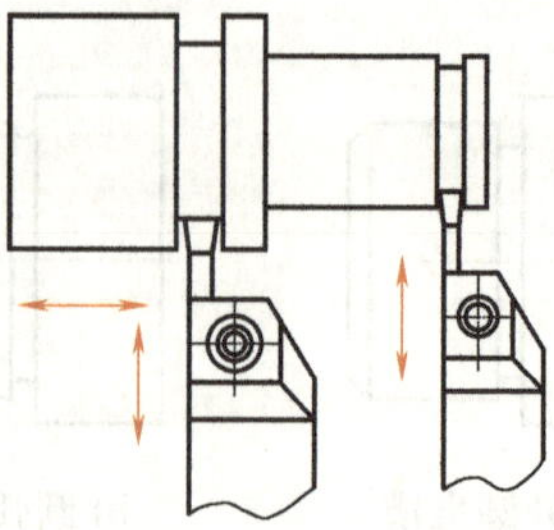

图 8-8　轴向和径向浅槽切削

5）切槽刀有左右两个刀尖及切削刃中心处三个刀位点，在整个加工程序中，应采用同一个刀位点，一般采用左侧刀尖作为刀位点，这样对刀、编程较方便，如图 8-9 所示。

6）切槽过程中退刀路线应合理，避免产生撞刀现象；切槽后应先沿径向（X 向）退刀，再沿轴向（Z 向）退刀，而且进给倍率一定要调小，如图 8-10 所示。

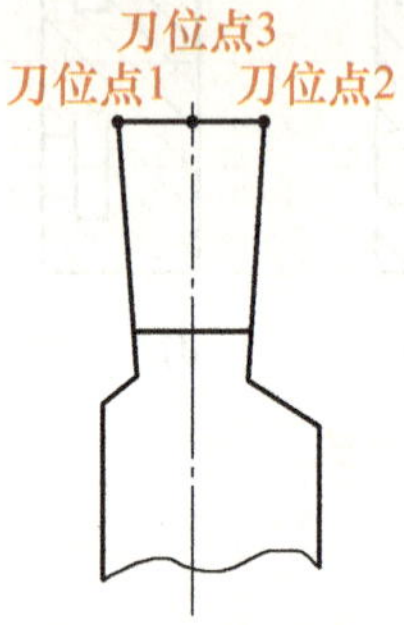

图 8-9　刀位点

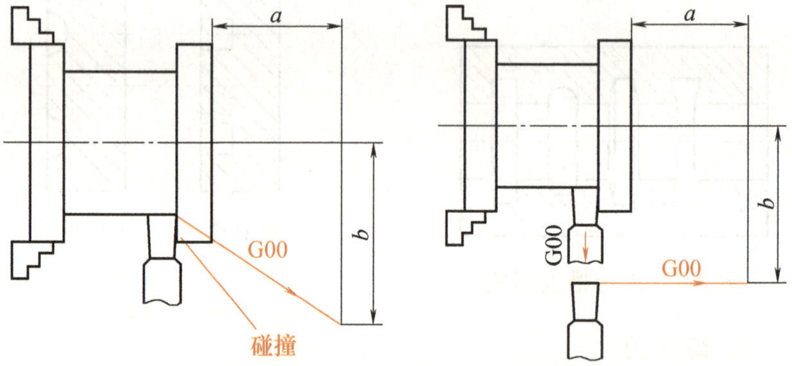

图 8-10　X 向退刀避免碰撞

3. 槽的测量

槽深可以用外径千分尺测量，如图 8-11 所示；槽宽可以用游标卡尺测量，如图 8-12 所示。

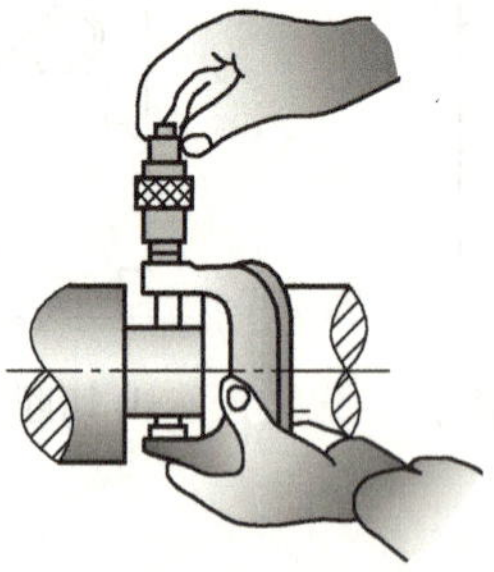

图 8-11　用外径千分尺测量槽深

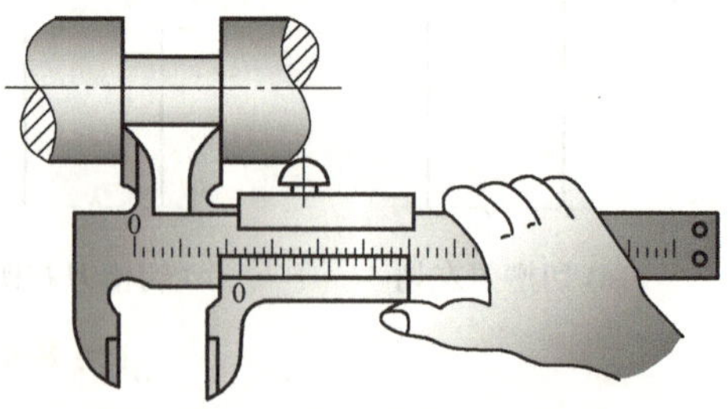

图 8-12　用游标卡尺测量槽宽

二、暂停指令 G04

G04指令

1. 直槽的加工

直槽的加工，可用刀宽等于槽宽的切槽刀，采用直进法一次进给切出槽，如

图 8-13 所示。编程时还可用 G04 指令在刀具切至槽底时停留一定时间，以光整槽底。

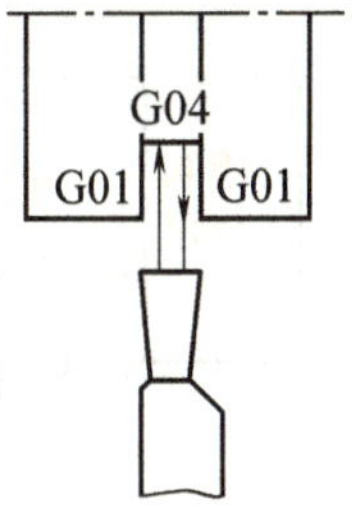

图 8-13　用 G04 指令光整槽底

2. G04 指令说明

G04　P__；

G04　X__；

G04　U__；

注意：

1）G04 指令常用于车槽、镗平面、孔底光整以及车台阶轴清根等场合，可使刀具做短时间的无进给光整加工，以提高表面加工质量。执行该指令后刀具暂停一段时间，主轴不停，当暂停时间过后，继续执行下一段程序。

2）指令中 P 的单位为 ms，1ms = 0.001s；X 的单位为 s，此处的 X 与坐标系中的 X 无关；U 的单位为 s。

例如，暂停 2s 的程序如下：

G04　P2000；

G04　X2；

G04　U2；

3）G04 为非模态指令，只在本程序段中有效。

3. G04 指令的应用

编写如图 8-14 所示退刀槽的加工程序，试用 G04 指令保证槽底的表面粗糙度值（刀宽等于槽宽）。

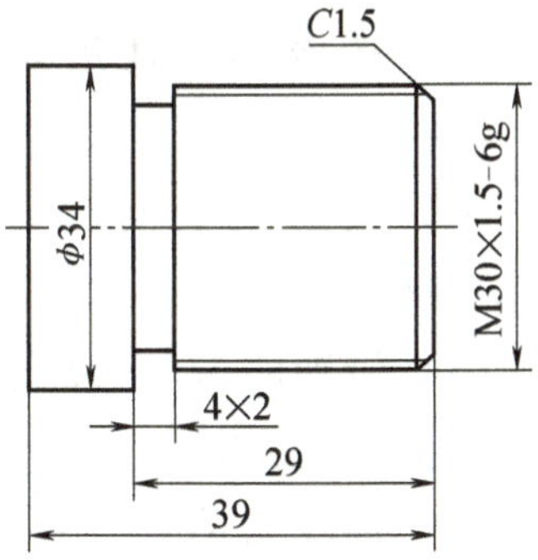

图 8-14　G04 指令的应用

数控加工程序如下：

```
M03 S500;T0202;
G00 X40   Z-29;   (起刀点)
G01 X26   F0.05;
G04 X2;           (主轴不停转,刀具停止进给 2s )
G01 X40 F1.0;
……
```

三、切槽指令 G75

G75指令

1. 宽槽的加工

当槽的宽度尺寸较大（大于切槽刀的刀头宽度）时，应采用多次进刀法加工，并在槽底及槽壁两侧留一定精车余量，然后根据槽底、槽宽尺寸进行精加工。具体路线如图 8-15 所示。

2. G75 指令的格式

虽然用 G01 指令编程加工沟槽直观简便，但用其编程加工深槽、宽槽和均布槽时却不方便，FANUC 数控系统提供了可用于加工深槽、宽槽和均布槽的循环指令 G75。

G75 指令的格式如下：

G75 R(*e*)__；

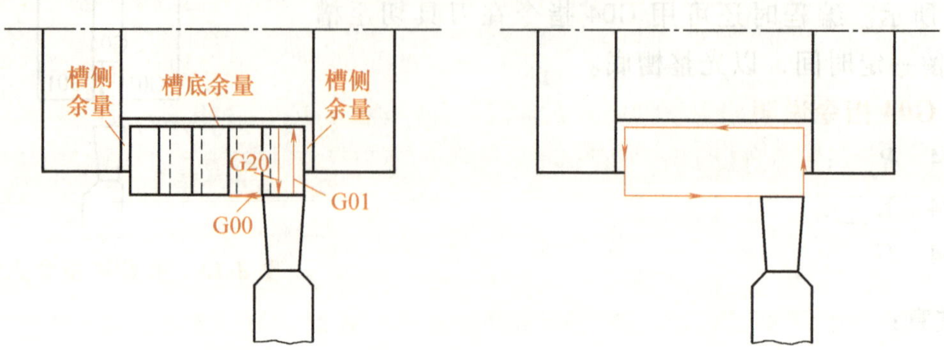

a) 粗加工　　　　b) 精加工

图 8-15　宽槽的粗加工与精加工

G75 X(U)__ Z(W)__ P(Δi)　Q(Δk)　R(Δd)　F__;

例如：　G75 R0.5;

　　　　G75 X26 Z-18 P1000 Q2000 F0.1;

3. G75 指令的进给路线

1）如图 8-16 所示，刀具从循环起点（A 点）开始，沿径向进刀 Δi 并到达 C 点。

2）退刀 e（断屑）并到达 D 点。

3）按该循环递进切削至径向终点 X 坐标处。

4）退刀至径向起刀点，完成一次切削循环。

5）沿轴向偏移 Δk 至 F 点，进行第二层切削循环。

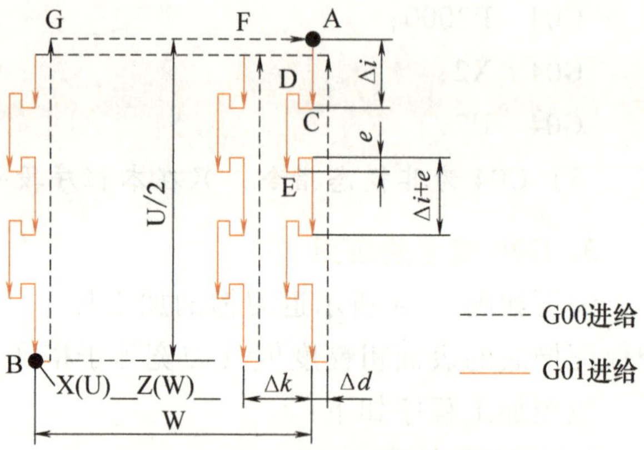

图 8-16　G75 指令的进给路线

6）依次循环直至刀具切削至程序终点（B 点）坐标处，径向退刀至起刀点（G 点），再轴向退刀至起刀点（A 点），完成整个切槽循环动作。

4. G75 指令的参数意义

（1）参数 e　每次沿 X 向切削后的退刀量（模态值，由半径值指定），主要起排屑作用，该值不宜过大，否则会降低加工效率，建议取值为 0.2~0.5mm，如图 8-17 所示。

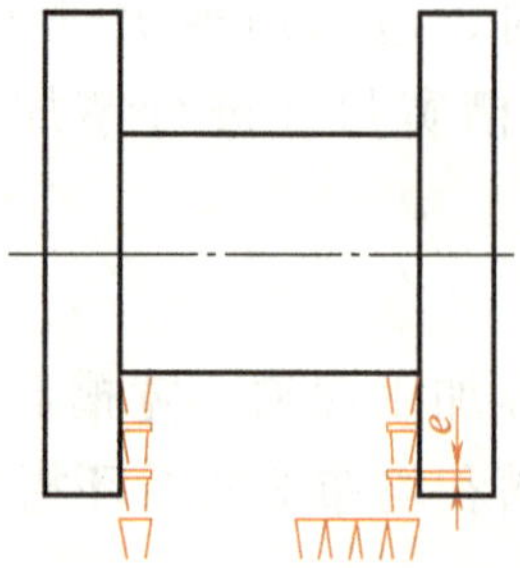

图 8-17　退刀量 e 的取值

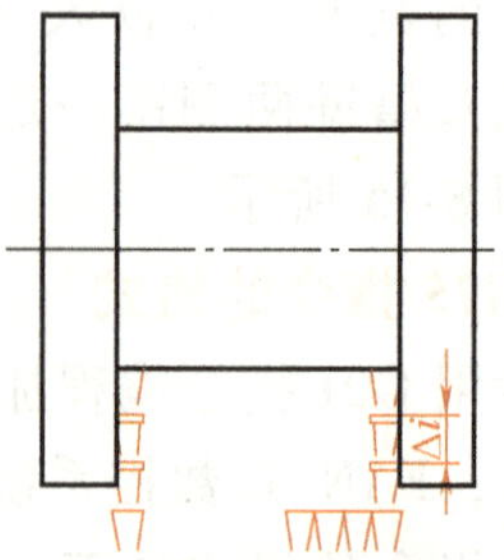

图 8-18　参数 Δi 的取值

（2）X(U)__ Z(W)__　切槽终点坐标，此值是根据图样确定的。

（3）参数 Δi　X 向每次的背吃刀量，用不带符号的半径值表示；主要用于控制一刀连续切削深度，其目的是控制断屑，建议取值为 600～1000μm；单位是 μm，编程的数值不带小数点，如图 8-18 所示。

（4）参数 Δk　刀具完成一次径向切削后，在 Z 向的偏移量，用不带符号的值表示；主要用于宽槽加工，建议取值为 0.8×刀头宽度；单位为 μm，编程的数值不带小数点，如图 8-19 所示。

（5）参数 Δd　刀具切削底部的 Z 向退刀量，其目的是退刀时不碰伤槽的侧面；建议取 0.2～0.3mm，与工件侧面无接触即可，无要求时可省略，如图 8-20 所示。

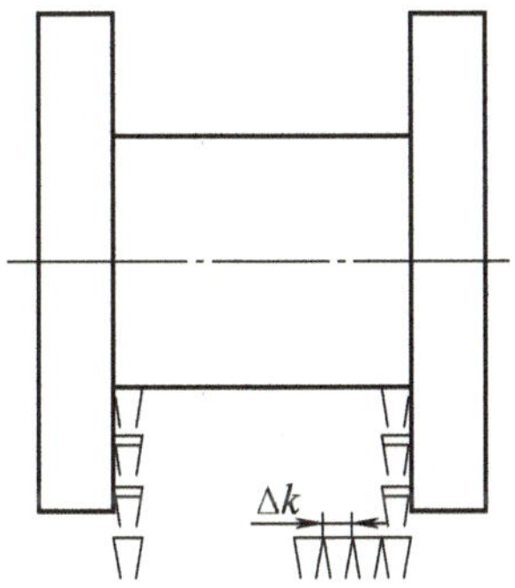

图 8-19　参数 Δk 的取值

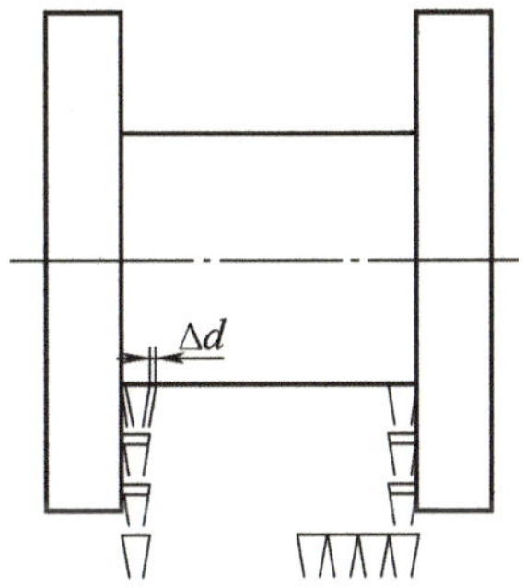

图 8-20　参数 Δd 的取值

（6）参数 F　径向切削时的进给速度，根据机床刚性和刀具、材料取值，一般取值为 F0.05、F0.1。

5. 使用 G75 指令时注意事项

1）P、Q 值以 μm 为单位。

2）R(e) 为每次沿 X 向切削后的退刀量。

3）R(Δd) 为切削到终点 X 值时，Z 向的退刀量。

4）切槽过程中，刀具或工件受较大的单方向切削力，容易产生振动，因此，切槽加工中进给速度 F 的取值应略小，通常取 F0.05。

5）指定 X(U) 或 Z(W)，而 P 值或 Q 值未指定或指定为 0，系统会报警。

6）P、Q 值设定为负值时系统会报警。

7）由于 P 值和 Q 值无符号，因此刀具切削的偏移方向由系统根据刀具起刀点及切槽终点的坐标自动判断。

8）加工只有一个宽槽的工件时，使用一个 G75 指令就可以完成切削，Q 值只能小于或等于刀宽，否则就会出现槽中心少切的现象，如图 8-21 所示。

9）加工多个均布槽时，若刀宽等于槽宽，用一个 G75 指令即可完成所有槽的加工，其中 Q 值大于刀宽，如图 8-22 所示。

四、G75 指令的应用

试用 G75 指令编写图 8-23 所示工件的切槽加工程序（切槽刀刀宽为 3mm）。

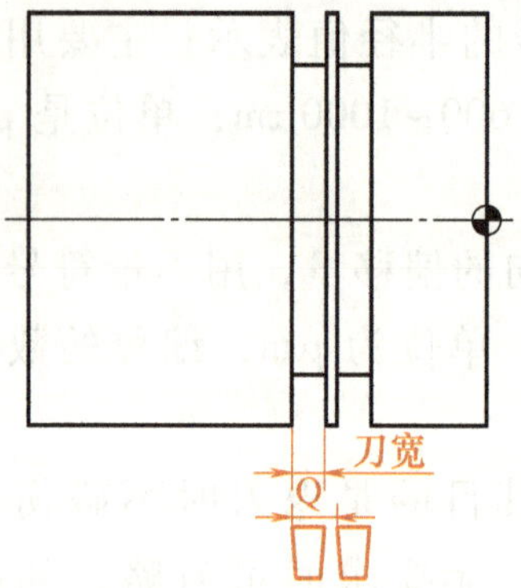

图 8-21 宽槽的 Q 值小于或等于刀宽

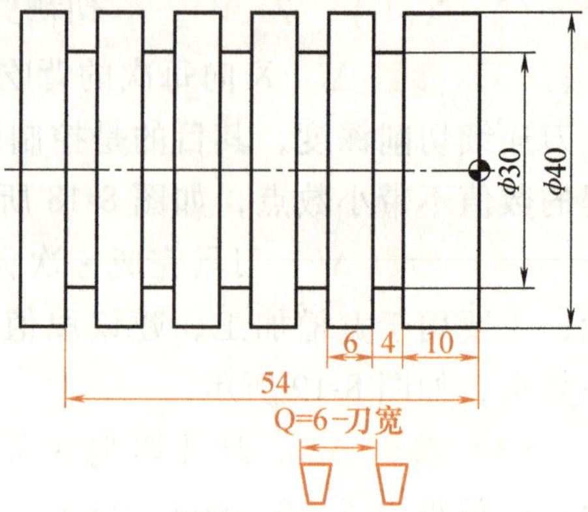

图 8-22 均布槽的 Q 值大于刀宽

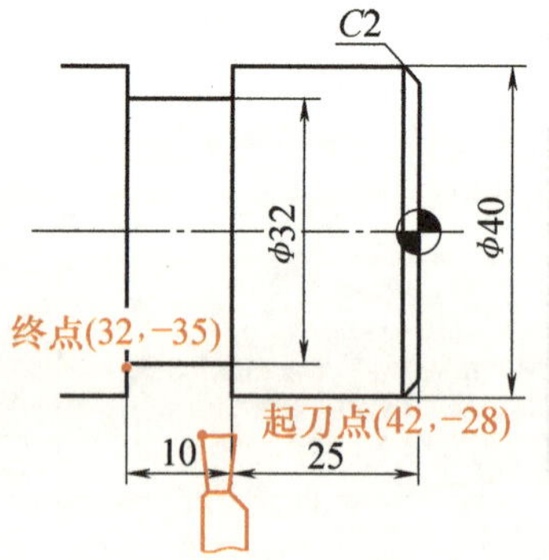

图 8-23 切槽指令 G75 的应用

数控加工程序如下：	程序说明
O8001；	
G99 G97 G40；	
T0202；	
M03 S300；	
G00 X42 Z-28.2（起刀点）；	右侧壁留 0.2mm 的精加工余量
G75 R0.5；	先用 G75 指令进行槽的粗加工
G75 X3(1) Z-34.8 P1000 Q2000 F0.05；	槽底留 0.1mm、左侧壁留 0.2mm 的精加工余量
M03 S800；	主轴提速
F0.02；	进给减慢
G01 Z-28；	精加工右侧壁
X32；	精加工底面
Z-32；	
X42；	
Z-35；	精加工左侧壁
X32；	精加工底面
Z-29；	
X42；	

G00 X100　Z100；

M05；

M30；

【知识拓展】

在机械行业中，槽宽的测量方法有很多，如用钢直尺直接测量、钢直尺和外卡钳配合测量、样板测量、游标卡尺测量以及内测千分尺测量等。这里主要学习用内测千分尺测量槽宽的方法。

一、内测千分尺的分类

1. 按结构分类

内测千分尺根据结构特点可以分为普通内测千分尺和数显内测千分尺，如图 8-24 和图 8-25 所示。

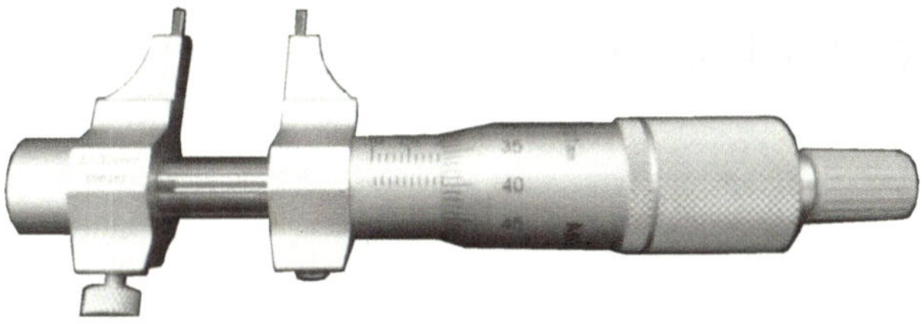

图 8-24　普通内测千分尺

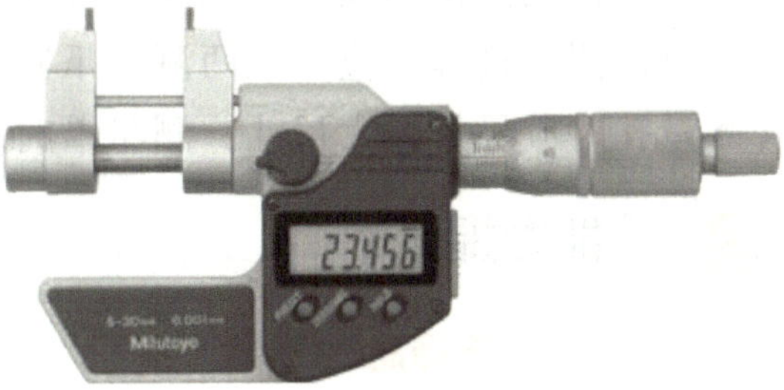

图 8-25　数显内测千分尺

2. 按量程分类

根据测量范围的不同，常见内测千分尺的规格有 5～30mm、25～50mm、50～75mm、75～100mm。

二、内测千分尺的结构

内测千分尺主要由固定测量爪、活动测量爪、固定套管、微分筒、锁紧螺钉、导向柱、测力装置等组成，如图 8-26 所示。

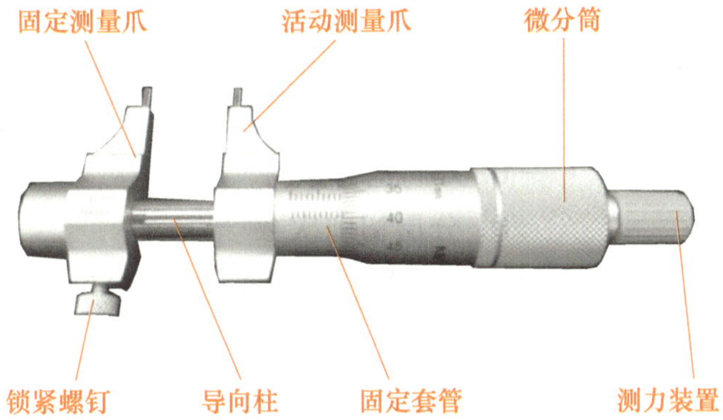

图 8-26　内测千分尺的结构

三、内测千分尺的使用

内测千分尺主要用于孔径、槽宽等零件内尺寸的测量，用其测量长度只局限于孔口部位。如果测头为长爪形，可测量零件内孔槽壁处的直径尺寸。

1. 内测千分尺的读数原理

内测千分尺的读数原理与外测千分尺相同。活动套筒旋转 360°，在轴向移动 0.5mm。把活动套管等分为 50 小格，每小格为 0.5mm/50 = 0.01mm，即分度值为 0.01mm。

2. 内测千分尺的读数步骤

1）读出微分筒左边端面线在固定套管上的刻度。

2）把微分筒上其中一条标尺标记与固定套管上的零线对齐，读出示值。

3）把以上两个读数相加。

3. 使用内测千分尺时的注意事项

1）检测前使用校准环规或校准卡规校准零位。

2）测量过程中应保证两测量爪圆弧测量面素线的平行度，反复寻找最佳测量值（测量孔时应寻找最大尺寸，测量槽时应寻找最小尺寸）。

【能力提升】

一、单项选择题

1. G04 P2000 表示（　　）。

A. 暂停 2000s　　B. 暂停 2s　　C. 暂停 2ms

2. 对于指令“G75 R(e)；G75 X(U)__ Z(W)__ P(Δi)　Q(Δk)　R(Δd)　F(f)；”中的参数“R(e)”，下列描述不正确的是（　　）。

A. 退刀量　　B. 半径量

C. 模态值　　D. 有正负之分

3. 对于指令“G75 R(e)；G75 X(U)__ Z(W)__ P(Δi)　Q(Δk)　R(Δd)　F(f)；”中的参数“Q(Δk)”，下列描述正确的是（　　）。

A. Z 向每次背吃刀量　　B. X 向每次背吃刀量

C. 该值为固定值，无须用户指定

D. 完成一次切削时 Z 向的偏移量

4. G75 指令中的 R 是指（　　）。

A. X 向退刀量　　B. Z 向退刀量

C. 总退刀量　　D. 分层切削次数

5. 以下关于指令“G75 X(U)__ Z(W)__ P(Δi)　Q(Δk)　R(Δd)　F(f)；”中的“Q(Δk)”描述不正确的是（　　）。

A. Z 向偏移量　　B. 小于刀宽

C. 始终为正值　　D. 不带小数点

6. G04 X2.0 表示（　　）。

A. 2s　　　　B. 2ms　　　　C. 2mm

二、判断题

1. G04 X2.0 和 G04 P2000 表示的含义一样。(　　)

2. G04 指令是模态指令。(　　)

3. 执行 G75 循环指令过程中，X 向每次背吃刀量均相等。(　　)

4. 执行 G75 指令完成第一刀切削后，刀具第二次进刀深度为 $\Delta i+e$。(　　)

5. 执行 G75 指令时，系统根据切槽起点和终点的 X 坐标自动判断径向进刀方向。(　　)

6. 执行 G75 指令时，刀具从循环起点出发，先径向切削，再轴向平移。(　　)

7. 切槽刀可以随意安装，与工件轴线的位置无关。(　　)

8. 切槽刀的刀头部分不应取得太长或太短，一般刀头长度 = 槽深 + 2 ~ 3mm。(　　)

9. 选择切槽切削用量时，切削速度通常取外圆切削速度的 60% ~ 70%，进给量一般取 0.05 ~ 0.3mm/r。(　　)

三、编写程序

加工图 8-27 所示零件的外圆和退刀槽。毛坯为 ϕ35mm 的铝棒，请按图样要求合理制订加工工艺，编写加工程序，安全操作数控车床，并保证加工精度和表面质量要求。

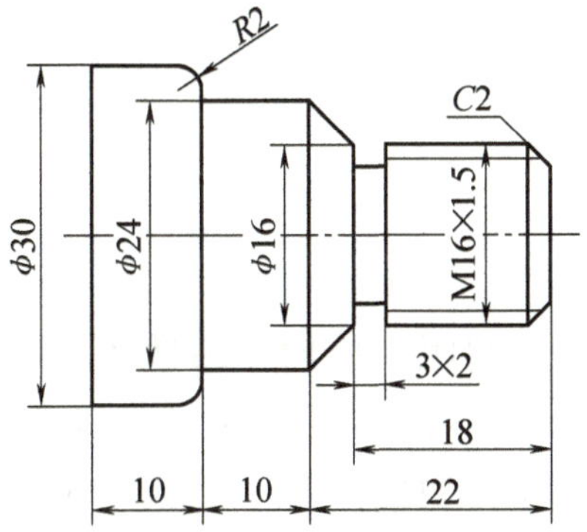

图 8-27　退刀槽加工

项目四　螺纹类零件车削加工

螺纹类零件是平时最为常见的工件之一，常用的螺纹主要有普通螺纹、管螺纹、梯形螺纹、锯齿形螺纹和矩形螺纹等，本项目主要学习普通螺纹的切削，并学习G32、G92、G76等螺纹切削指令。通过对具体螺纹类零件的编程与仿真，掌握相关指令的格式、参数的选取以及螺纹的检测等内容。

任务九　加工外螺纹零件

【任务目标】

知识目标

1. 掌握螺纹的公称直径、螺距、旋向、线数等知识。
2. 掌握G32、G92、G76指令的格式、加工路线及参数的含义。
3. 掌握螺纹的大径、小径、切削用量、切入切出量等的算法。

技能目标

1. 能够正确制订螺纹的加工工艺。
2. 能够应用G32、G92、G76指令编写螺纹切削程序并进行加工。
3. 能够对螺纹进行检测，并针对加工误差给出处理办法。

素质目标

1. 培养正确使用工具、量具，安全文明生产的意识。
2. 培养遵守车间6S管理规定的意识。
3. 培养团结协作的团队意识和精益求精的工匠精神。

【任务引入】

如图9-1所示的螺纹轴类零件，毛坯为ϕ50mm×100mm的2A12铝棒，请按图样要求合理制订加工工艺，编写加工程序，安全操作数控车床，并保证加工精度和表面质量要求。

【任务分析】

一、分析图样

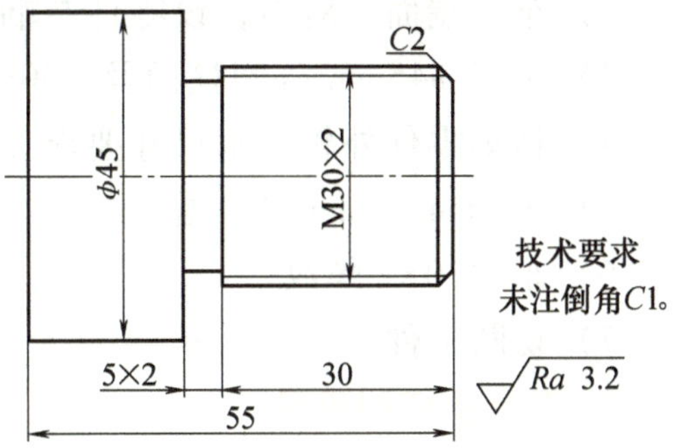

图 9-1　螺纹轴类零件

1. 形状分析

该零件的外形主要由台阶轴、槽、外螺纹和倒角等要素构成。

2. 尺寸精度分析

零件尺寸主要是 ϕ45mm 外圆柱面及右端面、5mm×2mm 退刀槽、M30×2 螺纹、*C*2 倒角，未注尺寸公差为±0. 1mm。

3. 其他分析

该零件的表面粗糙度值是 *Ra*3. 2μm，未标注倒角均为 *C*1，锐边倒钝，零件加工完成后需要去除毛刺和飞边。

二、确定实训设备清单

机床、刀具、量具、工具和毛坯清单见表 9-1。

表 9-1　机床、刀具、量具、工具和毛坯清单

序号	实训设备	型号	数量	备注
1	机床	CKA6140 型数控车床	6 台	FUNAC-0i-MATE-TF
2	刀具	95°外圆车刀	1 把	MCLNR2020K12
		5mm 切槽刀	1 把	
		60°外螺纹车刀	1 把	
3	量具	0～150mm 游标卡尺	1 把	
		M30×2 螺纹环规	1 块	
4	工具	内六角扳手	1 套	
		卡盘扳手	1 把	
		套管	1 个	
		毛刷	1 把	
5	毛坯	ϕ50mm 铝棒	6 根	材料 2A12

【任务实施】

一、制订加工工艺

1. 加工工艺分析

按照零件图要求，已知毛坯尺寸为 ϕ50mm×100mm，该零件需要先粗、精车台阶轴，再切退刀槽，最后加工螺纹。因此，该零件采用一次装夹完成加工，加工方案如下：

1）夹持毛坯外圆 ϕ50mm，向外伸出 70mm 左右，找正。

螺纹加工

2）车平端面，对刀，设零件右端面中心为编程原点。

3）粗车 ϕ45mm 外圆柱面及 ϕ30mm 螺纹加工前圆柱面。

4）精车零件外轮廓至尺寸要求。

5）车 5mm×2mm 退刀槽。

6）车 M30×2 螺纹。

7）切断工件。

2. 刀具及切削用量

根据对零件的加工工艺的分析，选择相应的车刀，刀具卡片见表 9-2。

表 9-2　刀具卡片

刀号	刀具图片	刀片规格	加工内容	背吃刀量/mm	进给量/(mm/r)	主轴转速/(r/min)
T0101	 95°外圆车刀	 CNMG120404	粗车	1	0.15	500
T0101	 95°外圆车刀	 CNMG120404	精车	0.5	0.1	1000
T0303	 5mm切槽刀	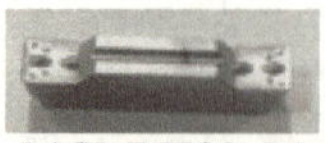 MGMN500-M	切槽	—	0.05	500
T0404	 60°外螺纹车刀	 外螺纹刀片	车螺纹	—	2	500

3. 加工工艺卡片

根据零件加工工艺和刀具的选用情况，制订加工工艺卡片，见表 9-3。

表 9-3　加工工艺卡片

名称	螺纹轴	零件图号	CK-07	系统	FANUC 0i-TF	材料	2A12
工序简图	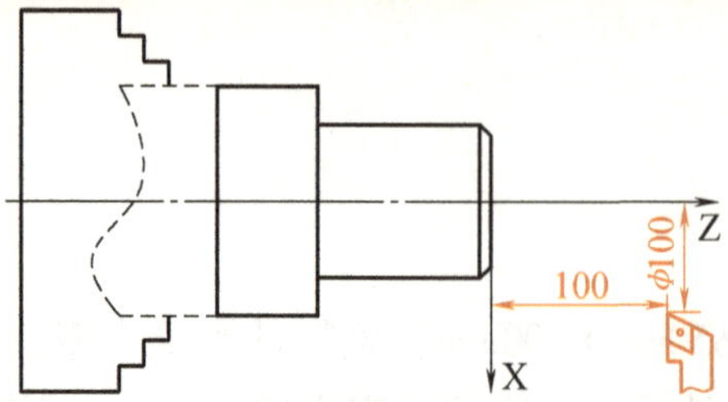 工序1示意图 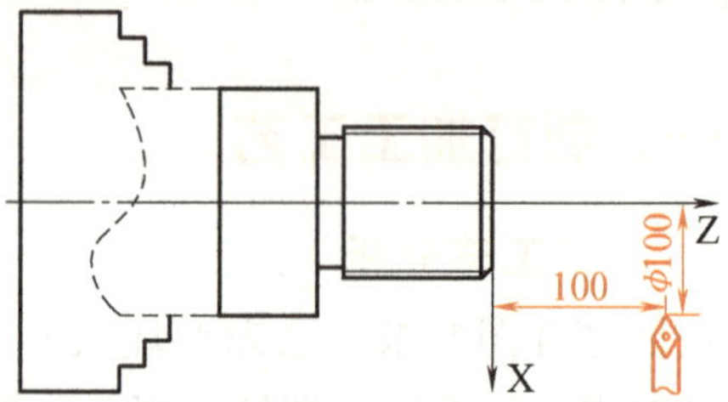 工序2示意图						

（续）

工序号	工步	工步内容	刀具	切削用量		
				背吃刀量/(mm)	进给量/(mm/r)	主轴转速/(r/min)
1	1	粗、精车右端面	T0101	1	0.1	500
	2	粗车 ϕ30mm、ϕ45mm 外圆柱面	T0101	1	0.15	500
	3	精车 ϕ30mm、ϕ45mm 外圆柱面	T0101	0.5	0.1	1000
2	1	切槽	T0303	—	0.05	500
	2	车 M30×2 螺纹	T0404	—	2	500
	3	切断	T0303	—	0.05	500

二、节点计算与编程

1. 建立工件坐标系，确定节点坐标

根据零件图样，图中各个编程节点的坐标可以通过标注的尺寸直接读出，零件两端的编程原点和各节点坐标见表 9-4。

表 9-4 编程原点和各节点坐标

加工内容	图示	节点坐标
加工螺纹	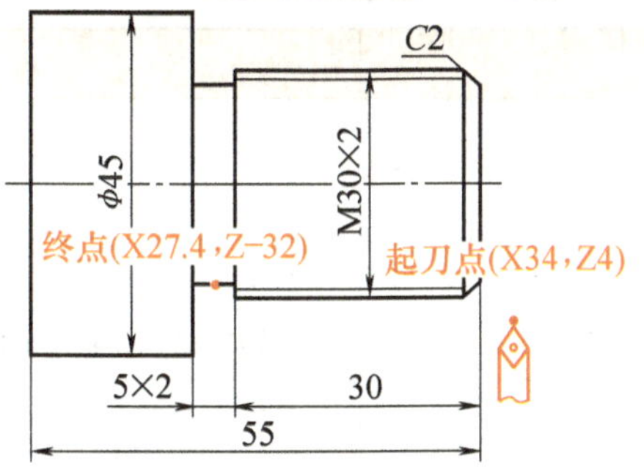	起刀点 A(X34,Z4) 终点(X27.4,Z-32) 切削层 X 坐标: 29.1 28.5 27.9 27.5 27.4

2. 编写加工程序

根据零件的加工工艺及各节点坐标，编写零件的外圆柱加工程序和螺纹加工程序，分别见表 9-5 和表 9-6。

表 9-5 外圆柱加工程序

程序段号	程序段	说明
N10	O9001;	程序号
N20	G99 G97 G40;	设置进给量 F(单位为 mm/r),恒转速
N30	T0101;	调用 1 号车刀,同时建立工件坐标系
N40	M03 S500 M08;	主轴正转,转速为 500r/min,切削液开
N50	G00 X52 Z2;	刀具快速接近工件
N60	G71 U1 R0.5	粗车复合循环,粗车 ϕ29.8mm、ϕ45mm 外圆,保证工件总长

（续）

程序段号	程序段	说明
N70	G42 G00 X22;	加入右刀补,快速移动至起刀点
N80	G01 X29.8 Z-2;	车削轴右端 C2 倒角
N90	Z-35;	车削 ϕ29.8mm 外圆,长度为 35mm
N100	X45;	车削 ϕ45mm 端面
N110	Z-60;	车削 ϕ45mm 外圆,长度为 20mm
N120	G40 G01 X52;	X 向退刀,取消刀补
N130	G00 X100 Z100;	退刀至 X100 Z100
N140	M05;	主轴停转
N155	M00;	程序暂停(进行中间测量,调整磨耗值)
N160	T0101;	调用 1 号精车刀
N170	M03 S1000;	主轴正转,转速提高至 1000r/min
N180	G00 X52 Z2;	刀具快速接近工件
N190	G70 P70 Q120 F0.1;	精车复合循环
N200	G00 X100 Z100;	退刀至 X100 Z100
N210	M05 M30 M09;	主轴停转,程序结束,关切削液

螺纹仿真

表 9-6　螺纹加工程序

程序段号	程序内容	内容说明
N01	O9002;	程序号
N10	…	
N120	T0404;	调用 4 号外螺纹车刀
N130	M03 S500;	主轴正转,转速为 500r/min
N140	G00 X34 Z4;	刀具快速到起刀点
N150	G92 X29.1 Z-32 F2;	螺纹第一层切削至 29.1mm
N160	X28.5;	第二层切削至 28.5mm
N170	X27.9;	第三层切削至 27.9mm
N180	X27.5;	第四层切削至 27.5mm
N190	X27.4;	第五层切削至 27.4mm
N200	X27.4;	最后一层重复切削,光整螺纹
N210	G00 X100 Z100;	退刀至换刀点 X100 Z100
N220	M05;	主轴停转
N230	M30;	程序结束

三、零件加工步骤

（1）安全生产教育　学习数控车工安全操作规程，检查工装、防护用品是否穿戴整齐。

（2）加工前准备　按照工艺卡片准备毛坯、工量、夹具；完成数控车床开机前的安全检查；机床上电，开启系统，返回参考点。

（3）装夹毛坯　将工件装夹到卡盘上，保证工件伸出 70mm 左右。

（4）安装刀具　对照工艺卡片中的刀位号进行安装（1 号粗车刀，3 号切槽刀，4 号螺纹车刀）。

（5）试切对刀　外圆车削采用试切对刀：车平端面 Z 轴对刀，车削外圆 X 轴对刀（注意对刀后要检查对刀结果是否正确，确认正确后再进行加工）。

切槽刀对刀：切槽刀左刀尖接触端面 Z 轴对刀，接触外圆（有轻微切屑）X 轴对刀。

螺纹刀对刀：螺纹车刀刀尖接触端面 Z 轴对刀，接触外圆（外圆柱面出现一条亮线）X 轴对刀。

（6）输入加工程序　对照程序单认真检查程序（程序输入完成后，对于有模拟加工功能的机床要进行模拟加工，以检查程序是否正确）。

（7）加工　使用自动方式进行加工（也可使用单段方式）。

（8）检测　测量加工部分尺寸，调整磨耗值，保证各尺寸精度。

（9）精加工　精加工外圆柱面。

（10）换刀　换切槽刀，切 5mm×2mm 的槽。

（11）退刀　退回换刀点。

（12）换刀　换螺纹车刀。

（13）进刀　快速到起刀点。

（14）车螺纹　用螺纹车刀车螺纹。

（15）退刀　退回换刀点。

（16）程序结束　主轴停转。

（17）检测　用螺纹环规测量螺纹，调整磨耗值，保证各尺寸精度。

（18）切断工件。

（19）加工后的工作　拆卸工件。整理工具、量具；机床返回参考点，关机；清理机床，填写实训记录单。

四、操作注意事项

1）严格遵守安全操作规程，确保程序的准确性。

2）加工螺纹时，起刀点的位置是距离工件右端面 2 个螺距，因为螺纹加工开始时的 2 个螺距可能是乱牙，退刀时要让出一倍的螺距，螺纹的最后部分也有可能乱牙。

3）因为螺纹切削有挤压作用，所以螺纹预留直径比公称直径值要小 0.2～0.4mm，螺纹预留直径 = 螺纹大径 − 0.1P。

4）螺纹的切削深度可以根据螺距查表得到。

5）自动运行后台编辑程序。按下“操作”中的“BG-EDT”键、“BG-END”键，取消操作按下“ERASE”键。

6）螺纹加工过程中不能停止进给，一旦停止进给，背吃刀量会急剧增加，非常危险。

【任务检测】

小组成员分工检测零件，并将检测结果填入表 9-7 中。

表 9-7　零件检测表

序号	加工内容		配分		自检	互检	师检	最终得分
1	工艺准备（20 分）	编写加工工艺	10					
		编写程序	10					
2	零件加工（60 分）	螺纹 M30×2	IT	*Ra*				
			8	2				
		$\phi30$	6	2				
		5mm×2mm 退刀槽	6	2				
		*C*2 倒角	6	2				
		30mm	6	2				
		55mm	6	2				
		安全操作，文明生产	10（违规视情节轻重扣 1～10 分）					
3	外观检测（20 分）	车削面的表面质量	5					
		锐边倒钝	5					
		去毛刺	10					
		其他项目	一般按照 GB/T 1804-m，有明显缺陷倒扣 2～10 分					
合计（总分）			100		机床编号			

【任务评定】

1. 任务评价

综合评价表见表 9-8。

表 9-8　综合评价表

项目	出勤（10 分）	课堂纪律（10 分）	零件加工（60 分）	职业素养（20 分）	综合成绩
个人评价（20%）					
小组评价（30%）					
教师评价（50%）					
综合得分					

2. 任务鉴定

实训鉴定表见表 9-9。

表 9-9　实训鉴定表

自我鉴定	你在本任务中学习了哪些新的知识和技能？加工过程中出现了哪些问题？你是如何解决的？ 学生签名：__________ ____年____月____日
教师鉴定	对本学生的最终鉴定（优秀、良好、一般、差）： 指导教师签名：__________ ____年____月____日

【知识链接】

数控车床配备了单行程螺纹切削指令 G32、螺纹切削单一固定循环指令 G92、螺纹切削复合循环指令 G76 等。

一、螺纹相关知识

螺纹相关知识

1. 螺纹的应用

螺纹是一种被广泛使用的可拆卸固定连接，其具有结构简单、连接可靠、装拆方便等优点。螺纹主要应用在连接、紧固和传动等场合，如图 9-2 所示。

a) 连接　　b) 紧固　　c) 传动

图 9-2　螺纹的用途

2. 螺纹的分类

常用螺纹的类型主要有普通螺纹、管螺纹、梯形螺纹、锯齿形螺纹、矩形螺纹。前两种主要用于连接，后三种主要用于传动，如图 9-3 所示。

（1）按螺纹旋向分类　螺纹有右旋和左旋之分。顺时针方向旋入的螺纹称为右旋螺纹（常见），螺纹外观是右边高；反之，逆时针方向旋入的螺纹称为左旋螺纹，螺纹外观是左边高，如图 9-4 所示。

（2）按线数分类　螺纹有单线和多线之分：沿一条螺旋线形成的螺纹称为单线螺纹；沿轴向等距分布的两条或两条以上螺旋线形成的螺纹称为多线螺纹，如图 9-5 所示。

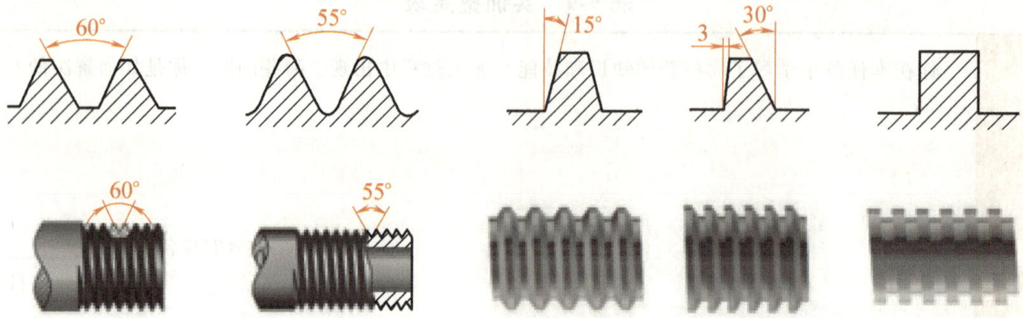

a) 普通螺纹　b) 管螺纹　c) 梯形螺纹　d) 锯齿形螺纹　e) 矩形螺纹

图 9-3　螺纹的分类

a) 右旋螺纹　b) 左旋螺纹

图 9-4　右旋螺纹和左旋螺纹

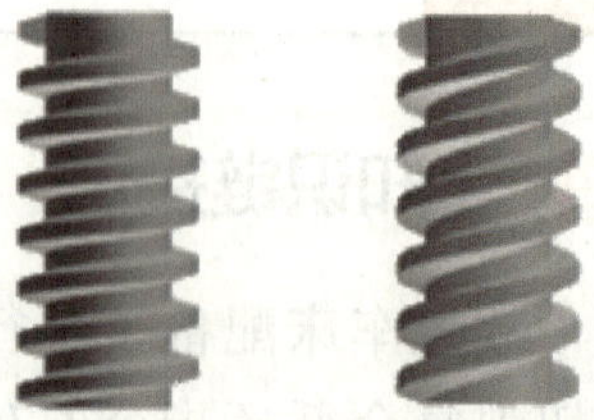

a) 单线螺纹　b) 双线螺纹

图 9-5　单线螺纹和双线螺纹

3. 螺纹车刀

加工螺纹时，常用的螺纹刀具有焊接或螺纹车刀和可转位或螺纹车刀，按加工对象又可分外螺纹车刀和内螺纹车刀，如图 9-6 和图 9-7 所示。

a) 焊接式　b) 可转位式

图 9-6　外螺纹车刀

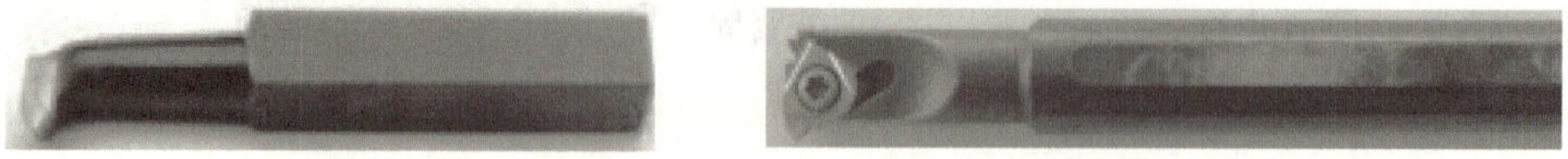

a) 焊接式　b) 可转位式

图 9-7　内螺纹车刀

4. 螺距和导程

（1）螺距 P　螺距是相邻两牙在中径线上对应两点间的轴向距离。

（2）导程 Ph　导程是同一条螺旋线上相邻两牙在中径线上对应两点间的轴向距离。

对于单线螺纹：螺距 = 导程，如图 9-8 所示；对于多线螺纹：导程 = 螺距×线数，如图 9-9 所示。

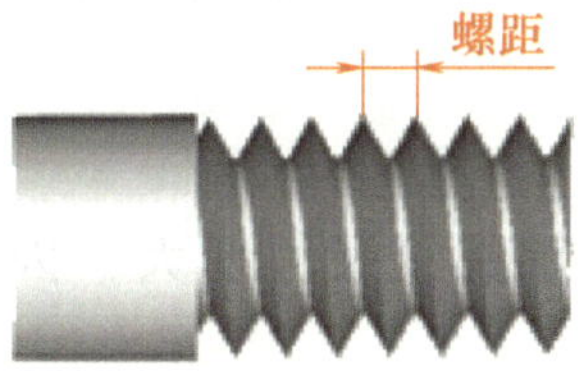

图 9-8　单线螺纹：螺距＝导程

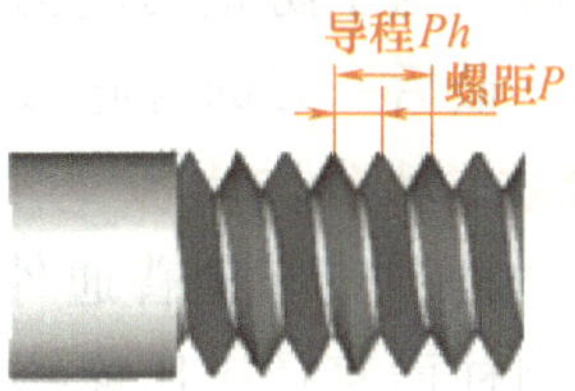

图 9-9　多线螺纹：导程＝螺距×线数

5. 螺纹的加工方法

（1）直进法　车削时，车刀沿横向间歇进给至牙深处，如图 9-10 所示。采用这种方法加工螺纹时，车刀三面切削，牙型较准确，但受力大，刀尖易磨损，排屑不畅，容易产生扎刀现象。当螺纹导程小于 3mm 时，一般采用 G32 或 G92 指令编程。

（2）斜进法　车削时，车刀沿牙型角方向斜向间歇进给至牙深处，每个行程中车刀除横向进给外，纵向也要做少量进给，如图 9-11 所示。采用这种方法加工螺纹时，可避免车刀三面切削，切削力减小，不容易产生扎刀现象。当螺纹导程大于 3mm 时，一般采用 G76 指令编程。

（3）左右进刀法　车削时，车刀沿牙型角方向交错间歇进给至牙深处，如图 9-12 所示。采用这种方法加工螺纹时，可避免车刀三面切削，切削效果好，此方法适合利用宏程序进行编程，可以加工当螺纹的长度、导程、公称直径、牙底宽、牙顶宽等参数中的任何一个发生变化时的螺纹。

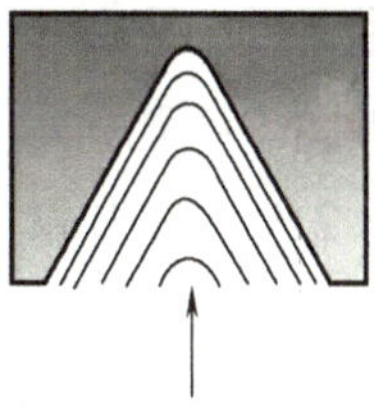

图 9-10　直进法

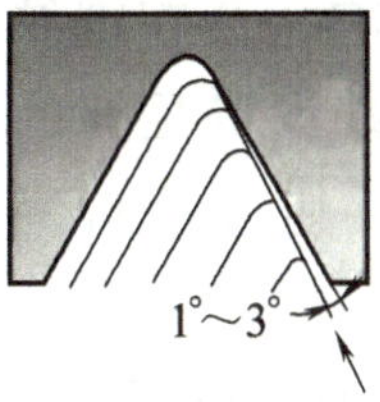

图 9-11　斜进法

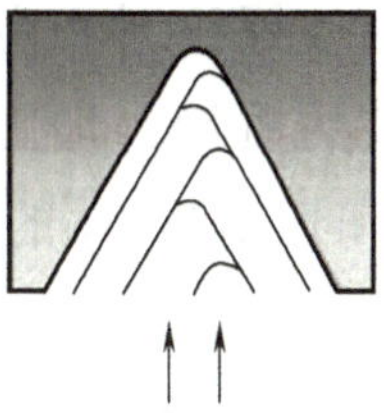

图 9-12　左右进刀法

加工螺纹时，切削力大，所以需要分层切削，常用的进给次数与背吃刀量见表 9-10。

表 9-10　螺纹加工常用的进给次数与背吃刀量　　（单位：mm）

米制螺纹								
螺距		1.0	1.5	2.0	2.5	3.0	3.5	4.0
牙深（半径值）		0.649	0.974	1.299	1.624	1.949	(2)73	2.598
进给次数及背吃刀量（直径值）	第 1 次	0.7	0.8	0.9	1.0	1.2	1.5	1.5
	第 2 次	0.4	0.6	0.6	0.7	0.7	0.7	0.8
	第 3 次	0.2	0.4	0.6	0.6	0.6	0.6	0.6
	第 4 次		0.16	0.4	0.4	0.4	0.6	0.6
	第 5 次			0.1	0.4	0.4	0.4	0.4
	第 6 次				0.15	0.4	0.4	0.4
	第 7 次					0.2	0.2	0.4
	第 8 次						0.15	0.3
	第 9 次							0.2

加工时，为了防止切削力过大，可适当增加切削次数。但为了降低螺纹的表面粗糙度值，最后一刀的背吃刀量不能小于0.1mm。

6. 螺纹的大径和小径

（1）外螺纹　车削普通外螺纹时，刀具的挤压会使螺纹尺寸变大，因此，车螺纹前的外圆柱面直径应比螺纹大径小，如图9-13所示。

螺纹加工前，预留外圆直径　$d_{轴}=d-0.1P$

螺纹小径　$d_1=d-1.3P$

（2）内螺纹　车削普通内螺纹时，刀具的挤压会使螺纹尺寸缩小，因此车螺纹前的内孔直径应大些，如图9-14所示。

车削塑性材料　$D_{孔}=D-P$

车削脆性材料　$D_{孔}=D-1.05P$

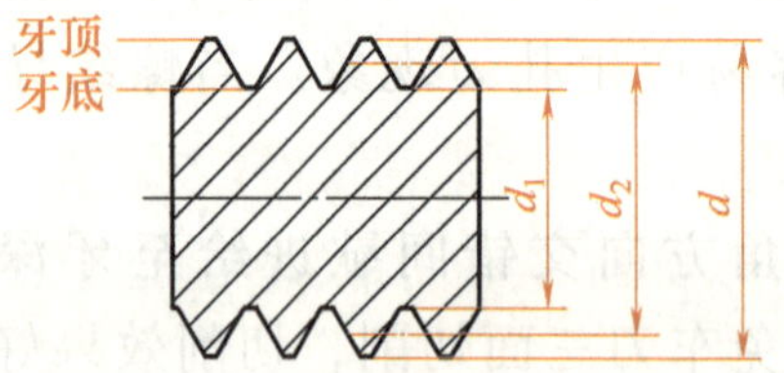

图9-13　外螺纹的大径和小径

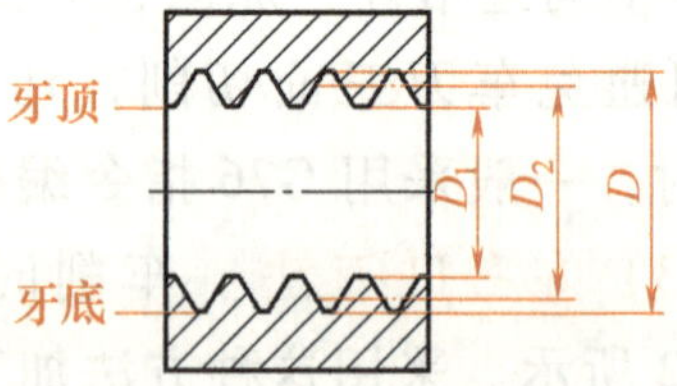

图9-14　内螺纹的牙顶和牙底

7. 螺纹的切入切出量

加工螺纹时，由于增减速的影响，会在螺纹起始端产生“乱牙”现象。为了保证螺纹的质量，加工螺纹时应在两端设置足够的切入切出量，如图9-15所示。切入量δ_1和切出量δ_2的经验取值如下：切入量δ_1一般取2~5mm或2P；切出量δ_2：一般取0.5δ_1。

示例1：如图9-16所示，指出外螺纹的公称直径、预留外圆直径、螺纹小径、切入量δ_1和切出量δ_2。

螺纹大径即公称直径为24mm；螺距P为1.5mm。

预留外圆直径=公称直径$-0.1P=24\text{mm}-0.1\times1.5\text{mm}=23.85\text{mm}$

螺纹小径=公称直径$-1.3P=24\text{mm}-1.3\times1.5\text{mm}=22.05\text{mm}$

切入量$\delta_1=2\sim5\text{mm}$或$2P=3\text{mm}$

切出量$\delta_2=0.5\delta_1=P=1.5\text{mm}$

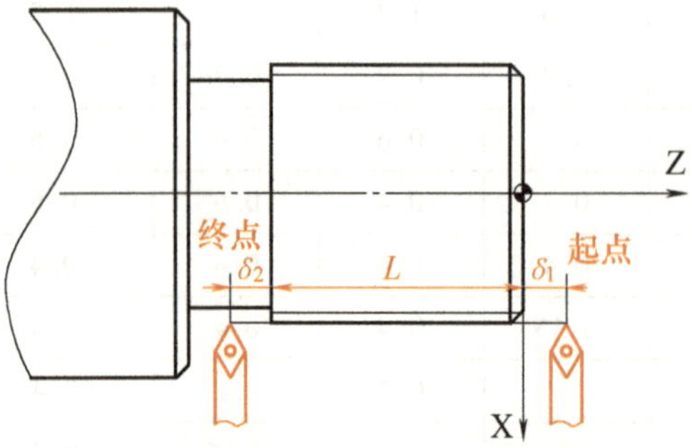

图9-15　螺纹的切入切出量

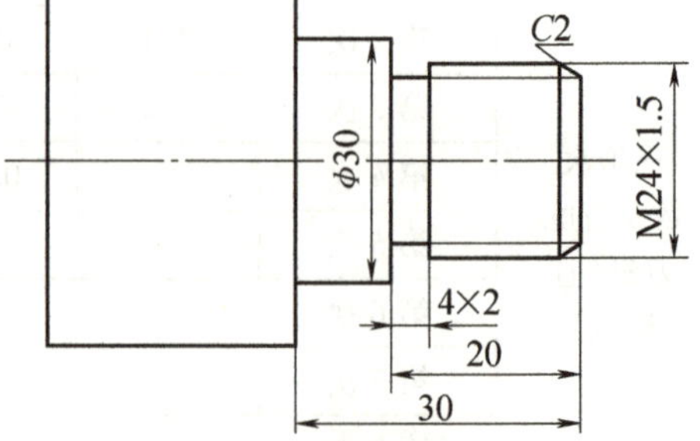

图9-16　外螺纹切削实例

二、螺纹切削指令 G32、 G92

G32、G92 指令

1. 单行程螺纹切削指令 G32

G32 指令的格式如下：

G32 X(U)__ Z(W)__ F__;

说明：

1) X(U)、Z(W) 为螺纹切削终点坐标值。X 省略时为圆柱螺纹切削；Z 省略时为端面螺纹切削；X、Z 均不省略时为圆锥螺纹切削。G32 指令也可加工端面螺纹。

2) G32 指令的轨迹是 A→B，如图 9-17 所示。

3) F 为螺纹导程。

示例 2：用 G32 指令编写图 9-18 所示外螺纹 M30×2 的加工程序，刀具轨迹为 A→B→C→D→A。

```
O9001;
M03 S500;
T0303;
G00 X35 Z4;
G00 X29.1;          A→B
G32 Z-32 F2;        B→C
G00 X35;            C→D
G00 Z4;             D→A
……
```

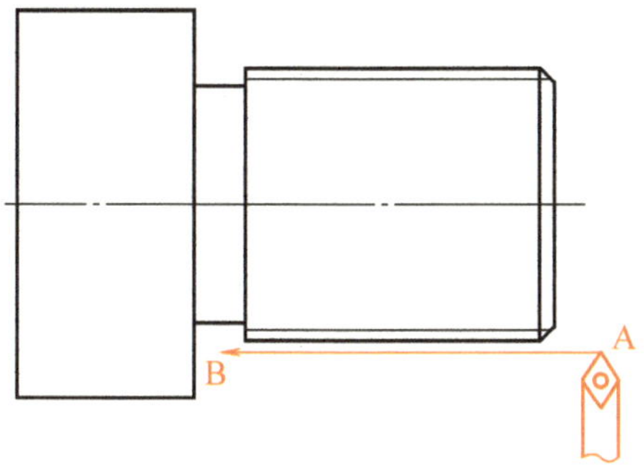

图 9-17 G32 指令轨迹

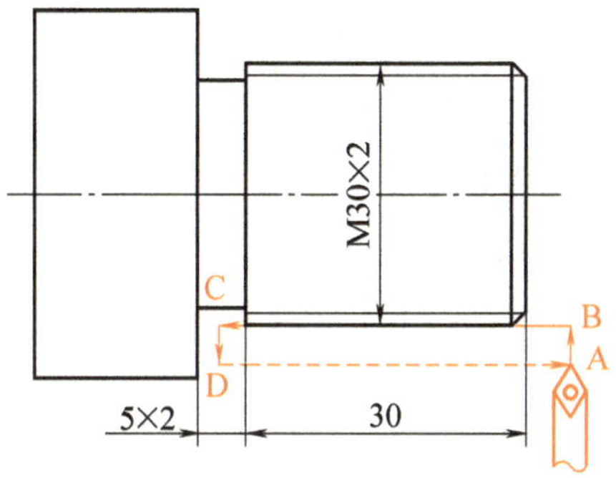

图 9-18 用 G32 指令切削螺纹

2. 螺纹切削单一固定循环指令 G92

车螺纹动画

G92 指令的格式如下：

G92 X(U)__ Z(W)__ R__ F__;

说明：

1) G92 指令能够“以一代四”，大大简化了编程，如图 9-19 所示。

2) X(U)、Z(W) 为螺纹切削终点（对角点）坐标值。

3) R 为半径差，加工圆柱螺纹时，R 为 0；加工圆锥螺纹时，R 为圆锥面起点半径减去终点半径的差值。

4）F 为螺纹导程。

5）螺纹切削循环起点一般取在距离工件外表面 2~5mm 处。

示例 3：用 G92 指令编写图 9-18 所示外螺纹 M30×2 的加工程序，刀具轨迹为 A→B→C→D→A。

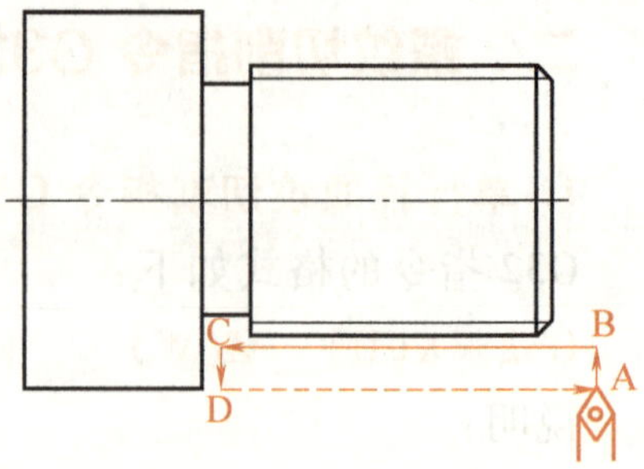

图 9-19　G92 指令的轨迹

```
O9002;
M03 S500;
T0303;
G00 X35 Z4;
G92 X29.1 Z-32 F2;     A→B→C→D→A
……
```

3. 螺纹切削指令 G92 的应用

用 G92 指令编写图 9-20 所示外螺纹的加工程序。

$$螺纹小径=公称直径-1.3P=14mm-1.3\times2mm=11.4mm$$

$$切入量\ \delta_1=2\sim5mm=2P=4mm$$

$$切出量\ \delta_2=0.5\delta_1=P=2mm$$

所以，起刀点坐标为（X16，Z4），终点坐标为（X11.4，Z-13）。

查表可知，螺距为 2mm 的螺纹，分 5 次车削，背吃刀量依次为 0.9mm、0.6mm、0.6mm、0.4mm、0.1mm。

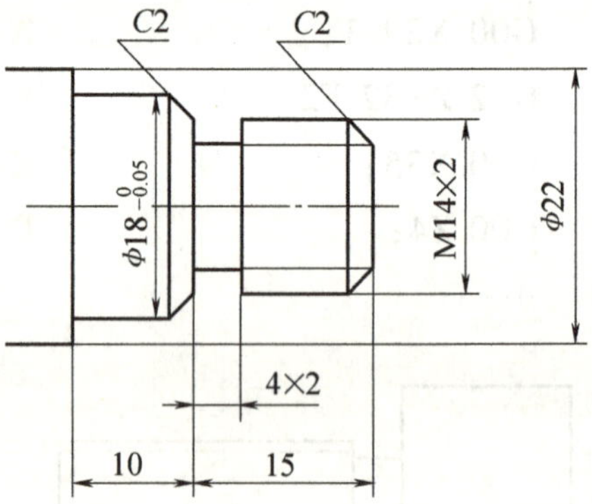

图 9-20　用 G92 指令切削外螺纹

```
O9003;
G99 G97 G40;
M03 S500;
T0303;
G00 X16 Z4;
G92 X13.1 Z-13 F2;
X12.5;
X11.9;
X11.5;
X11.4;
X11.4;
G00 X100 Z100;
```

三、G76 指令的应用

复合螺纹切削指令 G76 用于多次自动循环切削螺纹。它比 G92 指令更简捷，只需要编制一次有关参数，即可加工螺纹。

1. G76 指令的应用范围

G76 指令经常用于加工不带退刀槽的圆柱螺纹和圆锥螺纹，可实现单侧切削刃螺纹切削，背吃刀量逐渐减小，以保护刀具，提高螺纹精度。G76 指令的 10 个参数设置好后，可自动分层完成螺纹车削。

2. G76 指令的编程格式

G76 P(m)(r)(α)　Q(Δd_{min})　R(d)；

G76 X(U)__ Z(W)__ R(i)　P(k)　Q(Δd)　F(L)；

参数说明：

(1) 参数 m　这指精车重复次数，取值范围为 01~99（单位：次），必须输入两位数，一般取 01~03 次。

若 m=03，则精车 3 次：第一刀是精车，第二、第三刀是重复精车，重复精车的切削深度为 0，用于消除切削时的机械应力（让刀）造成的欠切，提高螺纹精度和表面质量，去除牙侧的毛刺，对螺纹的牙型起修光作用。

(2) 参数 r　这指螺纹尾端倒角量，也称螺纹退尾量，取值范围为 00~99，一般取 00~20，必须输入两位数。

如图 9-21 所示，AB→BC 为刀具进给路线，其中 BC 为尾端倒角，45°线，r 为倒角量。螺纹退尾功能可实现无退刀槽螺纹的加工。

(3) 参数 α　这指刀尖角度，即牙型角（相邻两牙之间的夹角），取值为 80°、60°、55°、30°、29°、0°，必须输入两位数。实际螺纹的角度由刀具决定，普通螺纹为 60°，如图 9-22 所示。

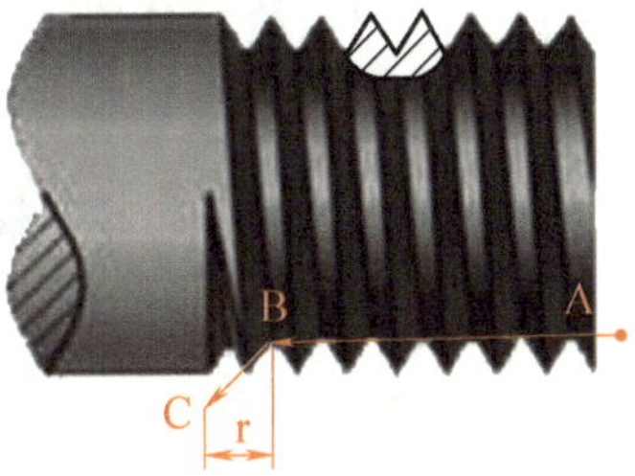

图 9-21　用 G76 指令切削外螺纹

图 9-22　螺纹牙型角 α

(4) 参数 Δd_{min}　这指最小切削深度，单位为 μm，半径值，一般取 50~100μm。

(5) 参数 d　这指精车余量，即螺纹精车的切削深度，半径值，单位为 mm，一般取 50~100μm，如图 9-23 所示。

(6) 坐标 X(U) __ Z(W) __　螺纹终点的绝对坐标或增量坐标，即图 9-24 中的 D 点 。Z 值根据图样可得，外螺纹 X 值即为螺纹小径=公称直径-1.3P，内螺纹 X 值即为公称直径（螺纹大径）。因为螺纹的加工路线为 A→B→C，螺纹尾部会从 B 点倒角到 C 点，所以一般车不到 D 点，D 点为理论值。

(7) 参数 i　这指螺纹锥度值，即螺纹两端半径差，$i=R_s-R_e$，单位为 mm，圆柱螺纹的 i=0，如图 9-25 所示。

(8) 参数 k　这指螺纹高度，半径值，单位为 μm，一般取 0.65P（螺距），如图 9-26 所示。

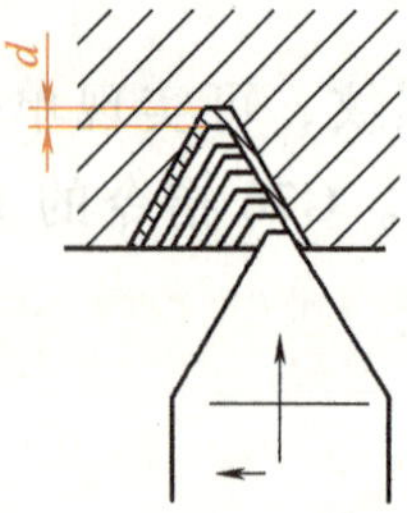

图 9-23　螺纹的精车余量

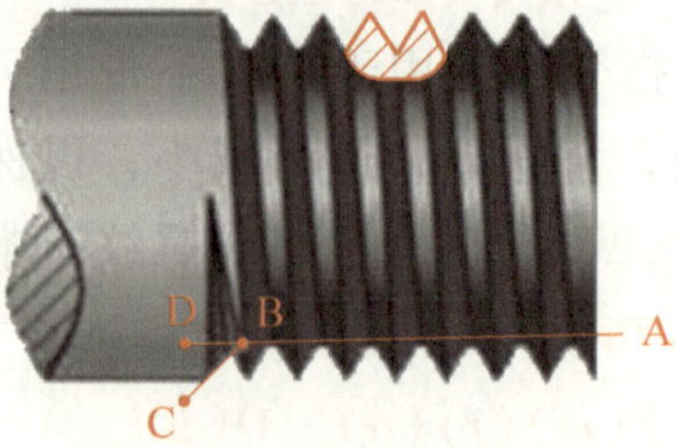

图 9-24　螺纹的终点坐标

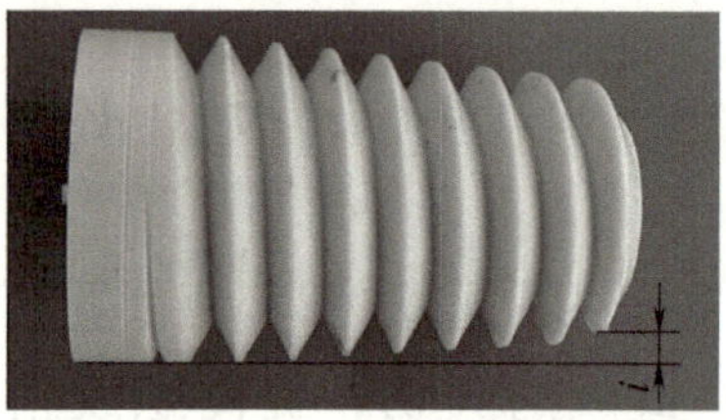

图 9-25　螺纹锥度值

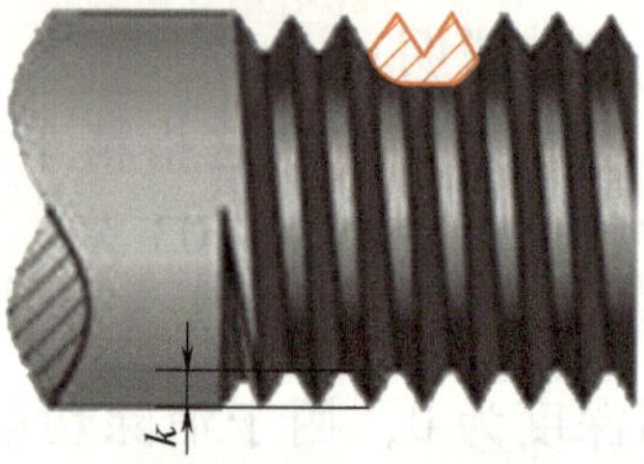

图 9-26　螺纹高度值

（9）参数 Δd　这指第一刀车削深度，半径值，根据机床刚性和螺距大小来取值，一般取 300~800μm，如图 9-27 所示。

（10）参数 Ph　这指螺纹导程，同一条螺旋线上相邻两牙之间的轴向距离，即螺距×螺纹线数，单位为 mm。单线螺纹的导程等于螺距，如图 9-28 所示。

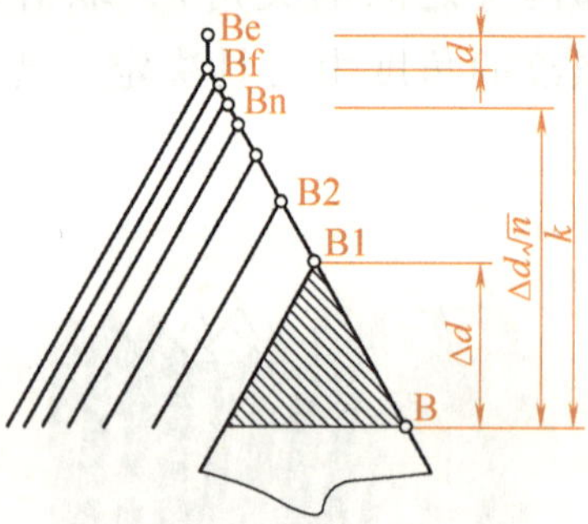

图 9-27　螺纹第一刀车削深度 Δd

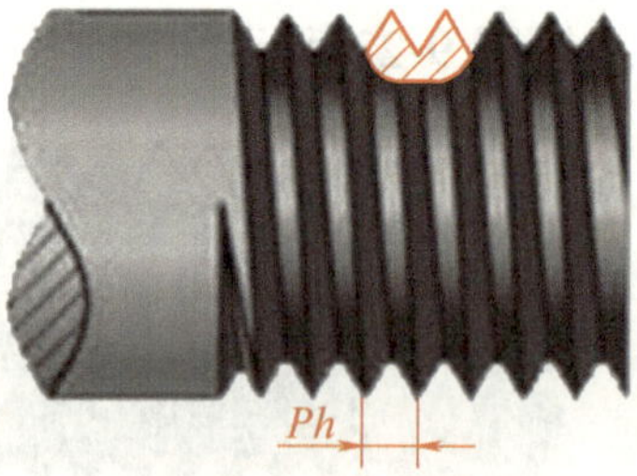

图 9-28　螺纹导程

3. G76 指令的进刀方式

螺纹切削复合循环指令 G76 采用斜进法，车削时，车刀沿牙型角方向斜向间歇进给至牙深处，每个行程中车刀除横向进给外，纵向也要做少量进给。采用这种方法加工螺纹时，可避免车刀三面切削，切削力减小，不容易产生扎刀现象，如图 9-29 和图 9-30 所示。

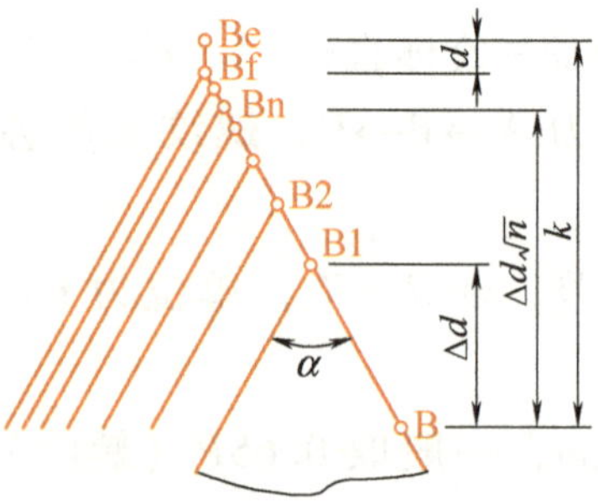

图 9-29　斜进法

图 9-30　单个螺纹沟槽的形成过程

4. G76 指令的切削循环路线

G76 指令的工艺性比较合理，编程效率较高，其切削循环路线如图 9-31 所示。

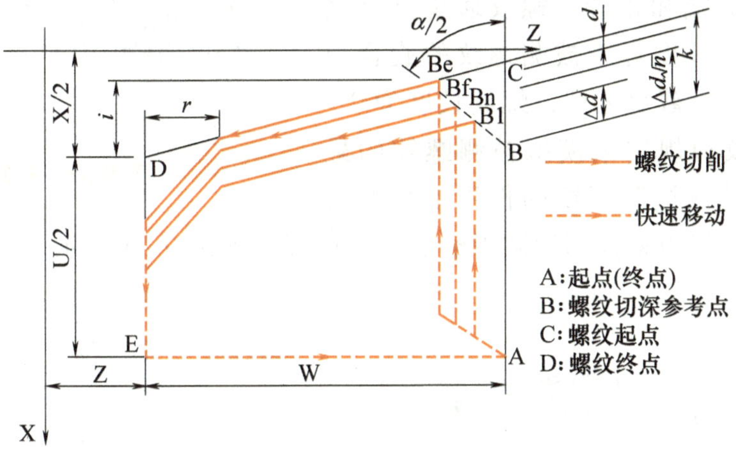

图 9-31　G76 指令的切削循环路线

5. G76 指令编程实例

如图 9-32 所示，运用螺纹切削复合循环指令 G76 编程：精加工次数为 1 次，斜向退刀量为 4mm，刀尖为 60°，最小背吃刀量取 0.1mm，精加工余量取 0.1mm，螺纹高度为 2.4mm，第一次背吃刀量取 0.7mm，螺距为 4mm，螺纹小径为 33.8mm。

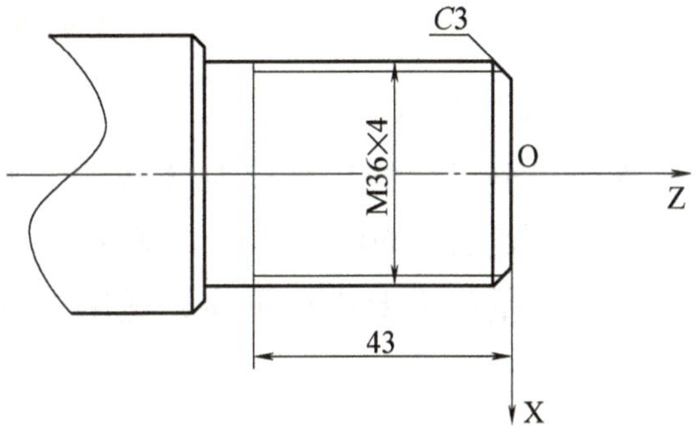

图 9-32　G76 指令编程实例

程序如下：

```
O9004;
T0101;
M03 S500;
G00 X45 Z10;
G76 P011060 Q100 R100;
G76 X33.8 Z-60 R0 P2400 Q700 F4;
G00 X100 Z100;
M05;
M30;
```

【知识拓展】

一、螺纹测量工具

1. 螺距规

螺距规主要用于低精度螺纹工件的螺距和牙型角的检测。螺纹样板的各工作面均不应有锈蚀、碰伤、毛刺以及影响使用或外观质量的其他缺陷。样板与护板的连接应能使样板围绕轴线平滑地转动，不应有卡住或松动现象，如图 9-33 所示。

2. 螺纹量规

图 9-33　螺距规

螺纹量规包括螺纹塞规和螺纹环规。螺纹量规都具有通端和止端。螺纹通规具有完整的牙型，螺纹长度等于被测螺纹的旋合长度；螺纹环规具有截短牙型，螺纹长度为 2~3 个螺距。螺纹通规用来模拟被测螺纹的最大实体牙型，检测被测螺纹的作用中径的实际尺寸；螺纹环规用来检测被测螺纹的单一中径，如图 9-34 所示。

a) 螺纹塞规　　b) 螺纹环规

图 9-34　螺纹量规

3. 螺纹千分尺

螺纹千分尺的标尺标记及读数方式与外径千分尺相同，所不同的是螺纹千分尺附有两套测量头（60°和 55°），适用于不同的牙型角和螺距，如图 9-35 所示，测量头可根据测量的需要进行更换，适用于单一螺纹的加工检测，通用性强。

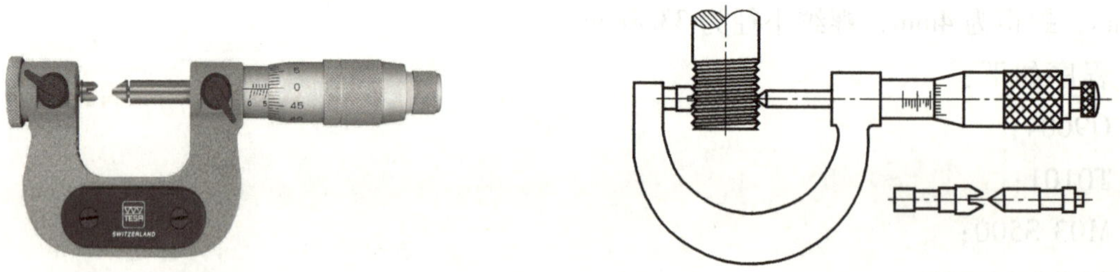

a)　　b)

图 9-35　螺纹千分尺

二、螺纹的测量方法

在实际生产中，经常会涉及螺纹的检测和测量。螺纹的检测方法包括确定某一几何参数量值的单项测量法和对螺纹合格性进行综合检测的综合测量法。

1. 单项测量法

（1）螺距的测量　对于一般精度要求的螺纹，螺距常用游标卡尺和螺距规测量。

如图 9-36 所示，测量螺纹的螺距时，以螺纹样板组中的齿形钢片为样板，卡在被测螺纹工件上，如果不密合，就另外换一片，直到密合为止，这时该螺纹样板上的尺寸即为被测螺纹工件的螺距。应尽可能利用螺纹工作部分的长度，把螺纹样板卡在螺纹牙廓上，使测量结果更为正确。

测量牙型角时，把螺距与被测螺纹工件相同的螺纹样板靠放在被测螺纹上，然后检查它们的接触情况，如果有不均匀间隙的透光现象，说明被测螺纹的牙型不准确。这种测量方法只能粗略判断牙型角的误差情况。

（2）螺纹大径、小径的测量　螺纹的公差较大，一般用游标卡尺和螺纹千分尺测量。

（3）螺纹中径的测量　用螺纹千分尺测量螺纹中径，如图 9-37 所示。测量步骤如下：

1）根据螺距选择相应的测头，安装在千分尺上，并读取零位值。

2）进行 2~3 次测量，保证误差值都在允许的范围内，即为合格产品。

3）使用螺纹千分尺测量，读数方法与外径千分尺相同。

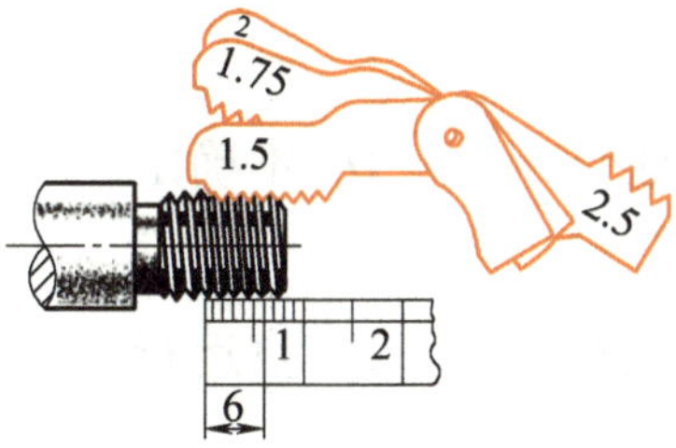

图 9-36　螺距规的测量方法

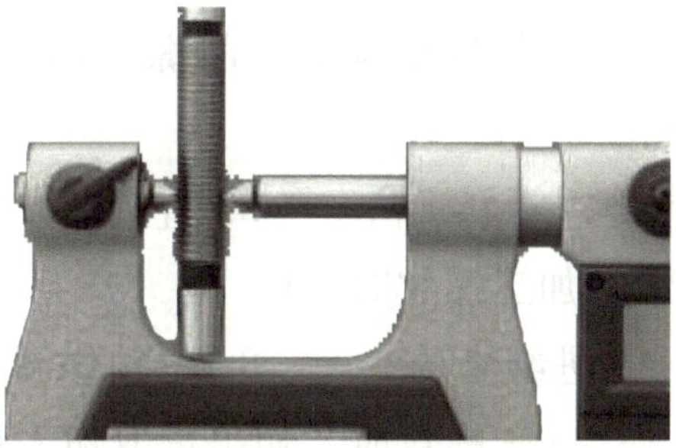

图 9-37　用螺纹千分尺测量螺纹中经

2. 综合测量法

综合测量法主要是用螺纹量规对螺纹进行测量，适用于成批生产的螺纹检测，测量效率较高。测量时，如果被测螺纹能够与螺纹通规自由旋合通过，与螺纹环规不能旋入或者旋合不超过 $2P$，则表明被测螺纹的作用中径没有超出其最大实体牙型的中径。单一中径没有超出其最小实体牙型的中径，表示被测螺纹合格。

【能力提升】

一、单项选择题

1. 同一条螺旋线的螺纹上相邻两牙在中径线上对应两点间的轴向距离，称为（　　）。

A. 螺距　　B. 导程　　C. 线数　　D. 中径

2. 牙型角 α 是在螺纹牙型上相邻（　　）的夹角。

A. 两牙侧间　　B. 两牙之间　　C. 两牙　　D. 两牙间隙

3. 螺纹牙型是通过（　　）上的螺纹的轮廓形状。

A. 轴线剖面　　B. 轴线　　C. 剖面　　D. 截面剖面

4. 数控车床在（　　）指令下工作时，进给修调无效。

A. G03　　B. G32　　C. G96　　D. G00

5. 预制螺纹时，螺纹外圆直径比公称直径小（　　）。

A. 0.1~0.3mm　　B. 0.2~0.4mm　　C. 0.4~0.5mm　　D. 0.5~0.7mm

6. 在程序段“G92　X(U)__ Z(W)__ R __ F __;”中，R 表示（　　）。

A. 圆弧半径　　B. 半径差　　C. 锥度　　D. 螺纹导程

7. 适合对圆柱螺纹和圆锥螺纹进行循环切削，每指定一次，螺纹切削自动进行一个循环的指令是（　　）。

A. G32　　B. G92　　C. G34　　D. G76

8. 在程序段“G32　X(U)__ Z(W)__ F __;”中，F 表示（　　）。

A. 主轴转速　　B. 进给速度　　C. 螺纹导程　　D. 背吃刀量

9. 为了减小螺纹的表面粗糙度值，使用硬质合金螺纹车刀时，最后一刀的背吃刀量不能小于（　　）。

A. 0.05mm　　B. 0.1mm　　C. 0.15mm　　D. 0.09mm

10. 在数控车床上车削螺纹的进刀方式主要有（　　）、斜进法和左右进刀法三种。

A. 左右斜进法　　B. 直进法　　C. 分层法　　D. 不确定

11. 加工螺纹时，（　　）无效。

A. 进给修调　　B. 主轴修调　　C. 单段执行　　D. 空运行

12. 加工螺纹时，切出量取切入量的（　　）。

A. 1 倍　　B. 0.5 倍　　C. 2 倍　　D. 1.5 倍

13. 国家标准规定，米制普通螺纹的牙型角为（　　）。

A. 60°　　B. 35°　　C. 50°　　D. 75°

14. 螺纹量规包括螺纹塞规和（　　）。

A. 螺纹环规　　B. 螺纹通规　　C. 螺纹千分尺

二、判断题

1. 使用焊接式螺纹车刀时，装刀后刀尖角偏斜，易产生螺纹牙型角误差，造成齿形歪斜。（　　）

2. 螺纹车刀伸出过长，加工时会产生振刀，影响螺纹的表面粗糙度值。（　　）

3. 螺纹车削程序段“G92 X41　Z-43　F1.5”是以 1.5mm/min 的进给量加工螺纹的。（　　）

4. 螺纹车刀的刀尖与工件回转中心不等高，这时需要用垫片进行调整。（　　）

5. 螺纹加工的进刀量应不断减小，具体进刀量根据刀具及工件材料进行选择，但最后一次不要小于 0.1mm。（　　）

6. 在螺纹切削过程中，进给速度修调功能和进给暂停功能无效。（　　）

7. 加工螺纹时，由于增减速的影响，会在螺纹起始端产生“乱牙”现象。为了保证螺纹的质量，螺纹加工时应在两端设置足够的切入切出量。（　　）

8. 在对螺纹进行测量时，如果螺纹通规难以拧入，应对螺纹的各个直径尺寸、牙型角和螺距等进行检查，经修正后再用螺纹量规检验。（　　）

三、编写程序

1. 如图 9-38 所示的外螺纹工件，毛坯为 ϕ30mm 的铝棒，请按图样要求合理制订加工工艺，编写加工程序，安全操作数控车床，并保证加工精度和表面质量要求。

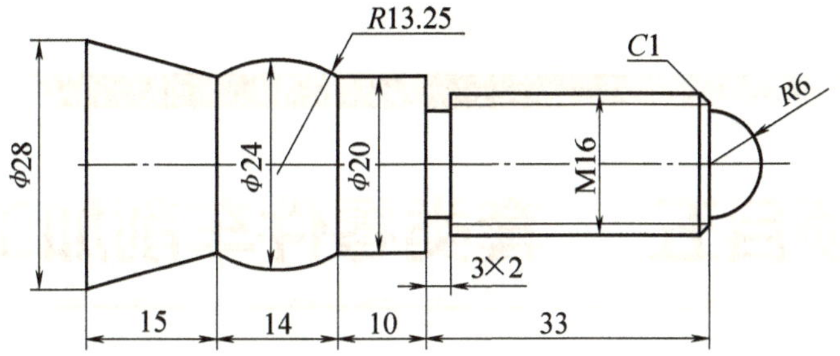

图 9-38　外螺纹切削加工 1

2. 如图 9-39 所示的外螺纹工件，毛坯为 ϕ20mm 的铝棒，请按图样要求合理制订加工工艺，编写加工程序，安全操作数控车床，并保证加工精度和表面质量要求。

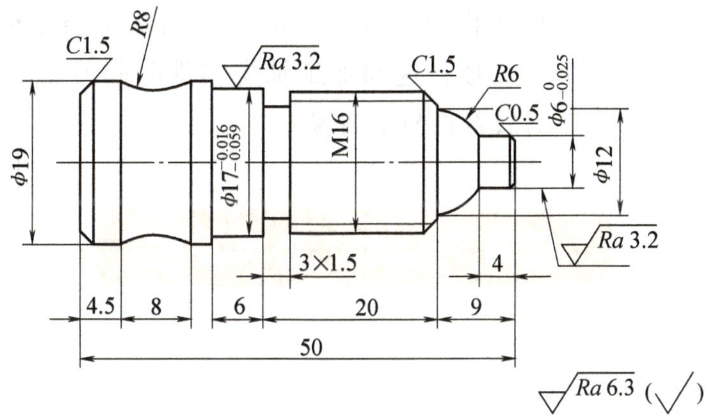

图 9-39　外螺纹切削加工 2

项目五　套类零件车削加工

套类零件和轴类零件一般是配合使用的，加工套类零件常用的车刀是内孔车刀和内螺纹车刀。在用 G71、G73 指令编程时，应注意精加工余量值正负号的选取，加工内孔时起刀点位置应小于孔径，这和加工轴类零件时起刀点位置大于轴径是不同的。另外，本项目还将介绍公差符号的含义。

任务十　加工套类零件

【任务目标】

知识目标

1. 掌握计算钻孔深度的方法。
2. 掌握内孔车刀的对刀方法。
3. 掌握内孔车刀的起刀点位置和终点位置的算法。

技能目标

1. 能够正确制订套类零件的加工工艺。
2. 能够应用 G90 指令编写套类零件的加工程序并完成加工。
3. 能够对套类零件进行检测，并针对加工误差给出处理办法。

素质目标

1. 培养正确使用工具、量具，安全文明生产的意识。
2. 培养遵守车间 6S 管理规定的意识。
3. 培养团结协作的团队意识和精益求精的工匠精神。

【任务引入】

如图 10-1 所示的套类零件，毛坯为 ϕ50mm×60mm 的 2A12 铝棒，请按图样要求合理制订加工工艺，编写加工程序，安全操作数控车床，并保证加工精度和表面质量要求。

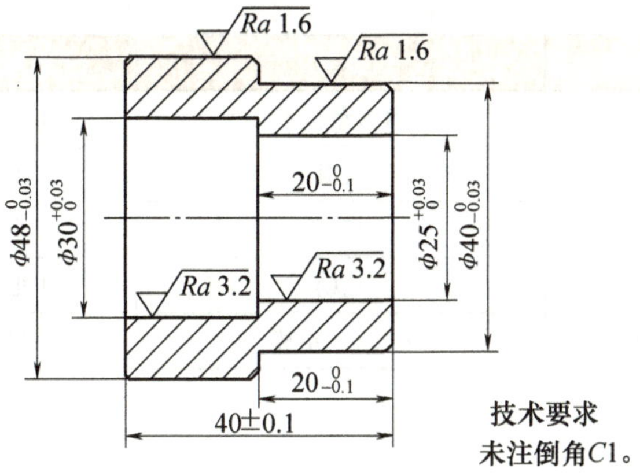

图 10-1　套类零件

【任务分析】

一、分析图样

1. 形状分析

该零件的外形主要由外圆柱面、内圆柱面、倒角等要素构成，而且两端需要加工。

2. 尺寸精度分析

零件尺寸主要是外径尺寸、内径尺寸、长度尺寸和倒角尺寸，其中外径尺寸的公差为$_{-0.03}^{0}$mm，内径尺寸公差为$_{0}^{+0.03}$mm，长度尺寸公差为±0.1mm、$_{-0.1}^{0}$mm。该零件的内、外圆均需要加工，且精度要求较高，需要分两次装夹完成加工，以保证精度。

3. 其他分析

该零件外圆的表面粗糙度值为 $Ra1.6\mu m$，内圆的表面粗糙度值为 $Ra3.2\mu m$，未标注的倒角均为 $C1$，锐边倒钝，零件加工完成后须去除毛刺和飞边。

二、确定实训设备清单

机床、刀具、量具、工具和毛坯清单见表 10-1。

表 10-1　机床、刀具、量具、工具和毛坯清单

序号	实训设备	型号	数量	备注
1	机床	CKA6140 型数控车床	6 台	FUNAC-0i-MATE-TF
2	刀具	95°外圆车刀	1 把	MCLNR2020K12
		4mm 切断刀	1 把	
		内孔车刀	1 把	
		ϕ22mm 钻头	1 把	
3	量具	0～150mm 游标卡尺	1 把	
		25～50mm 外径千分尺	1 把	
		内径千分尺	1 块	

（续）

序号	实训设备	型号	数量	备注
4	工具	内六角扳手	1套	
		卡盘扳手	1把	
		套管	1个	
		毛刷	1把	
5	毛坯	ϕ50mm 铝棒	6根	材料 2A12

【任务实施】

一、制订加工工艺

1. 加工工艺分析

按照零件图要求，工件的内圆和外圆均需加工，已知毛坯长度为 60mm，因此该零件采用两次装夹完成加工，确定加工方案如下。

（1）加工右端

套的加工

钻孔仿真

1）夹持毛坯外圆 ϕ50mm，向外伸出 45mm 左右，找正。

2）车平端面、对刀，设零件右端面中心为编程原点。

3）用 ϕ22mm 钻头钻孔，钻孔深度 45mm。

4）粗车内孔 ϕ25mm 至 ϕ26mm。

5）精车零件内、外轮廓至尺寸要求。

6）粗车外圆 ϕ48mm、ϕ40mm 分别至 ϕ49mm、ϕ41mm，工件总长 45mm。

7）精车外圆至尺寸要求。

8）手动切断工件，保证长度为 41mm 左右。

（2）掉头加工左端

1）掉头，垫铜皮夹持 ϕ40mm 外圆，以 ϕ48mm 外圆台阶面定位，保证工件总长，对刀。

2）粗车内孔 ϕ30mm 至 ϕ31mm。

3）精车内孔至尺寸要求。

2. 刀具及切削用量

根据零件加工工艺，选择一把机夹式外圆车刀完成零件的粗、精加工，刀具卡片见表 10-2。

表 10-2　刀具卡片

刀号	刀具图片	刀片规格	加工内容	背吃刀量/mm	进给量/(mm/r)	主轴转速/(r/min)
T0101	 95°外圆车刀	 CNMG120404	粗车外圆	1	0.15	500

（续）

刀号	刀具图片	刀片规格	加工内容	背吃刀量/mm	进给量/(mm/r)	主轴转速/(r/min)
T0101	 95°外圆车刀	 CNMG120404	精车外圆	0.5	0.1	1000
T0303	 4mm切断口	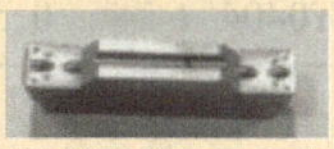 MGMN400-M	切槽	—	0.05	500
T0404	 内孔车刀		车内圆	1	0.1	500
—	 ϕ22mm钻头	—	钻孔	—	0.05	500

3. 加工工艺卡片

根据零件加工工艺和刀具的选用情况，制订加工工艺卡片，见表 10-3。

表 10-3　加工工艺卡片

名称	轴套	零件图号	CK-08	系统	FANUC 0i-TF	材料	2A12
工序简图	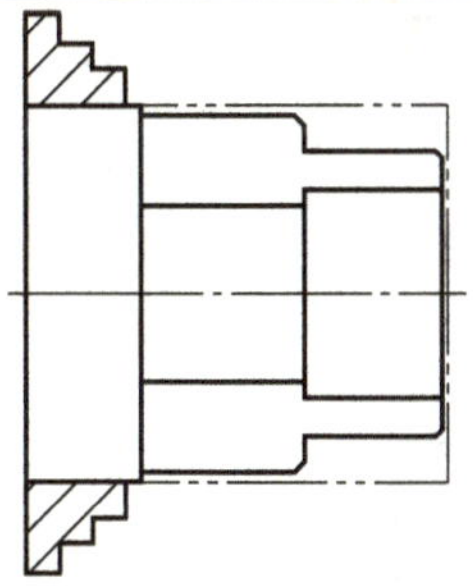 工序1示意图			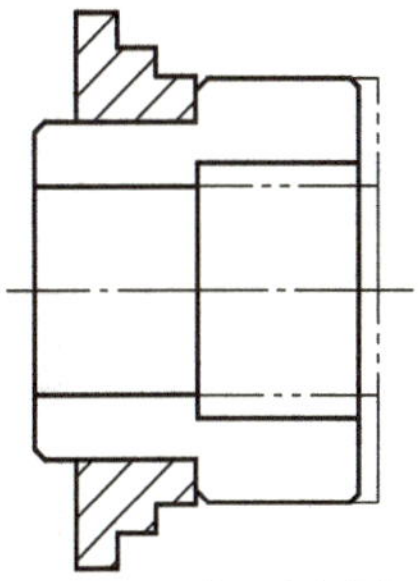 工序2示意图			

工序号	工步	工步内容	刀具	切削用量		
				背吃刀量/mm	进给量/(mm/r)	主轴转速/(r/min)
1	1	车平端面，对刀	T0101	2	0.15	500
	2	钻 ϕ22mm 孔		—	0.1	500
	3	粗车内孔 ϕ25mm	T0404	1	0.15	500
	4	精车内孔 ϕ25mm 至尺寸要求	T0404	1	0.1	1000
	5	粗车外圆 ϕ48mm、ϕ40mm	T0101	2	0.15	500
	6	精车外圆 ϕ48mm、ϕ40mm 至尺寸要求	T0101	1	0.1	1000
	7	手动切断工件，长度为 41mm	T0303	—	0.05	500

（续）

工序号	工步	工步内容	刀具	切削用量		
				背吃刀量/mm	进给量/(mm/r)	主轴转速/(r/min)
2	1	掉头，车平端面，保证工件总长 40mm	T0101	1	0.1	500
	2	粗车 ϕ30mm 内孔	T0404	1	0.15	500
	3	精车 ϕ30mm 内孔至尺寸要求	T0404	0.5	0.1	1000

二、节点计算与编程

1. 建立工件坐标系，确定节点坐标

根据零件图样，图中各编程节点的坐标可以通过标注的尺寸直接读出，零件两端的编程原点和各节点坐标见表 10-4。

表 10-4　编程原点和各节点坐标

加工内容	图示	节点坐标
加工右端内孔	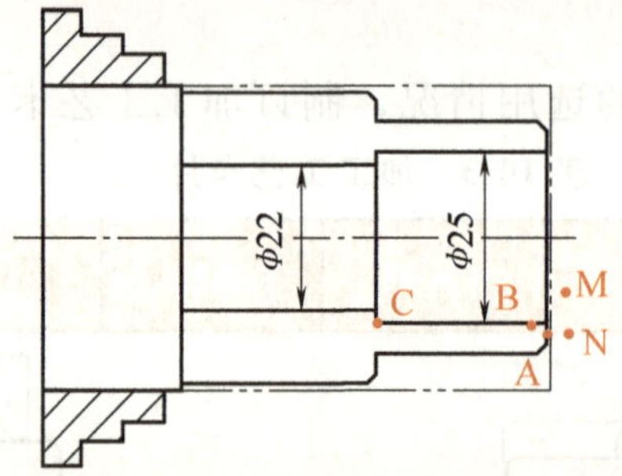	M(20,2) N(27,2) A(27,0) B(25,-1) C(25,-21)
加工外圆	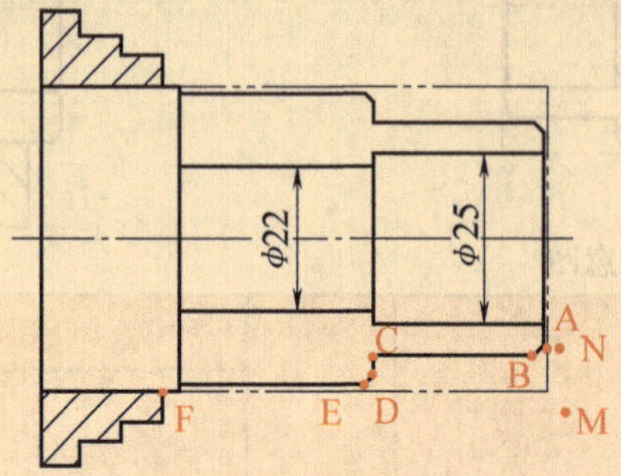	M(52,2) N(38,2) A(38,0) B(40,-1) C(40,-20) D(46,-20) E(48,-21) F(48,-45)
加工左端内孔	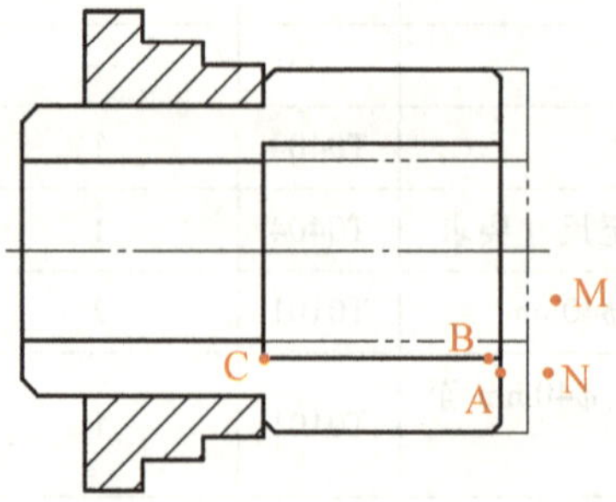	M(20,2) N(32,2) A(32,0) B(30,-1) C(30,-20)

2. 编写加工程序

根据零件的加工工艺及各节点坐标，编写零件的加工程序，见表 10-5~表 10-7。

表 10-5　右端内孔加工程序

程序段号	程序段	说明
N10	O1001；	程序号
N20	G99 G97 G40；	设置进给量 F(单位为 mm/r)，恒转速
N30	T0404；	调用 4 号内孔车刀
N40	M03 S500 M08；	主轴正转，转速为 500r/min，切削液开
N50	G00 X20 Z2；	刀具快速接近工件
N60	G90 X23 Z-21 F0.1；	内孔车刀车削内圆至 ϕ23mm
N70	X24；	内孔车刀车削内圆至 ϕ24mm
N80	G00 X100 Z100；	退刀至 X100 Z100
N90	M05；	主轴停止
N100	M00；	程序暂停，进行中间测量，调整磨耗值
N110	T0404；	调用 4 号内孔车刀
N120	M03 S1000；	主轴提速至 1000r/m
N130	G00 X27；	刀具快速至起刀点
N140	G01 Z0 F0.05；	工步靠近工件
N150	X25 Z-1；	车削 $C1$ 倒角
N160	Z-21；	继续车削 ϕ25mm 内孔至长度 21mm
N170	G00 X20；	X 向退刀至 X20
N180	Z2；	Z 向退刀至端面外 Z2
N190	G00 X100 Z100；	退刀至换刀点
N200	M05 M30 M09；	主轴停转，程序结束，切削液关

孔加工

表 10-6　右端外圆加工程序

程序段号	程序段	说明
N10	O1002；	程序号
N20	G99 G97 G40；	设置进给量 F(单位为 mm/r)，恒转速
N30	T0101；	调用 1 号车刀，同时建立工件坐标系
N40	M03 S500 M08；	主轴正转，转速为 500r/min，切削液开
N50	G00 X52 Z2；	刀具快速接近工件
N60	G71 U1 R0.5； G71 P70 Q130 U0.5 W0 F0.15；	粗车复合循环，粗车 ϕ48mm、ϕ40mm 外圆，保证工件总长 45mm，设置粗车进给量为 0.15mm/r
N70	G42 G00 X38；	加入右刀补，快速移动至起刀点
N80	G01 Z0；	工步靠近工件
N90	X40 Z-1；	车削轴右端 $C1$ 倒角
N100	Z-20；	车削 ϕ40mm 外圆，长度为 20mm

（续）

程序段号	程序段	说明
N110	X48 C1；	车削 ϕ48 外圆端面及倒角 *C*1
N120	Z-45；	车削 ϕ48 外圆，长度为 45mm
N130	G40 G00 X52；	X 向退刀，取消刀补
N140	G00 X100 Z100；	退刀至 X100 Z100
N150	M05；	主轴停止
N160	M00；	程序暂停，进行中间测量，调整磨耗值
N170	T0101；	调用 1 号精车刀
N180	M03 S1000；	主轴正转，转速提高至 1000r/min
N190	G00 X52 Z2；	刀具快速接近工件
N200	G70 P70 Q130 F0.1；	精车复合循环
N210	G00 X100 Z100；	退刀至 X100 Z100
N220	M05 M30 M09；	主轴停转，程序结束，切削液关

表 10-7　左端内孔加工程序

程序段号	程序段	说明
N10	O1003；	程序号
N20	G99 G97 G40；	设置进给量 F（单位为 mm/r），恒转速
N30	T0404；	调用 4 号内孔车刀
N40	M03 S500 M08；	主轴正转，转速 500r/min，切削液开
N50	G00 X20 Z2；	刀具快速接近工件
N60	G90 X23 Z-20 F0.1；	用内孔车刀车削内圆至 ϕ23mm
N70	X24；	用内孔车刀车削内圆至 ϕ24mm
N80	X25；	用内孔车刀车削内圆至 ϕ25mm
N90	X26；	用内孔车刀车削内圆至 ϕ26mm
N100	X27；	用内孔车刀车削内圆至 ϕ27mm
N110	X28；	用内孔车刀车削内圆至 ϕ28mm
N120	X29；	用内孔车刀车削内圆至 ϕ29mm
N130	X29.5；	用内孔车刀车削内圆至 ϕ29.5mm
N140	G00 X100 Z100；	退刀至 X100 Z100
N150	M05；	主轴停止
N160	M00；	程序暂停，进行中间测量，调整磨耗值
N170	T0404；	调用 4 号内孔车刀
N180	M03 S1000；	主轴提速至 1000r/m
N190	G00 X32；	刀具快速至起刀点
N200	G01 Z0 F0.05；	工步靠近工件
N210	X30 Z-1；	车削轴左端 *C*1 倒角
N220	Z-20；	继续车削 ϕ30mm 内孔至长度 20mm

孔加工

（续）

程序段号	程序段	说明
N230	G00 X20;	X 向退刀至 X20
N240	Z2;	Z 向退刀至端面外 Z2
N250	G00 X100 Z100;	退刀至换刀点
N260	M05 M30 M09;	主轴停转,程序结束,切削液关

三、零件加工步骤

（1）加工右端

1）安全生产教育。学习数控车工安全操作规程，检查工装、防护用品是否穿戴整齐。

2）加工前准备。按照工艺卡片准备毛坯、工量、夹具；完成数控车床开机前的安全检查；机床上电，开启系统，返回参考点。

3）装夹毛坯。将工件装夹到卡盘上，保证工件伸出 45mm 左右。

4）安装刀具。对照工艺卡中的刀位号进行安装。

5）试切对刀。车平端面 Z 向对刀，车削外圆 X 向对刀。注意：对刀后要检查对刀结果是否正确，确认正确后再进行加工。

6）钻孔。使用 ϕ22mm 钻头，钻孔深度为 45mm。

7）输入右端孔和外圆加工程序。对照程序单认真检查程序。程序输入完成后，对于有模拟加工功能的机床要进行模拟加工，检查程序是否正确。

8）粗车内孔 ϕ25mm 至 ϕ26mm，长度为 21mm。

9）精车内孔 ϕ25mm 至尺寸要求。

10）换外圆车刀，粗车外圆 ϕ48mm、ϕ40mm 分别至 ϕ49mm、ϕ41mm，保证工件总长 45mm。

11）测量工件，修调刀补参数。根据测量结果进行刀具补偿参数的修调。

12）精车外圆至尺寸要求。

13）手动切断工件，保证长度为 41mm 左右。

（2）掉头加工左端

1）掉头，垫铜皮夹持 ϕ40mm 外圆，以 ϕ48mm 外圆台阶面定位，保证工件总长，对刀。

2）粗车内孔 ϕ30mm 至 ϕ31mm。

3）测量内孔，修调刀补参数，可调整磨耗值保证各尺寸精度。

4）精车内孔至尺寸要求。

5）拆卸工件。

6）机床返回参考点、关机，整理工具、量具，清理机床，填写实训记录单。

四、操作注意事项

1）严格遵守安全操作规程。

2）确保程序的准确性。

3）加工前，确保对刀、程序校验无误后方可加工。

4）加工套类零件时一定要先光整右端面，钻中心孔，再钻孔，以保证钻孔时钻头不晃动。

5）仔细选择与孔径相适应的刀杆直径。

6）选择合适的内孔车刀刀片。

7）内孔车刀对刀时要让刀尖轻轻碰触工件右端面，刚有切屑飞出时即为 Z0，然后沿内孔表面切掉薄薄的一层，测量 X 值并在刀补界面输入，注意要按照原路返回，X 向不能改变位置，否则会造成对刀错误。

8）套类零件的起刀点一定位于工件端面右侧，直径值一定小于圆孔直径，否则容易撞刀，这一点与轴类零件正好相反，轴类零件的起刀点直径值大于轴的直径。

【任务检测】

小组成员分工检测零件，并将检测结果填入表 10-8 中。

表 10-8　零件检测表

序号	加工内容		配分		自检	互检	师检	最终得分
1	工艺准备（20 分）	编写加工工艺	10					
		编写程序	10					
2	零件加工（60 分）		IT	Ra				
		$\phi48_{-0.03}^{0}$ mm	5	2				
		$\phi40_{-0.03}^{0}$ mm	5	2				
		$\phi30_{0}^{+0.03}$ mm	5	2				
		$\phi25_{0}^{+0.03}$ mm	5	2				
		$\phi20_{-0.1}^{0}$ mm	5	2				
		(40±0.1) mm	5	2				
		倒角 *C*1	4	4				
		安全操作，文明生产	10（违规视情节轻重扣 1~10 分）					
3	外观检测（20 分）	车削面的表面质量	5					
		锐边倒钝	5					
		去毛刺	10					
		其他项目	一般按照 GB/T 1804-m，有明显缺陷倒扣 2~10 分					
合计（总分）			100		机床编号			

【任务评定】

1. 任务评价

综合评价表见表 10-9。

表 10-9　综合评价表

项目	出勤（10 分）	课堂纪律（10 分）	零件加工（60 分）	职业素养（20 分）	综合成绩
个人评价（20%）					
小组评价（30%）					
教师评价（50%）					
综合得分					

2. 任务鉴定

实训鉴定表见表 10-10。

表 10-10　实训鉴定表

自我鉴定	你在本任务中学习了哪些新的知识和技能？加工过程中出现了哪些问题？你是如何解决的？ 学生签名：__________ _____年_____月_____日
教师鉴定	对本学生的最终鉴定（优秀、良好、一般、差）： 指导教师签名：__________ _______年_____月_____日

【知识链接】

一、内轮廓零件孔径尺寸的测量

测量孔径尺寸时，应根据零件的尺寸、数量及精度要求，选用相应的量具进行测量。如果孔的精度要求较低，可使用钢直尺、游标卡尺测量。当精度要求较高时，可使用以下几种工具测量。

1. 塞规

在成批生产中，为了测量方便，常用塞规测量孔径。塞规由通端、止端和手柄组成。通端的尺寸等于孔的上极限尺寸，止端的尺寸等于孔下极限尺寸。为了明显地区别通端与止端，止端长度要比通端长度小一些。测量时，通端通过，而止端不能通过，说明尺寸合格，如图 10-2 所示。

测量不通孔的塞规应在外圆上沿轴向开有排气槽。使用塞规时，应尽可能使塞规与被测零件的温度一致，不要在零件还未冷却到室温时就进行测量。测量内孔时，不可硬塞强行通过，一般靠塞规自身重力自由通过，测量时塞规轴线应与孔中心线一致，不可歪斜。

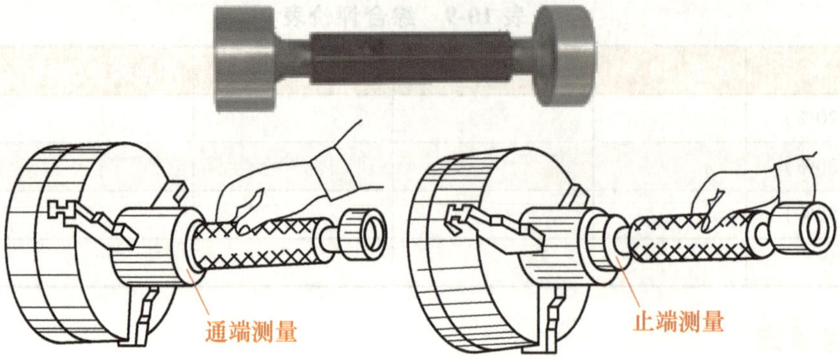

图 10-2　塞规及其使用方法

2. 内径千分尺

内径千分尺可用于测量孔径。如图 10-3 所示，内径千分尺由测头和各种尺寸的接长杆组成，其测量范围为 50~2000mm，分度值为 0.01mm。每根接长杆上都注有公称尺寸和编号，可按需要选用。内径千分尺的读数方法和外径千分尺相同。但内径千分尺上无测力装置，测量误差较大。

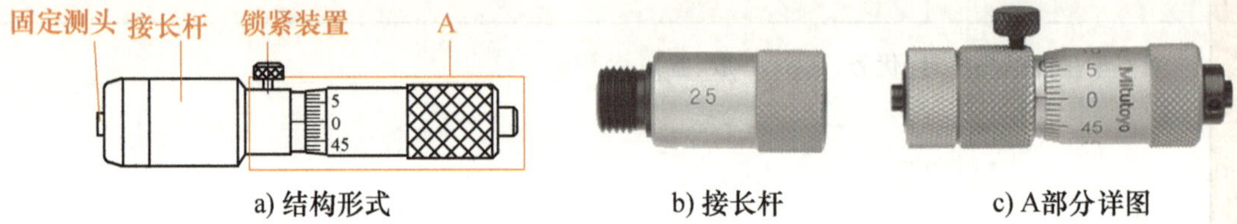

图 10-3　内径千分尺

3. 内测千分尺

内测千分尺是内径千分尺的一种特殊形式，这种千分尺的标尺标记方向与外径千分尺相反，当顺时针方向旋转微分筒时，活动测量爪向右移动，测量值增大，可用于测量 $\phi 5 \sim \phi 30$mm 的孔径，如图 10-4 所示。内测千分尺的分度值为 0.01mm，其使用方法与使用游标卡尺的内、外测量爪测量内径尺寸的方法相同。由于结构设计方面的原因，其测量精度低于其他类型的千分尺。

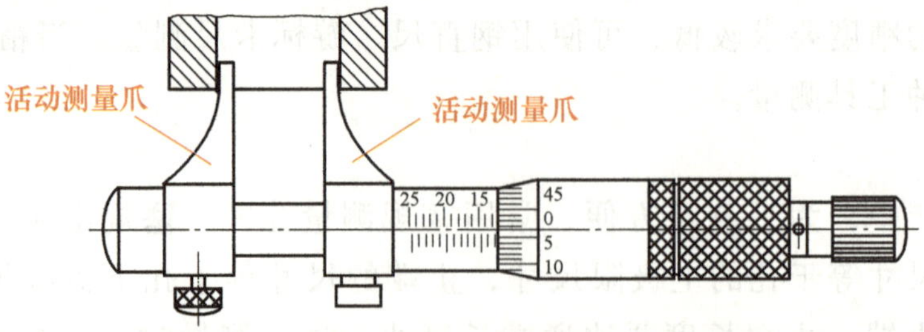

图 10-4　内测千分尺

4. 内径百分表

内径百分表用于测量圆柱孔，它有成套的可调测量头，使用前必须先进行组合和校准零位。内径百分表的分度值为 0.01mm，其测量范围是由可换测头来确定的，有 10~18mm、18~35mm、35~50mm、50~100mm、100~160mm 等七种，图 10-5 所示。

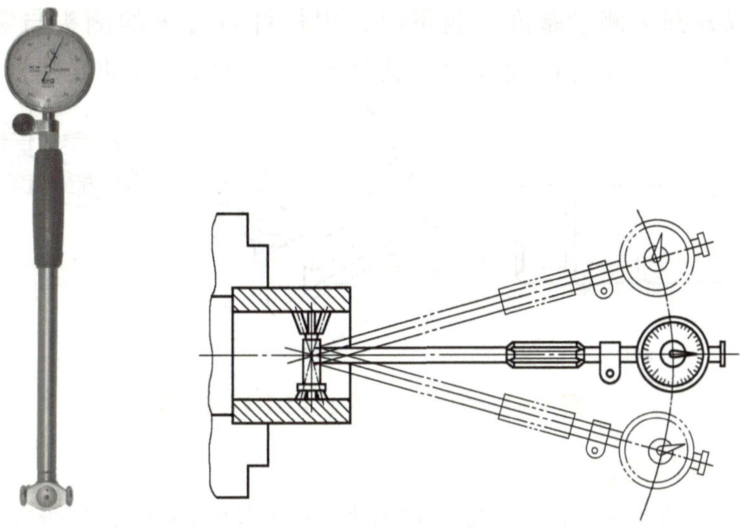

图 10-5　内径百分表及其使用方法

二、形状误差的测量

在车床上加工圆柱孔时，其形状精度一般只测量圆度误差和圆柱度误差。

1. 孔的圆度误差的测量

孔的圆度误差可用内径百分表或内径千分表测量。测量前，应先用环规或外径千分尺将内径百分表校准到零位，将测量头放入孔内，在各个方向上测量，在测量截面内取最大值与最小值之差的一半即为单个截面上的圆度误差。按上述方法测量若干个截面，取其中最大的误差作为该圆柱孔的圆度误差。

2. 孔的圆柱度误差的测量

孔的圆柱度误差可用内径百分表在孔的全长上的前、中、后部位各测量几个截面。比较各个截面测量出的最大值与最小值，然后取其最大值与最小值误差的一半即为孔全长的圆柱度误差。

三、位置误差的测量

套类零件的位置精度要求有径向圆跳动、轴向圆跳动、端面对轴线的垂直度及同轴度等。

1. 径向圆跳动的测量

一般的套类零件用内孔作为测量基准，把零件套在精度很高的心轴上，再将心轴安装在两顶尖之间，用百分表检测零件外圆柱面，在零件上转一周后，百分表所得的最大读数差即为该测量面的径向圆跳动误差，取各截面上测量的跳动量中最大值，即为该零件的径向圆跳动误差，如图 10-6 所示。

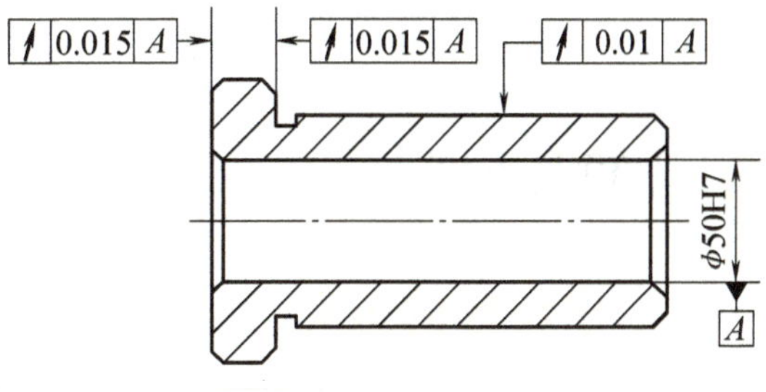

图 10-6　外圆柱面径向圆跳动的测量

对于外形简单而内部形状复杂的套类零件，当不便安装在心轴上测量径向圆跳动时，可以把零件放在 V 形架上并作轴向限位，零件以外圆为测量基准。测量时，用杠杆百分表的测头与零件内孔表面接触，零件转一周，百分表的最大读数差就是零件的径向圆跳动误差，如图 10-7 所示。

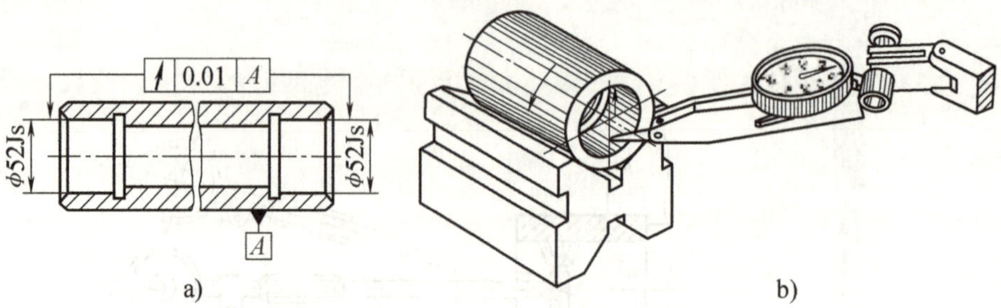

图 10-7　内圆柱面径向圆跳动的测量

2. 轴向圆跳动的测量方法

测量套类零件的轴向圆跳动时，将杠杆百分表的测头靠在所需测量的端面上，零件转一周，百分表的最大读数即为该直径测量面上的轴向圆跳动，按上述方法在若干个直径处进行测量，其跳动量的最大值即为该零件的轴向圆跳动误差，如图 10-8 所示。

3. 端面对轴线垂直度误差的测量

如前所述，轴向圆跳动与端面对轴线的垂直度是两个不同的概念，不能简单地用轴向圆跳动来评定端面对轴线的垂直度。因此，测量端面垂直度误差时，首先要测量轴向圆跳动是否合格，如果合格，再测量端面对轴线的垂直度误差。对于精度要求较低的零件，可用刀口形直尺或游标卡尺尺身侧面进行透光检查；对于精度要求较高的零件，当轴向圆跳动合格时，把零件安装在 V 形架 1 的小锥度心轴 3 上，并一同放在精度很高的平板上，测量时，将杠杆百分表 4 的测头从端面的最内一点沿径向向外拉出，百分表指示表的读数差就是端面对内孔中心线的垂直度误差，如图 10-9 所示。

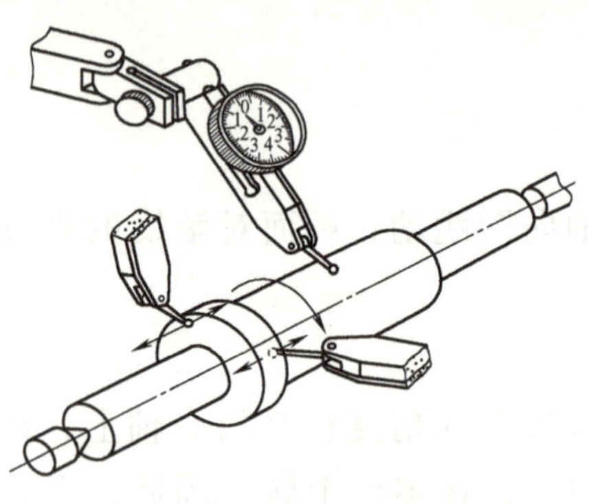

图 10-8　轴向圆跳动的测量

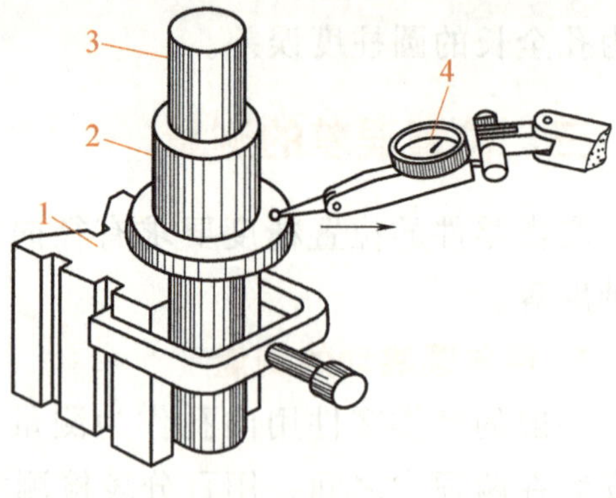

图 10-9　端面对轴线垂直度误差的测量

1—V 形架　2—零件　3—锥度心轴　4—杠杆百分表

【知识拓展】

一、子程序的定义

在编制加工程序中，有时会遇到一组程序段在一个程序中多次出现，或者在几个程序中都要使用它的情况。这个典型的加工程序可以做成固定程序，并单独加以命名，这组程序段称为子程序。

1）子程序一般不可以作为独立的加工程序使用，只能通过主程序进行调用，实现加工中的局部动作。

2）子程序结束后，能自动返回调用它的主程序中。

二、子程序的格式

子程序和主程序在程序号及程序内容方面基本相同，仅结束标记不同。主程序用 M02 或 M30 表示结束，而子程序在 FANUC 系统中则用 M99 表示结束，并实现自动返回主程序的功能，如下述子程序。

O0401；

G01 U-1.0 W0；

……

G28 U0 W0；

M99；

三、子程序的调用

1. 子程序的格式

在 FANUC 0 系列的系统中，子程序的调用可通过辅助功能指令 M98 实现，同时在调用格式中将子程序的程序号地址改为 P。常用的子程序调用格式有两种。

（1）格式一　M98 P×××× L××××；

例 1：M98 P100 L5；

例 2：M98 P100；

其中，地址 P 后面的 4 位数字为子程序号；地址 L 后面的数字表示重复调用的次数。子程序号及调用次数前的 0 可省略不写；如果只调用子程序一次，则地址 L 及其后的数字可省略。上述例 1 表示调用 O100 子程序 5 次，而例 2 表示调用子程序 1 次。

（2）格式二　M98 P××××××××；

例 3：M98 P50010；

例 4：M98 P510；

在地址 P 后面的 8 位数字中，前 4 位表示调用次数，后 4 位表示子程序号，采用这种调用格式时，调用次数前的 0 可以省略不写，但子程序号前的 0 不可省略。上述例 3 表示调用 O10 子程序 5 次，而例 4 则表示调用 O510 子程序 1 次。

在实际生产中，有一些零件的毛坯为铸件、锻件，这些零件的轮廓往往是凹凸形状的。前面讲的 G71 指令用于加工棒料毛坯的轮廓递增或递减的零件，不能加工凹凸形状的零件，那么应该用什么指令进行加工呢？

2. 子程序的执行过程

主程序：	子程序：
O0402;	
N10……;	O0100;
N20 M98 P0100;	……
N30……;	M99;
……	
……	O0200;
N60 M98 P0200 L2;	……
……	M99;
N100 M30;	

四、子程序的嵌套

为了进一步简化加工程序，允许子程序再调用另一个子程序，这一功能称为子程序的嵌套，FANUC 0 系统最多只允许 4 级子程序嵌套，如图 10-10 所示。

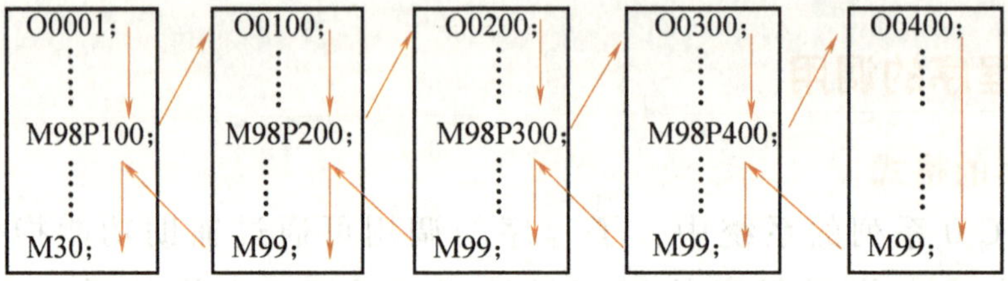

a) 主程序　b) 一级嵌套　c) 二级嵌套　d) 三级嵌套　e) 四级嵌套

图 10-10　子程序的嵌套

五、子程序调用的特殊用法

1. 子程序返回主程序中的某一程序段

如果在子程序的返回指令中加上 Pn 指令，则子程序在返回主程序时，将返回主程序中段号为 n 的那个程序段，而不直接返回主程序。其程序格式如下：

M99 Pn;

M99 P100;（返回 N100 程序段）

2. 自动返回程序开始段

如果在主程序中执行 M99 指令，则程序将返回主程序的开始程序段并继续执行主程序。也可以在主程序中插入“M99 Pn;”，用于返回指定的程序段。为了执行后面的程序，通常在该指令前加“/”，以便在不需要返回执行时，跳过该程序段。

3. 强制改变子程序重复执行的次数

用“M99 L××”指令可强制改变子程序重复执行的次数，其中“L××”表示子程序调用的次数。例如，如果主程序用“M98 P××L99”，而子程序采用“M99 L2”返回，则子程序重复执行的次数为 2 次。

六、编写子程序时的注意事项

1）在编写子程序的过程中，最好采用增量坐标方式进行编程，以避免失误。

2）刀尖圆弧半径补偿模式中的程序不能有被分隔指令。

```
O1;（主程序）          O2;（子程序）
G91……;                ……;
G41……;                M99;
M98 P2;
G40……;
M30;
```

在一些系统中，如果出现这种刀尖圆弧半径补偿被分隔指令的程序，则程序运行过程中可能出现系统报警。

正确的书写格式如下：

```
O1;（主程序）          O2;（子程序）
G91……;                G41……;
……;                   ……;
M98 P2;                G40……;
M30;                   M99;
```

七、子程序编程示例

如图 10-11 所示的零件，试用子程序调用 M98/M99 指令编写零件上三处外圆切槽的加工程序，已知刀头宽 4mm。

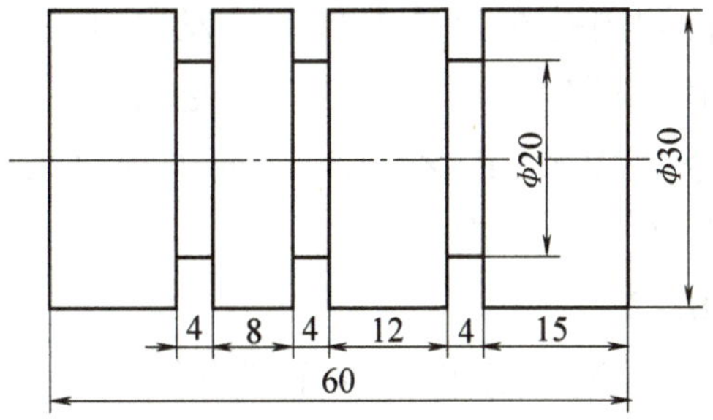

图 10-11　子程序切槽示例零件

```
O0001;（主程序）       O5001;（子程序）
G99 G40 G21;           G01 X20 F0.1;
M03 S400 ;             G04 X1;
T0202;                 G01 X31 F1.0;
G00 X31 Z-19 ;         M99;
M98 P5001;
G00 W-16;
M98 P5001;
```

```
G00 W-12;
M98 P5001;
G00 X100 Z100;
M05;
M30;
```

【能力提升】

一、单项选择题

1. 圆柱度误差属于（　　）误差。

A. 形状　　B. 位置　　C. 尺寸　　D. 机床

2. 内径千分尺的分度值为（　　）mm。

A. 0.1　　B. 0.02　　C. 0.01　　D. 0.001

3. 在成批生产中，为了测量方便，常用（　　）测量孔径。

A. 游标卡尺　　B. 内径千分尺　　C. 内测千分尺　　D. 塞规

4. 在零件加工过程中，根据测量结果，修改（　　），继续运行精车内孔程序段，直至尺寸达到要求为止。

A. 程序　　B. 磨耗值　　C. 尺寸　　D. 公差

5. 控制孔径尺寸时，刀具磨损量的设置、修改与外圆加工时（　　）。

A. 相同　　B. 相反　　C. 两者没有关系　　D. 无法确定

6. 加工内孔时要考虑 X 轴退刀距离不能太大，一般取（　　）mm，以防止刀背面碰撞工件。

A. 0.1~0.5　　B. 1~1.5　　C. 1.5~2　　D. 2~2.5

7. 车内孔前，应先检测内孔车刀是否与工件发生（　　）。

A. 干涉　　B. 位移　　C. 变化　　D. 联动

8. 如果主程序用指令“M98　P××　L5”，而子程序采用“M99　L2”返回，则子程序重复执行的次数为（　　）次。

A. 1　　B. 2　　C. 5　　D. 3

9. 以下代码中，作为 FANUC 系统子程序结束代码的是（　　）。

A. M30　　B. M02　　C. M17　　D. M99

10. FANUC 0 系统中的子程序允许（　　）级嵌套。

A. 1　　B. 2　　C. 4　　D. 6

11. 如下程序执行结束后，刀位点在工件坐标系中的 Z 坐标值为（　　）。

O1;(主程序)	O2;(子程序)
……;	G01 W-2.0 F0.1;
G00 X30.0 Z-10.0;	U-5.0;
M98 P50002;	U5.0;
G00 X100.0;	M99;
M30;	

A. −20.0　　B. 20.0　　C. −10.0　　D. −14.0

12. 程序段（　　）表示调用子程序 O0030 重复执行 10 次。

A. M98 P0010 L0030　　B. M98 P1030

C. M98 P300010　　D. M98 P100030

13. 子程序调用不能实现的功能是（　　）。

A. 调用主程序

B. 自动返回程序开始段

C. 强制改变子程序重复执行的次数

D. 返回主程序中的某一程序段

二、判断题

1. 子程序一般不可以作为独立的加工程序使用，它只能通过主程序进行调用，实现加工中的局部动作。（　　）

2. 在 FANUC 系统中，指令 M02 既是主程序结束的标记，也是子程序结束的标记。（　　）

3. FANUC 系统指令“M98 P L__;”中省略了“L__”，表示调用子程序一次。（　　）

4. 在编写子程序的过程中，最好采用增量坐标方式进行编程，以避免失误。（　　）

5. 主程序的刀尖圆弧补偿模式中不能调用子程序。（　　）

6. 数控车床子程序中不能使用刀尖圆弧半径补偿。（　　）

三、编写程序

如图 10-12 所示的套类零件，毛坯为 ϕ50mm×45mm 的 45 钢棒料，请按图样要求合理制订加工工艺，编写加工程序，安全操作数控车床，并保证加工精度和表面质量要求。

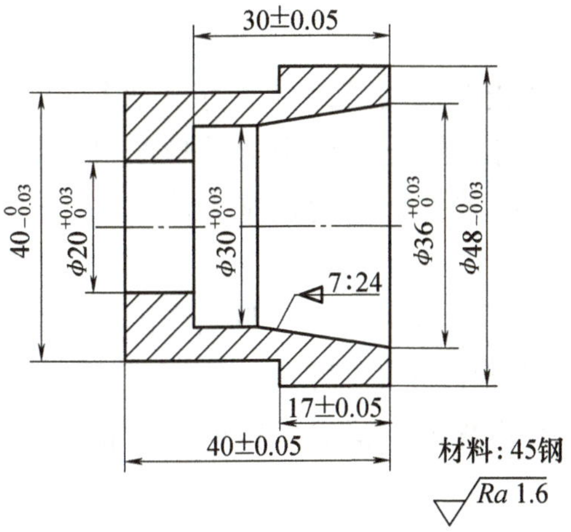

图 10-12　套类零件加工

项目六　螺纹配合件车削加工

内、外螺纹的配合起到了连接、紧固、传动的作用，螺纹配合件的加工要控制内、外螺纹的加工精度，注意背吃刀量、切入量、切出量等参数的选取，公差符号的含义，以及公差的控制方法。另外，还要掌握内、外螺纹的检测方法。

任务十一　加工螺纹配合件的外螺纹

【任务目标】

知识目标

1. 掌握外螺纹的大径、小径、背吃刀量、切入量、切出量等的计算方法。
2. 掌握 G92、G76 指令的格式、加工路线及参数的含义。
3. 掌握螺纹配合件中外螺纹的基本加工工艺。

技能目标

1. 能够熟练应用 G92 指令编写外螺纹程序并进行加工。
2. 能够正确使用量具对螺纹配合件中的外螺纹进行检测。
3. 能够给出螺纹配合件零件公差的控制方法。

素质目标

1. 培养正确使用工具、量具，安全文明生产的意识。
2. 培养遵守车间 6S 管理规定的意识。
3. 培养团结协作的团队意识和精益求精的工匠精神。

【任务引入】

图 11-1a 所示为螺纹配合件中的外螺纹零件，毛坯为 ϕ35mm×80mm 的 2A12 铝棒，请按图样要求合理制订加工工艺，编写加工程序，并保证加工精度和表面质量要求。

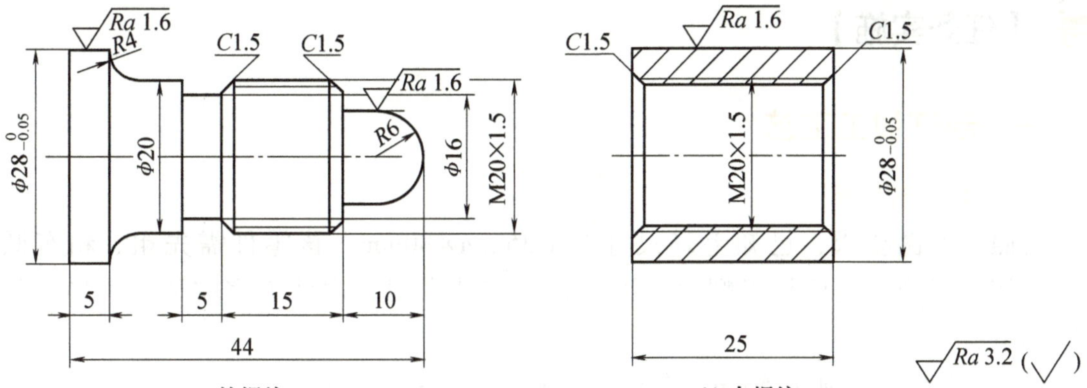

a) 外螺纹　　b) 内螺纹

图 11-1　螺纹配合件

【任务分析】

一、分析图样

1. 形状分析

该零件的外形主要由圆弧轴、槽、外螺纹和倒角等要素构成。

2. 尺寸精度分析

零件尺寸主要是外径尺寸、长度尺寸、螺纹尺寸和倒角尺寸，其中外径尺寸 $\phi28$mm 的公差为 $_{-0.05}^{\ 0}$mm，外螺纹尺寸为 M20×1.5，倒角尺寸为 $C1.5$。

3. 其他分析

该零件的表面粗糙度值为 $Ra1.6\mu m$，其他未标注的表面粗糙度值为 $Ra3.2\mu m$，锐边倒钝，零件加工完成后须去除毛刺和飞边。

二、确定实训设备清单

机床、刀具、量具、工具和毛坯清单见表 11-1。

表 11-1　机床、刀具、量具、工具和毛坯清单

序号	实训设备	型号	数量	备注
1	机床	CKA6140 型数控车床	6 台	FUNAC-0i-MATE-TF
2	刀具	95°外圆车刀	1 把	MCLNR2020K12
		5mm 切槽刀	1 把	
		60°外螺纹车刀	1 把	
3	量具	0~150mm 游标卡尺	1 把	
		M20×1.5 螺纹环规	1 块	
4	工具	内六角扳手	1 套	
		卡盘扳手	1 把	
		套管	1 个	
		毛刷	1 把	
5	毛坯	$\phi35$mm 铝棒	6 根	材料 2A12

【任务实施】

一、制订加工工艺

1. 加工工艺分析

按照零件图要求，已知毛坯尺寸为 ϕ35mm×80mm，该零件需先粗、精车圆弧轴，再切退刀槽，最后加工螺纹。因此，该零件采用一次装夹完成加工，确定加工方案如下：

1）夹持毛坯外圆 ϕ35mm，向外伸出 60mm 左右，找正。

2）车平端面，对刀，设零件右端面中心为编程原点。

3）粗车右端 R6mm 球头，ϕ12mm、ϕ20mm、ϕ28mm 外圆柱面及 R4mm 圆弧倒角。

4）精车零件外轮廓至尺寸要求。

5）车 5mm×2mm 退刀槽。

6）车 M20×1.5 螺纹。

7）切断工件。

外螺纹配合件的加工

2. 刀具及切削用量

根据对零件加工工艺的分析，选择相应的车刀，刀具卡片见表 11-2。

表 11-2　刀具卡片

刀号	刀具图片	刀片规格	加工内容	背吃刀量/mm	进给量/(mm/r)	主轴转速(/r/min)
T0101	 95°外圆车刀	 CNMG120404	粗车	1	0.15	500
T0101	 95°外圆车刀	 CNMG120404	精车	0.5	0.1	1000
T0303	 5mm切槽刀	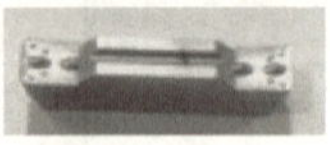 MGWN500-M	切槽		0.05	500
T0404	 60°外螺纹车刀	 外螺纹刀片	车外螺纹	1	2	500

3. 加工工艺卡片

根据零件加工工艺和刀具的选用情况，制订加工工艺卡片，见表 11-3。

表 11-3　加工工艺卡片

名称	螺纹配合件外螺纹轴	零件图号	CK-09	系统	FANUC 0i-TF	材料	2A12
工序简图	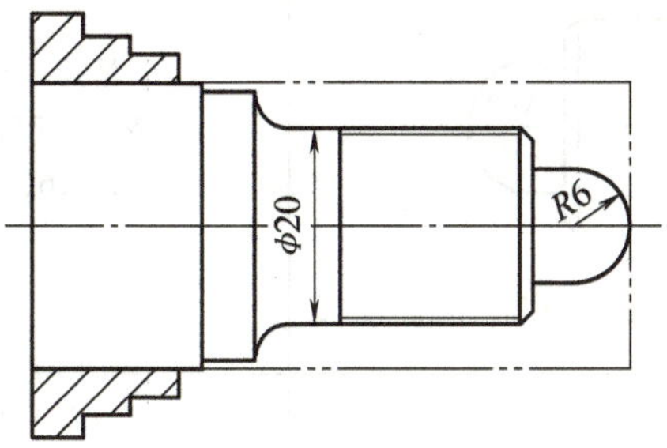 工序1示意图			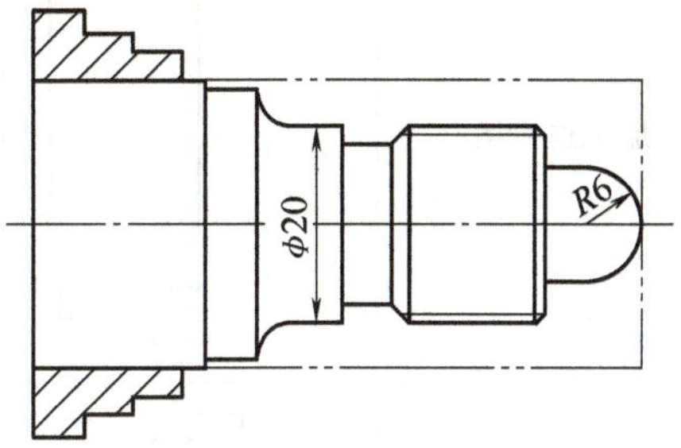 工序2、3示意图			

工序号	工步	工步内容	刀具	切削用量		
				背吃刀量/mm	进给量/(mm/r)	主轴转速/(r/min)
1	1	粗、精车右端面	T0101	2	0.1	500
	2	粗车右端 $R6$mm 球头，$\phi12$mm、$\phi20$mm、$\phi28$mm、外圆柱面及 $R4$mm 圆弧倒角	T0101	2	0.15	500
	3	精车零件外轮廓至尺寸要求	T0101	0.5	0.1	1000
2	1	车 5mm×2mm 退刀槽	T0303	—	0.05	500
3	1	车 M20×1.5 螺纹	T0404	—	2	500
	2	切断工件	T0303	—	0.05	500

二、节点计算与编程

1. 建立工件坐标系，确定节点坐标

根据零件图样，图中各个编程节点的坐标可以通过标注的尺寸直接读出，零件两端的编程原点和各节点坐标见表 11-4。

表 11-4　编程原点和各节点坐标

加工内容	图示	节点坐标
加工圆弧轴	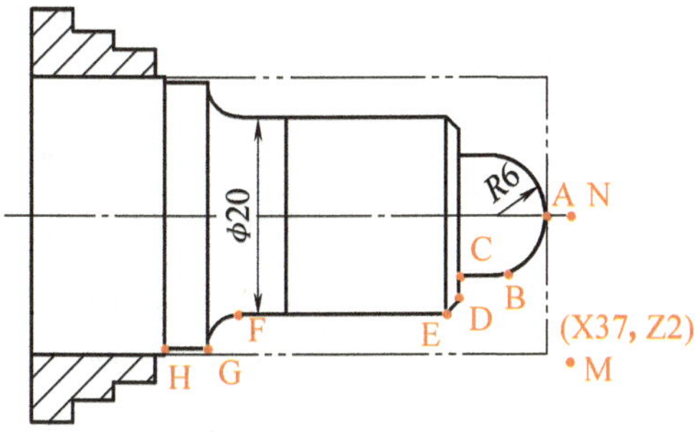	M(37,2) N(0,2) A(0,0) B(12,-6) C(12,-10) D(17,-10) E(19.85,-11.5) F(19.85,-35) G(28,-39) H(28,-44)

（续）

加工内容	图示	节点坐标
加工退刀槽	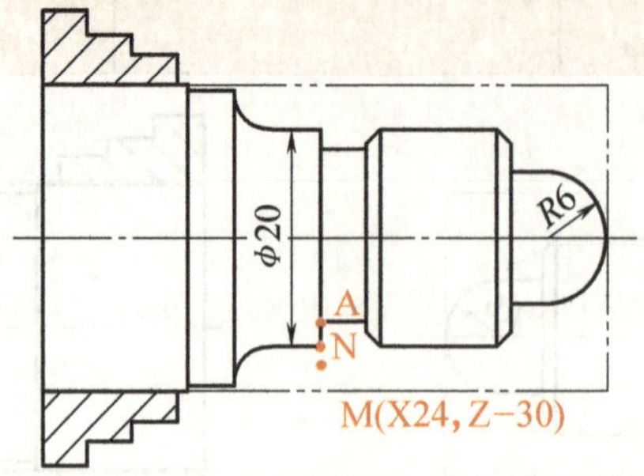	M(24,-30) N(19.85,-30) A(16,-30)
加工外螺纹	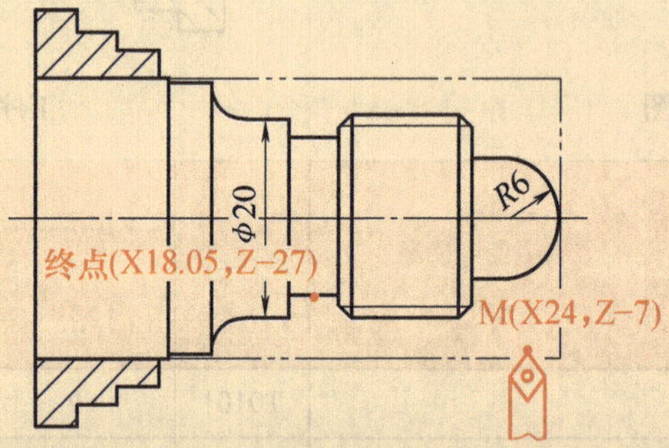	起刀点 M(24,-7), 终点 (18.05,-27) 切削层 X 坐标: 19.2, 18.6, 18.2, 18.05

2. 编写加工程序

根据零件的加工工艺及各节点坐标，编写零件的圆弧轴加工程序、切槽加工程序和外螺纹加工程序，见表 11-5~表 11-7。

表 11-5 圆弧轴加工程序

程序段号	程序段	内容说明
N10	O1101;	程序号
N20	G99 G97 G40;	设置进给量 F(单位为 mm/r),恒转速
N30	T0101;	调用 1 号外圆车刀,同时建立工件坐标系
N40	M03 S500 M08;	主轴正转,转速为 500r/min,切削液开
N50	G00 X37 Z2;	刀具快速接近工件
N60	G71 U1 R0.5; G71 P70 Q170 U0.5 W0 F0.15;	粗车复合循环,粗车 ϕ29.8mm、ϕ45mm 外圆,保证工件总长 55mm,设置粗车进给量为 0.15mm/r
N70	G42 G00 X0;	加入右刀补,快速移动至起刀点
N80	G01 Z0;	工步接近工件
N90	G03 X12 Z-6 R6;	车削 R6mm 凸弧轴
N100	G01 Z-10;	车削 ϕ12mm 轴
N110	X19.85 C1.5;	切削 ϕ19.85mm 轴的端面,并倒角 C1.5
N120	Z-30;	切削 ϕ19.85mm 轴,长度为 30mm
N130	X20;	X 向退刀至 ϕ20mm
N140	Z-35;	车削 ϕ20mm 轴
N150	G02 X28 Z-39 R4;	车削 R4mm 凹弧轴
N160	G01 Z-49;	车削 ϕ28mm 轴

（续）

程序段号	程序段	内容说明
N170	G40 G00 X37;	X 向退刀,取消刀补
N180	G00 X100 Z100;	退刀至 X100 Z100
N190	M05;	主轴停止
N200	M00;	程序暂停,进行中间测量,调整磨耗值
N210	T0101;	调用 1 号精车刀
N220	M03 S1000;	主轴正转,转速提高至 1000r/min
N230	G00 X37 Z2;	刀具快速接近工件
N240	G70 P70 Q170 F0.1;	精车复合循环
N250	G00 X100 Z100;	退刀至 X100 Z100
N260	M05 M30 M09;	主轴停转,程序结束,切削液关

表 11-6　切槽加工程序

程序段号	程序内容	内容说明
N01	O1102;	程序号
N10	…	
N120	T0303;	调用 3 号切槽刀
N130	M03 S500;	主轴正转,转速 500r/min
N140	G00 X24 Z-30;	刀具快速到起刀点
N150	G01 X16 F0.1;	直进法切槽
N160	G04 X2;	停顿 2s
N170	G01 X19.85;	返回轴边沿处
N180	W1.5;	右偏 1.5mm
N190	X17 Z-30;	切削 *C*1.5 倒角
N200	X16;	最后垂直切削至 X16 处
N210	G00 X24;	X 向快速退刀
N220	G00 X100 Z100;	退刀至换刀点 X100 Z100
N230	M05;	主轴停转
N240	M30;	程序结束

表 11-7　外螺纹加工程序

程序段号	程序内容	内容说明
N01	O1103;	程序号;
N10	…	
N120	T0404;	调用 4 号外螺纹车刀
N130	M03 S500;	主轴正转,转速为 500r/min
N140	G00 X24 Z-7;	刀具快速到起刀点
N150	G92 X19.2 Z-27 F1.5;	螺纹第一层切削至 19.2mm

外螺纹配合件的仿真加工

（续）

程序段号	程序内容	内容说明
N160	X18.6;	第二层切削至 18.6mm
N170	X18.2;	第三层切削至 18.2mm
N180	X18.05;	第四层切削至 18.05mm
N190	X18.05;	最后一层重复切削，光整螺纹
N200	G00 X100 Z100;	退刀至换刀点 X100 Z100
N210	M05;	主轴停转
N220	M30;	程序结束

三、零件加工步骤

1）安全生产教育。学习数控车工安全操作规程，检查工装、防护用品是否穿戴整齐。

2）加工前准备。按照工艺卡片准备毛坯、工量、夹具；完成数控车床开机前的安全检查；机床上电，开启系统，返回参考点。

3）装夹毛坯。将工件装夹到卡盘上，保证工件伸出 60mm 左右。

4）安装刀具。对照工艺卡中的刀位号进行安装（1 号粗车刀，3 号切槽刀，4 号螺纹车刀）。

5）试切对刀。

① 外圆车刀采用试切对刀。车平端面 Z 向对刀，车削外圆 X 向对刀（注意对刀后要检查对刀结果是否正确，确认正确后再进行加工）。

② 切槽刀对刀。切槽刀左刀尖接触端面 Z 向对刀，接触外圆（有轻微切屑）X 向对刀。

③ 螺纹车刀对刀。螺纹车刀刀尖接触端面 Z 向对刀，接触外圆（外圆柱面出现一条亮线）X 向对刀。

6）输入加工程序。对照程序单认真检查程序。程序输入完成后，对于有模拟加工功能的机床要进行模拟加工，检查程序是否正确。

7）加工。使用自动方式进行加工（也可使用单段方式进行加工）。

8）检测。测量加工部分的尺寸，调整磨耗值，保证各尺寸精度。

9）精加工。精加工外圆柱面。

10）换刀。换切槽刀，车削 5mm×2mm 的槽。

11）退刀。退回换刀点。

12）换刀。换螺纹车刀。

13）进刀。快速到起刀点。

14）车螺纹。用螺纹车刀车螺纹。

15）退刀。退回换刀点。

16）程序结束，主轴停转。

17）检测。用螺纹环规测量螺纹，调整磨耗值，保证各尺寸精度。

18）切断工件。

19）加工后的工作。拆卸工件；整理工具、量具；机床回参考点，关机；清理机床，填写实训记录单。

四、操作注意事项

1）严格遵守安全操作规程，确保程序的准确性。

2）加工前，确保对刀、程序校验无误后方可加工。

3）加工外螺纹时，用螺纹环规检测，通过修改磨耗值的方法调整牙深尺寸，保证内、外螺纹的连接松紧合适。

4）精加工前要暂停机床检测工件尺寸，然后加入磨耗量，确定磨耗值的基本原则是尺寸多了加负值，少了加正值。

5）加工螺纹时，注意起刀点的位置是距离工件右端面2个螺距，因为螺纹加工开始的两个螺距可能是乱牙，退刀时要让出一倍的螺距，螺纹的最后部分也有乱牙现象。

6）加工螺纹配合件时，注意正确、合理地使用通规和环规这两种检测工具。

【任务检测】

小组成员分工检测零件，并将检测结果填入表11-8中。

表11-8 零件检测表

序号	加工内容		配分		自检	互检	师检	最终得分
1	工艺准备（20分）	编写加工工艺	10					
		编写程序	10					
2	零件加工（60分）	$\phi28_{-0.05}^{0}$mm	IT	Ra				
			3	3				
		$\phi20$mm	3	3				
		$R4$mm	3	3				
		$R6$mm	3	3				
		5mm	3	3				
		10mm	2	2				
		15mm	2	2				
		44mm	2	2				
		5mm	2	2				
		M20×1.5	4	—				
		安全操作，文明生产	10（违规视情节轻重扣1~10分）					
3	外观检测（20分）	车削面的表面质量	5					
		锐边倒钝	5					
		去毛刺	10					
		其他项目	一般按照GB/T 1804-m，有明显缺陷倒扣2~10分					
合计（总分）			100		机床编号			

【任务评定】

1. 任务评价

综合评价表见表11-9。

表11-9 综合评价表

项目	出勤(10分)	课堂纪律(10分)	零件加工(60分)	职业素养(20分)	综合成绩
个人评价(20%)					
小组评价(30%)					
教师评价(50%)					
综合得分					

2. 任务鉴定

实训鉴定表见表11-10。

表11-10 实训鉴定表

自我鉴定	你在本任务中学习了哪些新的知识和技能？加工过程中出现了哪些问题？你是如何解决的？ 学生签名：______ ____年____月____日
教师鉴定	对本学生的最终鉴定（优秀、良好、一般、差）： 指导教师签名：______ ____年____月____日

【知识链接】

一、数控宏程序编程

数控系统只能进行直线和圆弧的插补运算，针对非圆曲面，如椭圆、抛物线、双曲线、正余弦曲线等的加工中，一般的G指令和循环指令很难实现，必须借助宏程序来完成。

数控宏程序编程是用变量的方式进行数控编程的方法，数控宏程序分为A类和B类宏程序，其中A类宏程序比较老，编写起来比较费时费力；B类宏程序类似于C语言的编程，编写起来比较方便。不论是A类还是B类宏程序，其运行效果都是一样的。

编写大批相似零件的加工程序时，可以使用宏程序，它的特点是灵活、方便，只需要改动几个数据即可，无须进行大量重复编程。

1. 等间距曲线拟合

不管是椭圆、凹椭圆，还是正弦曲线、双曲线和抛物线等，其刀具路线的共同特点是：X 向和 Z 向进给运动按照二次曲线（椭圆、正弦曲线、双曲线和抛物线）方程规律。椭圆的等间距拟合方法如图 11-2 所示，可以根据 Z 坐标等分，也可以根据中心角度等分。

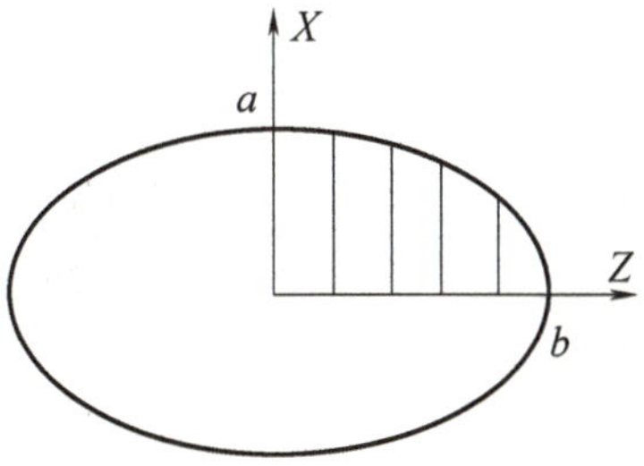

$$\frac{x^2}{a^2}+\frac{z^2}{b^2}=1$$

a) 根据Z坐标等分

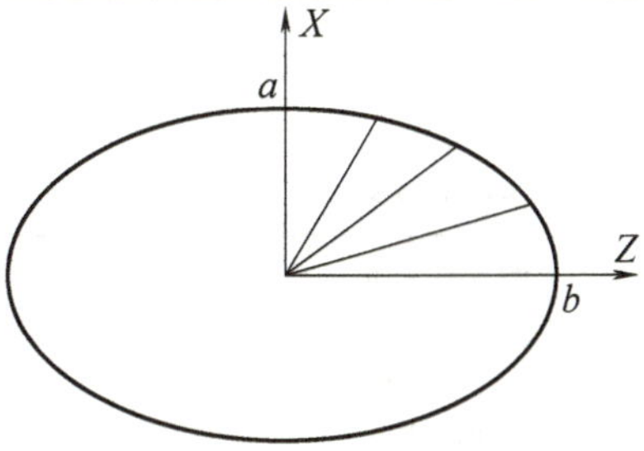

$$\begin{cases} x = a\sin\alpha \\ z = b\cos\alpha \end{cases}$$

b) 根据中心角度等分

图 11-2 椭圆等间距曲线拟合

2. 宏程序中的宏变量

（1）变量的表示方法 用户宏程序的变量用变量符号（#）和后面的变量号指定，如#20。表达式可以用于指定变量号，但表达式必须封闭在括号中，如#［#1+#2-12］。

（2）变量的类型 变量可分为空变量、局部变量、全局变量和系统变量等类型，见表 11-11。

表 11-11 变量类型

类型	变量号	说明
空变量	#0	空变量
局部变量	#1～#33	局部使用的变量
全局变量	#100～#199、#500～#999	贯穿于整个程序的变量
系统变量	#1000	具有固定用途的变量

（3）变量的引用 当要改变引用变量值的符号时，应把符号（-）放在#的前面，如“G00 X-#1;”，而不是“G00 X #-1;”。

当引用未定义的变量时，变量及地址字都被忽略。例如，当变量#1 的值是 0，并且变量#2 的值是空的时，执行“G00 X#1 Y#2;”程序的结果为“G00 X0”，见表 11-12。

当变量值未定义时，这样的变量成为空变量。变量#0 总是空变量，它不能写，只能读。空变量的运算见表 11-13。

表 11-12　未定义的变量

#1 = <空>	#1 = 0
G01 X50 Y#1 ↓ G01 X50	G01 X50 Y#1 ↓ G01 X50 Y0

表 11-13　空变量的运算

#1 = <空>	#1 = 0
#2 = #1 ↓ #2 = <空>	#2 = #1 ↓ #2 = 0
#2 = #1 * 30 ↓ #2 = 0	#2 = #1 * 30 ↓ #2 = 0
#2 = #1+#1 ↓ #2 = 0	#2 = #1+#1 ↓ #2 = 0

（4）变量的赋值

1）直接赋值。用“=”直接赋值，但“=”左边不能用表达式，如#101 = 50+#100−21。

2）宏程序中自变量赋值：G65 P（宏程序）L（重复）<自变量指定>。

3. 自变量指定 I

自变量指定 I 的类型见表 11-14。

表 11-14　自变量指定 I 的类型

地址	变量号	地址	变量号	地址	变量号
A	#1	I	#4	T	#20
B	#2	J	#5	U	#21
C	#3	K	#6	V	#22
D	#7	M	#13	W	#23
E	#8	Q	#17	X	#24
F	#9	R	#18	Y	#25
H	#11	S	#19	Z	#26

自变量指定 I 的类型说明：

1）使用除 G、L、N、O、P 以外的字母，每个字母指定一次。

2）地址不需要按字母顺序指定，但 I、J、K 需要按字母顺序指定。

4. 自变量指定 Ⅱ

自变量指定 Ⅱ 的类型见表 11-15。

表 11-15　自变量指定Ⅱ的类型

地址	变量号	地址	变量号	地址	变量号
A	#1	K3	#12	J7	#23
B	#2	I4	#13	K7	#24
C	#3	J4	#14	I8	#25
I1	#4	K4	#15	J8	#26
J1	#5	I5	#16	K8	#27
K1	#6	J5	#17	I9	#28
I2	#7	K5	#18	J9	#29
J2	#8	I6	#19	K9	#30
K2	#9	J6	#20	I10	#31
I3	#10	K6	#21	J10	#32
J3	#11	I7	#22	K10	#33

自变量指定Ⅱ的类型说明：

1）使用 A、B、C 各 1 次，I、J、K 各 10 次。

2）自变量Ⅰ和自变量Ⅱ可混合使用，后指定的自变量类型有效。

二、算术和逻辑运算

算术和逻辑运算可以在变量中执行。运算符右边的表达式可包含常量和（或）由函数或运算符组成的变量。表达式中的变量#j 和#k 可以用常数赋值。左边的变量也可以用表达式赋值，见表 11-16。

表 11-16　算术和逻辑运算

功　能	格　式	备　注
定义	#i=#j	
加法 减法 乘法 除法	#i=#j+#k #i=#j-#k #i=#j * #k #i=#j/#k	
正弦 反正弦 余弦 反余弦 正切 反正切	#i=SIN[#j] #i=ASIN[#j] #i=COS[#j] #i=ACOS[#j] #i=TAN[#j] #i=ATAN[#j]	角度以°指定，90.30°可表示为 90.5°
平方根 绝对值 舍入 上取整 下取整 自然对数 指数函数	#i=SQRT[#j] #i=ABS[#j] #i=ROUND[#j] #i=FIX[#j] #i=FUP[#j] #i=LN[#j] #i=EXP[#j]	

（续）

功　　能	格　　式	备　　注
或 异或 与	#i= #j OR #k #i= #j XOR #k #i= #j AND #k	逻辑运算一位一位地按二进制数执行

运算符由 2 个字母组成，用于比较两个值的大小，见表 11-17。

表 11-17　运算符

运算符	含义	运算符	含义
EQ	等于(=)	GE	大于或等于(≥)
NE	不等于(≠)	LT	小于(<)
GT	大于(>)	LE	小于或等于(≤)

三、常用条件转移语句

用户用宏程序编程时，可用无条件转移、有条件转移、循环语句和嵌套语句改变控制的流向。

1. 无条件转移（GOTO 语句）

转移到标有顺序号 n 的程序段。当指定 1~9999 以外的顺序号时，出现 P/S 报警“No. 128”。

格式：GOTO n;

其中，n 为顺序号，取值为 1~9999。

例：GOTO 1 或 GOTO 4 等。

程序示例：

O1101;

……

GOTO 2;(执行此程序行后,程序直接跳转到 N2 程序行执行,不再执行 N1 和 N2 之间的程序)

N1…

G01 Y100;

N2 G00 Z200;

M30;

2. 有条件转移（IF 语句）

（1）格式一　IF［<条件表达式>］GOTO n

当指定的条件表达式满足时，转移到标有顺序号 n 的程序段；如果指定的条件表达不满足，则执行下一个程序段。即

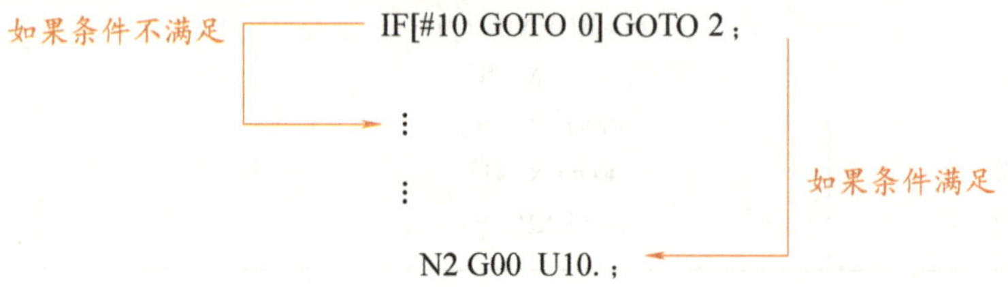

(2) 格式二　IF　[条件表达式]　THEN　…

如果表达式指定的条件满足时，则执行 THEN 后面的语句。例如：

IF　[#10EQ#2]　THEN　#3=10;

3. 循环语句（WHILE 语句）

格式：WHILE[条件表达式]　Do m;(m=1,2,3)

……

END m;

当条件表达式满足时，就循环执行 WHILE 与 END 之间的程序段；当条件不满足时，则执行 END m 的下一个程序段。即

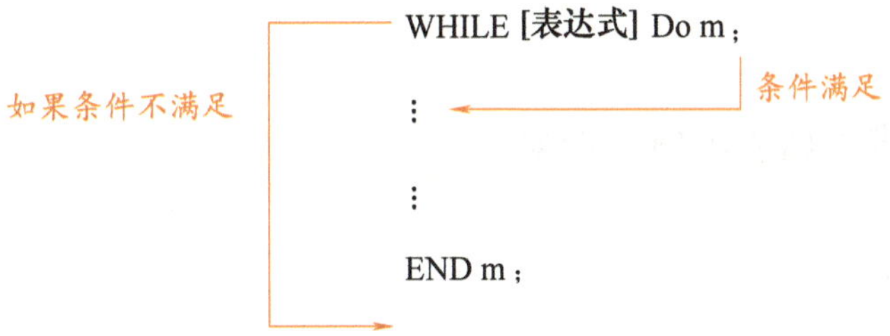

4. 嵌套语句

Do 到 END 循环中的标号（1~3）可根据需要多次使用。但是，当程序有交叉重复循环（Do 范围重叠）时，将出现 P/S 报警“No. 124”。

在程序嵌套的应用形式上需要注意以下几点。

1）标号（1~3）可以根据要求多次使用。例如：

```
WHILE[…]Do1
……
END1;
…
…
WHILE[…]Do1
…
END1;
```

2）Do 的范围不能交叉。例如：

```
WHILE[…]Do1
    …
    …
WHILE[…]Do2
    ……
END1;
    ……
END2;
```

3）Do 循环可以嵌套 3 级。例如：

```
WHILE[…]Do1
```

```
WHILE[…]Do2
WHILE[…]Do3
……
END3;
END2;
END1;
```

4）控制可以转到循环之外。例如：

```
WHILE[…]Do1
IF[…]GOTO n
END1;
Nn
```

5）转移不能进入循环区内。例如：

```
IF[…]GOTO n
WHILE[…]Do1
Nn
END1;
```

说明：当指定 DO 而没有指定 WHILE 语句时，将产生 DO 到 END 的无限循环。

四、宏变量编程示例

1. 零件图和加工内容

图 11-3 所示的零件为椭圆形状（右半边椭圆），材料为 45 钢，编制车削椭圆形状的宏程序，其中该椭圆的解析方程参考图 11-2，如果以 z 值为自变量，可以得到相应的因变量 x 值。

2. 工艺分析和加工路线

1）确定毛坯尺寸为 ϕ38mm × 120mm，其中 ϕ38mm 外圆已经完成加工。

2）装夹方式。采用普通自定心卡盘；刀具：90°外圆粗车刀（1 号刀），90°外圆精车刀（2 号刀）；量具：采用 0~150mm 的游标卡尺。

3）制订车削工序卡片，见表 11-18。

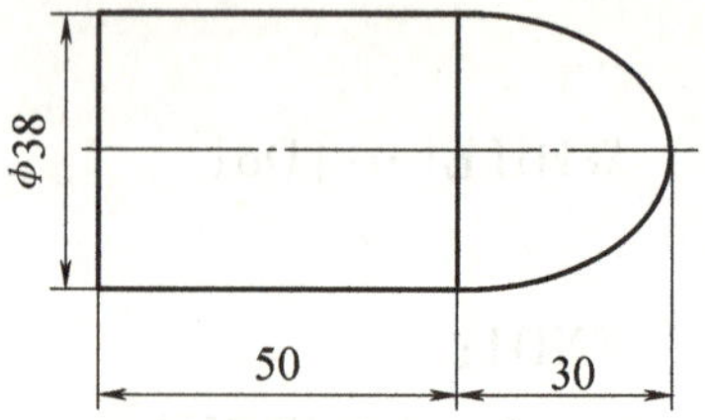

图 11-3　椭圆加工示例

表 11-18　车削工序卡片

工序	主要内容	设备	刀具	切削用量		
				转速/(r/min)	进给量/(mm/r)	背吃刀量/mm
1	车削端面	数控车床	90°外圆粗车刀	600	0.1	0.1
2	粗车椭圆弧	数控车床	90°外圆粗车刀	500	0.15	1
3	精车椭圆弧	数控车床	90°外圆精车刀	1000	0.1	0.5

3. 编程思路和刀具路径规划

1）本例属于典型椭圆类零件编程，用普通 G 指令编程是无法完成的，需要借助宏程序，采用直线逼近法编程，即在 Z 向（或 X 向）分段，以 0.05~0.2mm 为一个步距，并把 Z（或 X）作为自变量，X（或 Z）作为因变量函数。

2）本例作为宏程序在非圆形面中应用的典型示例，而宏程序的编制有很大的灵活性，因此，本例提供不同的编程思路和方法，详细阐述宏程序在非圆形面中的应用，具体如下：

基于椭圆解析方程粗、精加工轮廓。为了提高加工效率，适应不同的椭圆尺寸、不同的起始点和不同的步距，实际生产中可以编制一个只用变量而不用具体数据的宏程序，然后在主程序中调用并为上述变量赋值。这样，对于不同的椭圆参数，不必更改程序，只需修改主程序中宏程序内的赋值数据，即把它视为固定模板使用。

3）在椭圆类零件的加工方法中，针对去除毛坯余量的刀具路线设计方法和前面凸凹圆弧加工刀具路线类似，根据毛坯形状、余量大小和加工效率也有多种刀具切削路线方案。

4. 数控程序及其注释

（1）精车轮廓程序

O1102；	**程序说明**
T0101；	调 1 号刀具以及 1 号刀补
M03 S600；	主轴正转，转速为 600r/min
G00 X42 Z1；	快速定位至毛坯右端面
M08；	
G01 Z0 F0.2；	进给到 Z0 处
X0 F0.08；	车削端面
G00 X40 Z1；	快速退刀
S500；	
#100=30；	设置椭圆的长半轴半径
N10 #100=#100-0.1；	步距自减
#101=19*SQRT[1-[#100*#100]]/[30*30]；	
	计算椭圆长半轴对应的短半轴，即 X
#102=2*#101；	计算程序中的 X 值
#103=#100-30；	计算程序中的 Z 值
G01 X[#102]Z[#103]F0.1；	车削椭圆弧
IF[#100 GT 0]GOTO10；	如果#100 大于 0，则跳转到 N10
G01 U1；	
G00 X100 Z100；	
M05；M30；M09；	

（2）粗车、精车轮廓程序

O1103;	**程序说明**
T0101;	调 1 号刀具以及 1 号刀补
M03 S600;	主轴正转,转速为 600r/min
G00 X42 Z1 M08;	快速定位至毛坯右端面
G01 Z0 F0.2;	
X0 F0.08;	
G00 X40 Z1;	
S500;	
G00 X42 Z2;	
G71 U1 R0.5;	粗加工,背吃刀量为 2mm,退刀量为 1mm
G71 P20 Q30 U0.5 W0 F0.15;	X 向加工余量为 1mm
N10 G00 X0;	
G01 Z0;	
#100=30;	设置椭圆的长半轴半径
N10 #100=#100-0.1;	步距自减
#101=19*SQRT[1-[#100*#100]]/[30*30];	计算椭圆长半轴对应的短半轴,即 X
#102=2*#101;	计算程序中的 X 值
#103=#100-30;	计算程序中的 Z 值
G01 X[#102]Z[#103]F0.1;	车削椭圆弧
IF[#100 GT 0]GOTO10;	如果#100 大于 0,则跳转到 N10
N30 G01 X40;	
G70 P20 Q30;	
G00 X100 Z100;	
M05;	
M30;	
M09;	

【能力提升】

一、单项选择题

1. 对于 IF [#100 GT 0] GOTO10，如果条件成立，程序将跳转到（　　）语句。

A. N10　　B. N20　　C. N30　　D. N40

2. SQRT 的含义为（　　）。

A. 正弦　　B. 余弦　　C. 平方根　　D. 绝对值

3. #100=30

N10 #100=#100-0.1

经过运算后，#100 为（　　）。

A. 30.1　　B. 30　　C. 29.9　　D. 29

4. "IF [#100 GT 0] GOTO10" 中 GT 的含义（　　）。

A. 大于　　B. 小于　　C. 大于或等于　　D. 小于或等于

5. 针对非圆曲面，如椭圆、抛物线、双曲线、正余弦曲线等的加工中，一般的 G 指令和循环指令很难实现，必须借助（　　）来完成。

A. G01　　B. G02　　C. 宏程序　　D. 子程序

6. 运算符 LE 的含义为（　　）。

A. >　　B. ≥　　C. <　　D. ≤

7. 运算符 GE 的含义为（　　）。

A. >　　B. ≥　　C. <　　D. ≤

8. #i=ROUND [#j] 的含义为（　　）。

A. 舍入　　B. 平方根　　C. 自然对数　　D. 绝对值

9. #i=TAN [#j] 的含义为（　　）。

A. 正切　　B. 余弦　　C. 反正切　　D. 反余弦

10. #i=SIN [#j] 的含义为（　　）。

A. 正弦　　B. 余弦　　C. 反正弦　　D. 反余弦

11. 当条件式满足时，就循环执行 WHILE 与 END 之间的程序段；当条件不满足时，则执行 END m 的（　　）。

A. 程序　　B. 下一个程序段

C. 前一个程序段　　D. 最后一个程序段

12. 在圆弧插补段程序中，若采用圆弧半径 R 编程，从起始点到终点存在两条圆弧线段，当（　　）时，用-R 表示圆弧半径。

A. 圆弧小于或等于 180°　　B. 圆弧大于或等于 180°

C. 圆弧小于 180°　　D. 圆弧大于 180°

13. 掉电保护电路是为了防止（　　）。

A. 强电干扰　　B. 系统软件丢失

C. RAM 中保存的信息丢失　　D. 电源电压波动

14. 数控机床中采用双导程蜗杆传递运动是为了（　　）。

A. 提高传动效率　　B. 增加预紧力

C. 增大减速比　　D. 消除或调整传动副的间隙

15. 当工件上既有平面需要加工，又有孔需要加工时，可采用（　　）。

A. 粗铣平面→钻孔→精铣平面

B. 先加工平面，后加工孔

C. 先加工孔，后加工平面

D. 任何一种形式

16. 用塞规测量零件，若 Z 端（NO GO）通不过，T 端（GO）也通不过，则零件尺寸为（　　）。

A. 刚好　　B. 太小　　C. 太大　　D. 无法判断

17. 米制游标卡尺取尺身的 49 mm 长，在游标尺上刻成 50 个刻度，则分度值为（　　）mm。

A. 0.01　　B. 0.02　　C. 0.05　　D. 0.1

18. 90°V 形架可用于夹持（　　）。

A. 圆棒　　B. 圆锥　　C. 六角柱　　D. 不规则形状

19. 零件要获得较小的表面粗糙度值，宜采用（　　）。

A. 较大进给量与较高转速　　B. 较大进给量与较低转速

C. 较小进给量与较高转速　　D. 较小进给量与较低转速

20. 在 $v=(\pi Dn)/1000$ 中，若 v 的单位为 m/min，D 的单位为 mm，则 n 的单位为（　　）。

A. r/m　　B. s/m　　C. f/m　　D. r/s

21. 要得到较平滑的零件表面，宜选择（　　）。

A. 锋利的刀具　B. 较慢的切削速度

C. 大进给量　　D. 大切除率

二、判断题

1. T0101 表示选用 1 号刀，使用 1 号刀具位置补偿值。（　　）

2. 螺纹加工指令“G32 X41.0 W-43.0 F1.5;”表示以 1.5mm/min 的速度加工螺纹。（　　）

3. 插补运动的实际插补轨迹始终不可能与理想轨迹完全相同。（　　）

4. 数控机床编程分为绝对值编程和增量值编程，使用时不能将它们放在同一程序段中。（　　）

5. G 指令可以分为模态 G 指令和非模态 G 指令。（　　）

三、编写程序

加工图 11-4 所示螺纹配合件中的外螺纹零件，毛坯为 ϕ50mm×130mm 的 2A12 铝棒，请合理制订加工工艺，编写加工程序，并保证加工精度和表面质量要求。

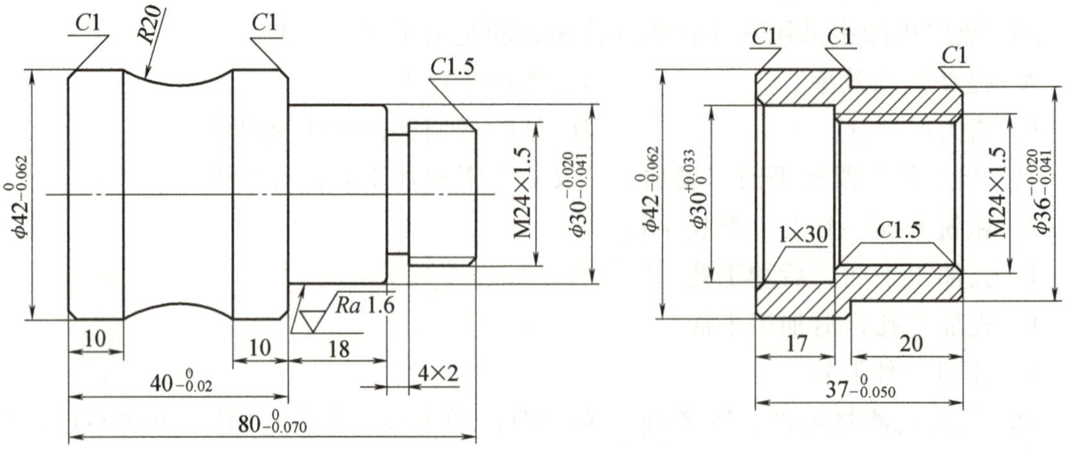

图 11-4　螺纹配合件加工

任务十二　加工螺纹配合件的内螺纹

【任务目标】

知识目标

1. 掌握内孔的粗、精车指令。
2. 掌握内螺纹的粗、精车指令。
3. 掌握螺纹配合件中套类零件加工工艺的制订。

技能目标

1. 能够掌握配合件相互配合后再加工外圆的方法。
2. 能够正确使用螺纹塞规对内螺纹零件进行检测。
3. 能给出螺纹配合件零件公差的控制方法。

素质目标

1. 培养正确使用工具、量具，安全文明生产的意识。
2. 培养遵守车间 6S 管理规定的意识。
3. 培养团结协作的团队意识和精益求精的工匠精神。

【任务引入】

图 12-1b 所示为螺纹配合件中的内螺纹零件，毛坯为 ϕ35mm×40mm 的 2A12 铝棒，请按图样要求合理制订加工工艺，编写加工程序，并保证加工精度和表面质量要求。

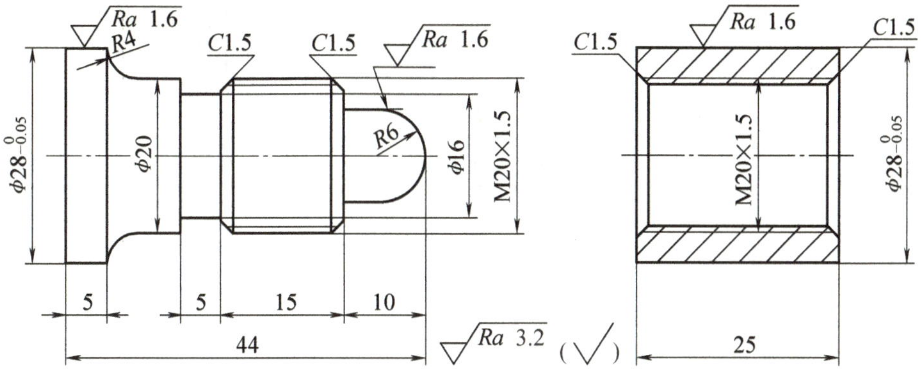

a) 外螺纹　　b) 内螺纹

图 12-1　螺纹配合件

【任务分析】

一、分析图样

1. 形状分析

该零件的外形主要由外圆柱面、内螺纹、倒角等要素构成。

内螺纹配合件的加工

2. 尺寸精度分析

零件尺寸主要是外径尺寸、内径尺寸、内螺纹尺寸和倒角尺寸，其中外径尺寸的公差为$_{-0.05}^{0}$mm，内螺纹尺寸为 M20×1.5，倒角尺寸为 $C1.5$。

3. 其他分析

该零件外圆的表面粗糙度值为 $Ra1.6\mu m$，标注的倒角均为 $C1.5$，锐边倒钝，零件加工完成后须去除毛刺和飞边。

二、确定实训设备清单

机床、刀具、量具、工具和毛坯清单见表 12-1。

表 12-1　机床、刀具、量具、工具和毛坯清单

序号	实训设备	型　号	数　量	备　注
1	机床	CKA6140 型数控车床	6 台	FUNAC-0i-MATE-TF
2	刀具	95°外圆车刀	1 把	MCLNR2020K12
		4mm 切断刀	1 把	
		内孔车刀	1 把	
		60°内螺纹车刀	1 把	
		ϕ22mm 钻头	1 把	
3	量具	0～150mm 游标卡尺	1 把	
		25～50mm 外径千分尺	1 把	
		0～25mm 内径千分尺	1 把	
		M20×1.5 螺纹塞规	1 块	
4	工具	内六角扳手	1 套	
		卡盘扳手	1 把	
		套管	1 个	
		毛刷	1 把	
5	毛坯	ϕ35mm 铝棒	6 根	材料 2A12

【任务实施】

一、制订加工工艺

1. 加工工艺分析

按照零件图要求，零件的内、外圆均需加工，已知毛坯长度为 40mm，确定加工方案如下。

1）夹持毛坯外圆 ϕ35mm，向外伸出 29mm 左右，找正。

2）内孔车刀及内螺纹车刀对刀，设零件右端面中心为编程原点。

3）使用 ϕ16mm 钻头钻孔，钻孔深度 30mm。

4）粗车内孔 ϕ16mm 至 ϕ18mm。

5）精车内孔尺寸至 ϕ18.5mm。

6）车内螺纹 M20×1.5。

7）切断工件，保证长度为 25mm。

8）与外螺纹零件配合后，粗、精车内螺纹零件的 ϕ28mm 外圆柱面。

2. 刀具及切削用量

根据对零件加工工艺的分析，刀具卡片见表 12-2。

表 12-2　刀具卡片

刀号	刀具图片	刀片规格	加工内容	背吃刀量/mm	进给量/(mm/r)	主轴转速/(r/min)
T0101	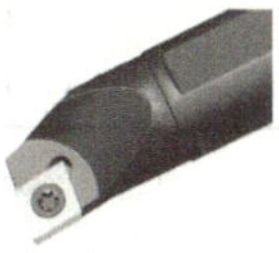 95°外圆车刀	 CNMG120404	粗车外圆	1	0.15	500
T0101	 95°外圆车刀	 CNMG120404	精车外圆	0.5	0.1	1000
T0303	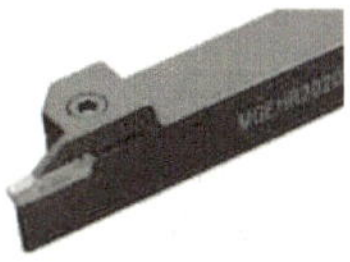 3mm切断刀	 MGMN300-M	切槽	—	0.05	500
T0202	 内圆车刀	 60°内圆车刀片	车内圆	1	0.1	500
T0404	 内螺纹车刀	 60°内螺纹车刀片	车内螺纹	1	1.5	500
—	 ϕ16mm钻头	—	钻孔	—	0.05	500

3. 加工工艺卡片

根据零件加工工艺和刀具的选用情况，制订加工工艺卡片，见表 12-3。

表 12-3　加工工艺卡片

名称	轴套	零件图号	CK-08	系统	FANUC 0i-TF	材料	2A12
工序简图	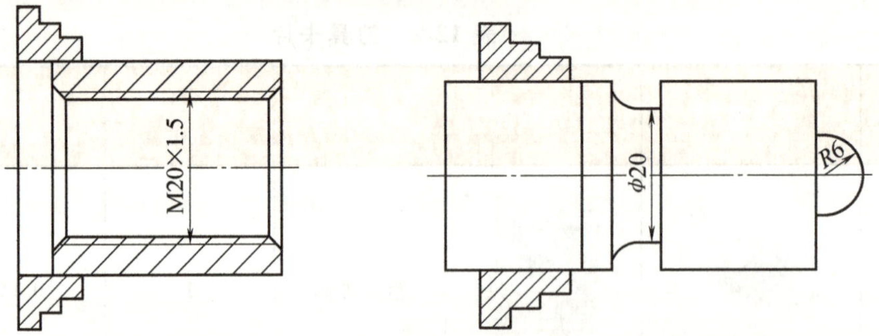 工序1示意图　工序2示意图						

工序号	工步	工步内容	刀具	切削用量		
				背吃刀量/mm	进给量/(mm/r)	主轴转速/(r/min)
1	1	车平端面，内孔车刀、内螺纹车刀、切断刀对刀	T0101	2	0.15	500
	2	钻 ϕ16mm 孔，孔深为 30mm	ϕ16mm 钻头	—	0.5	500
	3	粗车内孔直径至 ϕ18mm	T0202	1	0.15	500
	4	精车内孔尺寸至 ϕ18.5mm	T0202	1	0.1	1000
	5	车内螺纹 M20×1.5	T0404	—	1.5	500
	6	手动切断工件，长度为 25mm	T0303	1	0.05	500
2	1	与轴类零件配合后，粗车内螺纹零件的外圆柱面	T0101	2	0.15	500
	2	精车内螺纹零件的 ϕ28mm 外圆柱面至尺寸要求	T0101	1	0.1	1000

二、节点计算与编程

1. 建立工件坐标系，确定节点坐标

根据零件图样，图中各个编程节点的坐标可以通过标注的尺寸直接读出，零件两端的编程原点和各节点坐标见表 12-4。

2. 编写加工程序

根据零件的加工工艺及各节点坐标，编写内螺纹零件的内孔、内螺纹、外圆加工程序，见表 12-5～表 12-7。

表 12-4　编程原点和各节点坐标

加工内容	图示	节点坐标
加工内孔	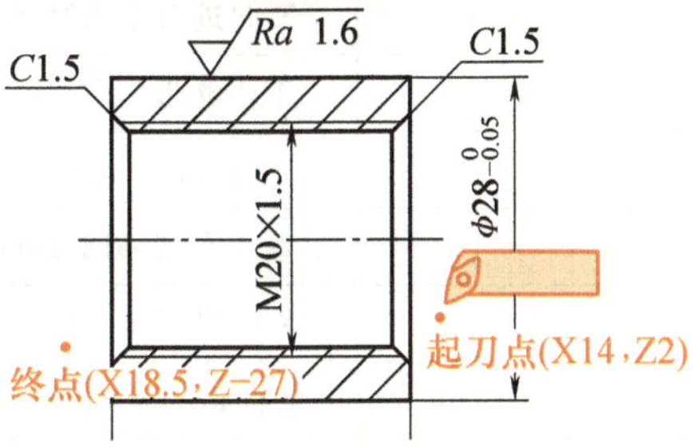	起刀点 (X14,Z2), 终点(X18.5,Z-27) 切削层 X 坐标: 17, 18, 18.5
加工内螺纹	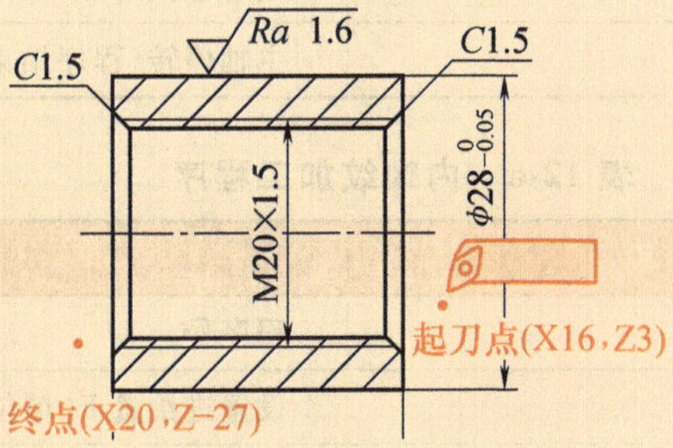	起刀点 (X16,Z3), 终点 (X20,Z-27) 切削层 X 坐标: 19.1, 19.6, 19.9, 20
加工外圆	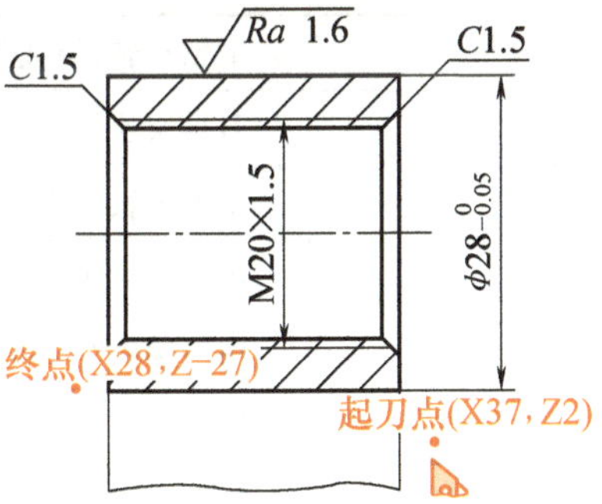	起刀点 (X37,Z2), 终点 (X28,Z-27) 切削层 X 坐标: 33, 31, 29, 28

表 12-5　内孔加工程序

程序段号	程序段	说明
N10	O1001;	程序号
N20	G99 G97 G40;	设置进给量 F(单位为 mm/r),恒转速
N30	T0202;	调用 2 号内孔车刀
N40	M03 S500 M08;	主轴正转,转速为 500r/min,切削液开
N50	G00 X14 Z2;	刀具快速接近工件
N60	G90 X17 Z-27 F0.1;	用内孔车刀车削内圆尺寸至 ϕ17mm
N70	X18;	用内孔车刀车削内圆尺寸至 ϕ18mm
N80	G00 X100 Z100;	退刀至 X100 Z100
N90	M05;	主轴停止
N100	M00;	程序暂停,进行中间测量,调整磨耗值
N110	T0202;	调用 2 号内孔车刀
N120	M03 S1000;	主轴提速至 1000r/m
N130	G00 X14 Z2;	刀具快速至起刀点

（续）

程序段号	程序段	说明
N135	G00 X21.5;	X 向进刀至 X21.5
N140	G01 Z0 F0.05;	工步靠近工件
N150	X18.5 Z-1.5;	车削 C1.5 倒角
N160	Z-27;	继续车削 ϕ18.5mm 内孔至长度 25mm
N170	G00 X14;	X 向退刀至 X14
N180	Z2;	Z 向退刀至端面外 Z2
N190	G00 X100 Z100;	退刀至换刀点
N200	M05 M30 M09;	主轴停转，程序结束，切削液关

表 12-6　内螺纹加工程序

程序段号	程序段	说明
N10	O1003;	程序号
N20	G99 G97 G40;	设置进给量 F(单位为 mm/r)，恒转速
N30	T0404;	调用 4 号内螺纹车刀
N40	M03 S500 M08;	主轴正转，转速为 500r/min，切削液开
N50	G00 X16 Z3;	刀具快速接近工件
N60	G92 X19.1 Z-27 F1.5;	用内螺纹车刀车削内螺纹尺寸至 ϕ19.1mm
N70	X19.6;	用内螺纹车刀车削内螺纹尺寸至 ϕ19.6mm
N80	X19.9;	用内螺纹车刀车削内螺纹尺寸至 ϕ19.9mm
N90	X20;	用内螺纹车刀车削内螺纹尺寸至 ϕ20mm
N100	X20;	最后一层重复切削，光整螺纹
N140	G00 X100 Z100;	退刀至 X100 Z100
N150	M05;	主轴停止
N160	M30;	程序结束

表 12-7　外圆加工程序

程序段号	程序段	说　明
N10	O1002;	程序号
N20	G99 G97 G40;	设置进给量 F(单位为 mm/r)，恒转速
N30	T0101;	调用 1 号外圆车刀，同时建立工件坐标系
N40	M03 S500 M08;	主轴正转，转速为 500r/min，切削液开
N50	G00 X37 Z2;	刀具快速接近工件
N60	G90 X33 Z-27 F0.1;	用外圆车刀车削外圆尺寸至 ϕ33mm
N70	X31;	用外圆车刀车削外圆尺寸至 ϕ31mm
N80	X29;	用外圆车刀车削外圆尺寸至 ϕ29mm
N90	X28.5;	用外圆车刀车削外圆尺寸至 ϕ28.5mm
N140	G00 X100 Z100;	退刀至 X100 Z100

（续）

程序段号	程序段	说 明
N150	M05；	主轴停止
N160	M00；	程序暂停，进行中间测量，调整磨耗值
N170	T0101；	调用 1 号外圆车刀
N180	M03 S1000；	主轴正转，转速提高至 1000r/min
N190	G00 X37 Z2；	刀具快速接近工件
N200	G90 X28 Z-27 F0.05；	用外圆车刀精车外圆尺寸至 ϕ28mm
N210	G00 X100 Z100；	退刀至 X100 Z100
N220	M05 M30 M09；	主轴停转，程序结束，切削液关

三、零件加工步骤

1）安全生产教育。学习数控车工安全操作规程，检查工装、防护用品是否穿戴整齐。

2）加工前准备。按照工艺卡片准备毛坯、工量、夹具；完成数控车床开机前的安全检查；机床上电，开启系统，返回参考点。

3）装夹毛坯。将工件装夹到卡盘上，保证工件伸出 29mm 左右。

4）安装刀具。对照工艺卡中的刀位号进行安装（1 号外圆车刀，3 号切断刀，2 号内孔车刀，4 号内螺纹车刀）。

5）试切对刀。试切对刀：车平端面 Z 向对刀，车削外圆 X 向对刀。注意对刀后要检查对刀结果是否正确，确认正确后再进行加工。

6）使用 ϕ16mm 钻头钻孔，钻孔深度 30mm。

7）输入内孔、内螺纹和外圆加工程序：对照程序单认真检查程序。程序输入完成后，对于有模拟加工功能的机床要进行模拟加工，检查程序是否正确。

8）粗车内孔 ϕ16mm 至 ϕ18mm，长度为 27mm。

9）精车内孔尺寸至 ϕ18.5mm。

10）车内螺纹 M20×1.5。

11）切断工件，长度为 25mm。

12）与外螺纹零件配合后，粗车内螺纹零件的 ϕ28mm 外圆柱面至 ϕ28.5mm。

13）测量外圆，修调刀补参数，调整磨耗值，保证各尺寸精度。

14）精车外圆 ϕ28mm 至尺寸要求。

15）机床返回参考点，关机；整理工具量具；清理机床，填写实训记录单。

四、操作注意事项

1）严格遵守安全操作规程。

2）确保程序的准确性。

3）加工前，确保对刀、程序校验无误后方可加工。

4）加工套类零件时一定要先光整右端面，钻中心孔，再钻孔，以保证钻孔时钻头不晃动。

5）仔细选择与孔径相适应的刀杆直径。

6）选择合适的内孔车刀刀片和内螺纹车刀刀片。

7）切削内螺纹时要使用螺纹塞规进行检测，如果还需继续切削，可以调整磨耗值继续切削，不能卸下工件后再次装夹切削。

8）数控车床运行在危险或紧急情况下，应按下“急停”按钮，CNC 即进入急停状态，伺服进给及主轴运转立即停止工作（控制柜内的进给驱动电源被切断）；解除急停功能后应重新执行返回参考点操作，以确保坐标位置的正确性。

【任务检测】

小组成员分工检测零件，并将检测结果填入表 12-8 中。

表 12-8　零件检测表

序号	加工内容		配分		自检	互检	师检	最终得分
1	工艺准备（20分）	编写加工工艺	10					
		编写程序	10					
2	零件加工（60分）	$\phi 280_{-0.03}^{0}$mm	IT	Ra				
			10	5				
		M20×1.5	15	10				
		C1.5	5	5				
		安全操作，文明生产	10（违规视情节轻重扣 1~10 分）					
3	外观检测（20分）	车削面的表面质量	5					
		锐边倒钝	5					
		去毛刺	10					
		其他项目	一般按照 GB/T 1804-m，有明显缺陷倒扣 2~10 分					
合计（总分）			满分 100 分					

【任务评定】

1. 任务评价

综合评价表见表 12-9。

表 12-9　综合评价表

项目	出勤（10 分）	课堂纪律（10 分）	零件加工（60 分）	职业素养（20 分）	综合成绩
个人评价（20%）					
小组评价（30%）					
教师评价（50%）					
综合得分					

2. 任务鉴定

实训鉴定表见表 12-10。

表 12-10　实训鉴定表

自我鉴定	你在本任务中学习了哪些新的知识和技能？加工过程中出现了哪些问题？你是如何解决的？ 学生签名：________ ____年____月____日
教师鉴定	对本学生的最终鉴定（优秀、良好、一般、差）： 指导教师签名：________ ____年____月____日

【知识链接】

一、椭圆宏程序编程相关知识

椭圆关于中心、坐标轴都是对称的，坐标轴是对称轴，原点是对称中心。对称中心称为椭圆中心。椭圆和 X 轴有两个交点，和 Y 轴有两个交点，这四个交点称为椭圆顶点。

椭圆标准方程：$$\frac{x^2}{a^2}+\frac{y^2}{b^2}=1$$

式中，a 为长半轴，b 为短半轴，$a>b>0$。

椭圆参数方程：$$\begin{cases}x=a\cos\phi\\y=b\sin\phi\end{cases}$$

式中，ϕ 是离心角，是椭圆上任意一点到椭圆中心连线与 X 正半轴所成的夹角，顺时针方向为负，逆时针方向为正。椭圆的参数方程和坐标方程如图 12-2 所示（公式中的 ϕ 不是中心角，是离心角）。

编程思路：

```
N090 #101=20;
N100 WHILE[#101GE0]DO1;
N110 #102=26*SQRT[1-[#101*#101]/[20*20]];
N120 G01 X[#102]Z[#101-20];
N130 #101=#101-0.1;
N140 END1;
```

将椭圆曲线分成 200 条线段，用直线拟合非圆曲线，每段直线在 Z 向的直线与直线的间距为 0.1mm，如#101=#101-0.1，根据曲线公式，以 Z 轴坐标为自变量、X

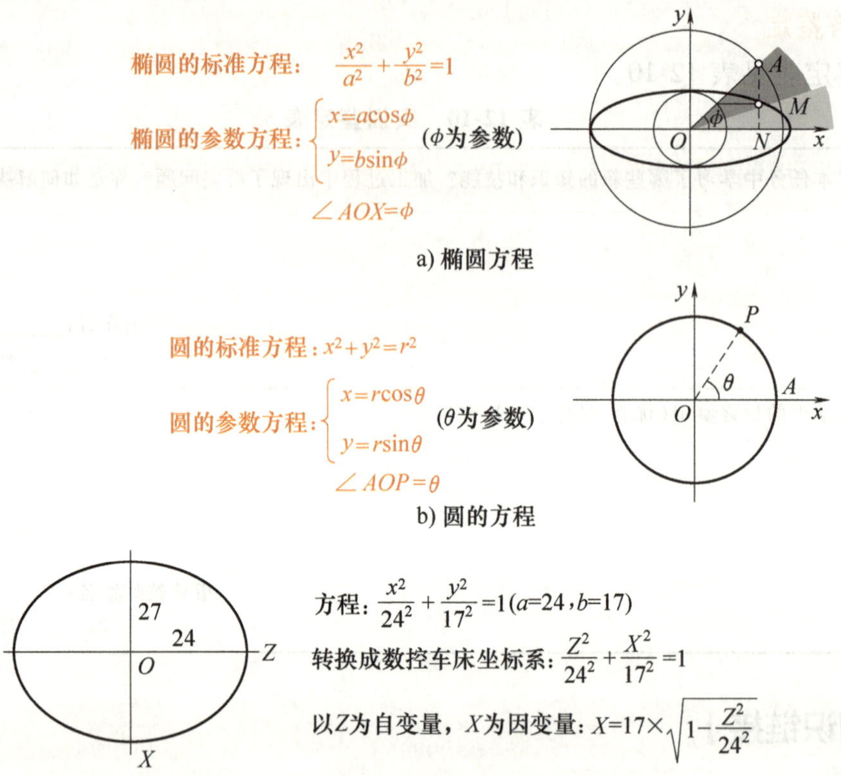

图 12-2　椭圆的参数方程和坐标方程

轴坐标为因变量、Z 轴坐标每次递减 0.1mm，计算出对应的 X 坐标值。宏程序变量如下：

#101 为非圆曲线公式中的 Z 坐标值，初始值为 20；

#102 为非圆曲线公式中的 X 坐标值（直径值），初始值为 0；

通过“G01 X[#102]Z[#101-20]”建立非圆曲线在工件坐标系中的 X、Z 坐标，是椭圆的中心坐标。

二、椭圆宏程序编程示例

1. 示例一（图 12-3）

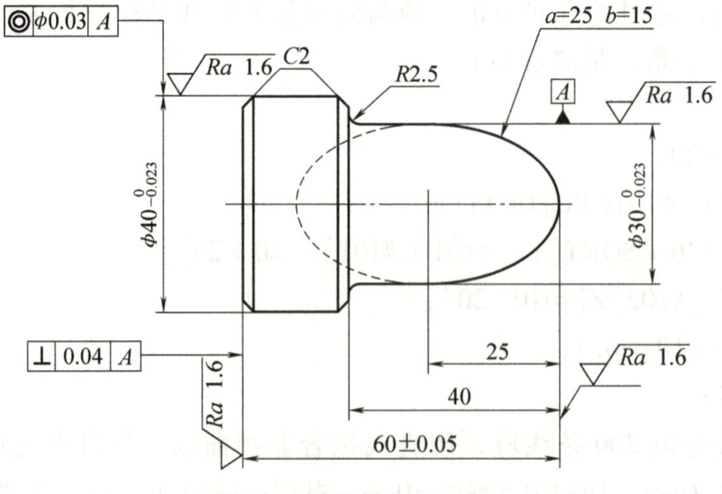

图 12-3　椭圆轴加工示例一

加工图 12-3 所示零件时，试采用 B 类宏程序，先用封闭轮廓复合循环指令进行去除余量的加工。精加工时，同样用直线进行拟合，这里以 Z 坐标为自变量、X 坐标为因变量，其加工程序如下：

```
O1201;
G99 G97 G21;
G50 S1800;
G96 S120;
S800 M03 T0101;
G00 X43 Z2 M08;
G73 U21 W0 R19;
G73 P1 Q2 U0.5 W0.1 F0.2;
N1 G00 X0 S1000;
G42 G01 Z0 F0.08;
#101=25;
N10 #102=30*SQRT[1-[#101*#101]/[25*25]];
G01 X[#102]Z[#101-25];
#101=#101-0.1;
IF[#101GE0]GOTO10;
Z-37.5;
G02 X35 Z-40 R2.5;
G01 X36;
X40 Z-42;
N2 X43;
G70 P1 Q2;
G40 G00 X100 Z100 M09;
T0100 M05;
G97;M30;
```

2. 示例二（图 12-4）

加工图 12-4 所示零件时，试采用 B 类宏程序，先用封闭轮廓复合循环指令进行去除余量的加工。精加工时，同样用直线进行拟合，这里以 Z 坐标为自变量、X 坐标为因变量，其加工程序如下：

```
O1202;
G99 G97 G21;
G50 S1800;
G96 S120;
S800 M03 T0101;
G00 X53 Z2 M08;
G73 U25 W0 R23;
```

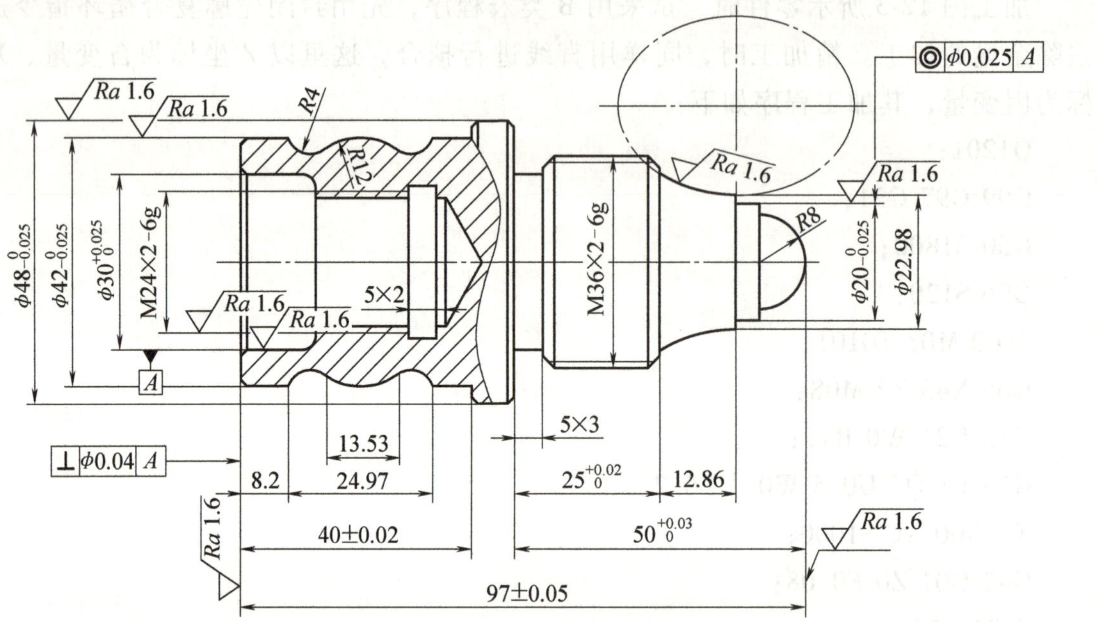

图 12-4 椭圆轴加工示例二

```
G73 P1 Q2 U0.5 W0.1 F0.2;
N1 G00 X0 S1000;
G42 G01 Z0 F0.08;
G03 X16 Z-8 R8;
G01 X19.4;
X20 Z-8.3;
Z-1(1)4;
X22.98;
#101=0;
N10 #102=30*SQRT[1-[#101*#101]/[20*20]];
G01 X[52.98-#102]Z[#101-1(1)4];
#101=#101-0.1;
IF[#101GE-12.86]GOTO10;
G01 X32;
X35.8 Z-27;
Z-50;
X46;
N2 X48 Z-51;
G70 P1 Q2;
G40 G00 X100 Z100 M09;
T0100 M05;
G97;M30;
```

3. 示例三（图 12-5）

加工图 12-5 所示零件时，试采用 B 类宏程序编写，先用封闭轮廓复合循环指令进行去除余量的加工。精加工时，同样用直线进行拟合，这里以 Z 坐标为自变量、X 坐标为因变量，其加工程序如下：

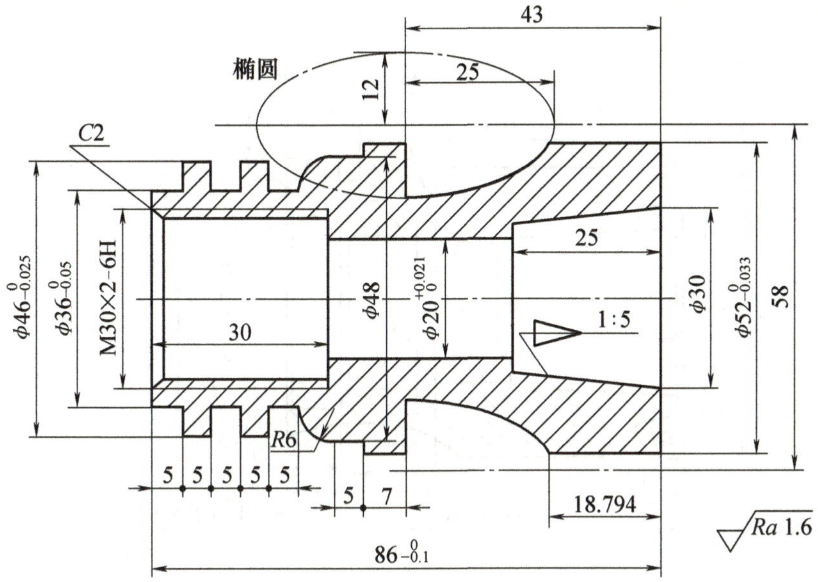

图 12-5　椭圆轴加工示例三

```
O1203;
G99 G97 G21;
G50 S1800;
G96 S120;
S800 M03 T0101;
G00 X58 Z2 M08;
G73 U11 W0 R9;
G73 P1 Q2 U0.5 W0.1 F0.2;
N1 G00 X51 S1000;
G42 G01 Z0 F0.08;
X52 Z-1;
Z-18,794;
#101=25;
N10 #102=24*SQRT[1-[#101*#101]/[25*25]];
G01 X[58-#102]Z[#101-43];
#101=#101-0.1;
IF[#101GE0]GOTO10;
X51;
X52 Z-43.5;
N2 X55;
G70 P1 Q2;
G40 G00 X100 Z100 M09;
```

T0100 M05;

G97;M30;

4. 示例四（图 12-6）

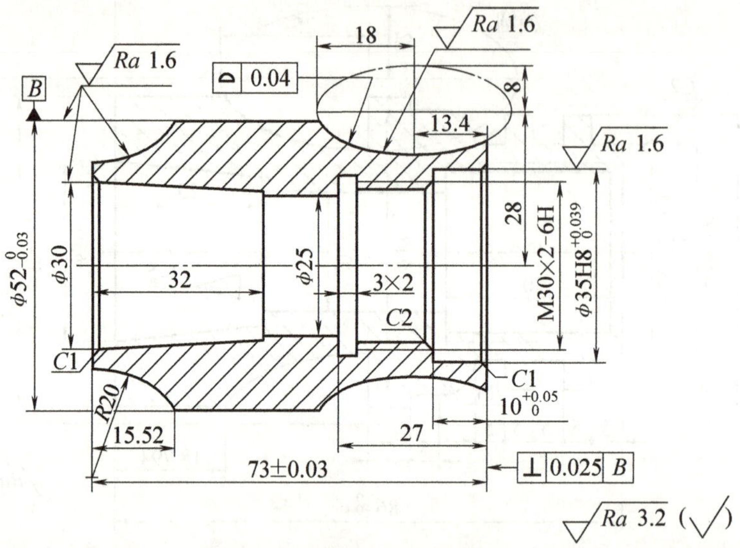

图 12-6　椭圆轴加工示例四

加工图 12-6 所示零件时，试采用 B 类宏程序，先用封闭轮廓复合循环指令进行去除余量的加工。精加工时，同样用直线进行拟合，这里以 Z 坐标为自变量、X 坐标为因变量。已知 $a=18\text{mm}$，$b=8\text{mm}$，代入椭圆标准方程：

$$\frac{x^2}{a^2}+\frac{y^2}{b^2}=1$$

即

$$\frac{13.4^2}{18^2}+\frac{x^2}{8^2}=1$$

解得 $x=5.34\text{mm}$，则直径为 10.68mm。

56mm（椭圆 b 轴中心坐标）-10.68mm=45.32mm

加工程序如下：

```
O1204;
G99 G97 G21;
G50 S1800;
G96 S120;
S800 M03 T0101;
G00 X58 Z2 M08;
G73 U8 W0 R7;
G73 P1 Q2 U0.5 W0.1 F0.2;
N1 G00 X45.32 S1000;
G42 G01 Z0 F0.08;
#101=13.4;
N10 #102=30*SQRT[1-[#101*#101]/[25*25]];
```

```
G01 X[#102]Z[#101-13.4];
#101=#101-0.1;
IF[#101GE-18]GOTO10;
G1 X52;
Z-59;
N2 X58;
G70 P1 Q2;
G40 G00 X100 Z100 M09;
T0100 M05;
G97;
M30;
```

【能力提升】

一、单项选择题

1. 在右手坐标系中，各轴间的夹角为（　　）。

A. 90°　　B. 120°　　C. 180°　　D. 360°

2. 切削用量的选择原则：粗车时，一般（　　），最后确定一个合适的切削速度 v。

A. 首先选择尽可能大的背吃刀量 a_p，其次选择较小的进给量 f

B. 首先选择尽可能小的背吃刀量 a_p，其次选择较大的进给量 f

C. 首先选择尽可能大的背吃刀量 a_p，其次选择较大的进给量 f

D. 首先选择尽可能小的背吃刀量 a_p，其次选择较小的进给量 f

3. 机械效率的值永远（　　）。

A. 大于 1　　B. 小于 1　　C. 等于 1　　D. 是负数

4. 中央处理器主要包括（　　）。

A. 内存储器和控制器　　B. 内存储器和运算器

C. 控制器和运算器　　D. 存储器、控制器和运算器

5. 机械制造中常用的优先配合的基准孔是（　　）。

A. H7　　B. H2　　C. D2　　D. D7

6. 钢中含碳量降低时，其（　　）。

A. 塑性随之降低　　B. 强度随之增大

C. 塑性增大而强度降低　　D. 塑性与强度均增大

7. 控制机械紧急停止的按钮，其颜色应为（　　）色。

A. 红　　B. 黄　　C. 绿　　D. 蓝

8. 经济精度与表面粗糙度，是指在正常的生产条件下，零件加工后所能达到的公差等级与表面粗糙度值。其中，正常的生产条件是指（　　）。

A. 完好的设备

B. 必需的刀具和适当质量的夹具

C. 一定熟练程度的操作工人和合理的工时定额

D. A、B、C 均是

9. 国家标准规定标准公差用 IT 表示，划分为（　　）。

A. 20 个等级，表示为 IT1、IT2、…、IT20

B. 20 个等级，表示为 IT01、IT0、IT1、IT2、…、IT18

C. 18 个等级，表示为 IT1、IT2、…、IT18

D. 18 个等级，表示为 IT01、IT0、IT1、IT2、…、IT16

10. G00 的指令移动速度值由（　　）指定。

A. 机床参数　B. 数控程序　C. 操作面板

11. 数控机床主轴以 800r/min 的速度正转时，其指令应是（　　）。

A. M03 S800　B. M04 S800　C. M05 S800

12. 刀尖半径左补偿方向的判定是（　　）。

A. 沿刀具运动方向看，工件位于刀具左侧

B. 沿工件运动方向看，工件位于刀具左侧

C. 沿工件运动方向看，刀具位于工件左侧

D. 沿刀具运动方向看，刀具位于工件左侧

13. 下列指令中，格式不正确的是（　　）。

A. G03 X__ Z__ R__ F__　B. G03 U__ Z__ R__ F__

C. G03 U__ W__ F__　D. G03 X__ Z__ I__ K__ F__

14. 辅助功能中与主轴有关的 M 指令是（　　）。

A. M06　B. M09　C. M08　D. M05

15. 数控系统所规定的最小设定单位是（　　）。

A. 数控机床的运动精度　B. 机床的加工精度

C. 脉冲当量　D. 数控机床的传动精度

16. 步进电动机没有反馈机构，结构较简单，主要应用在（　　）。

A. 开环方式　B. 半闭环方式　C. 闭环控制　D. 混合环控制

17. 执行下列单段程序，能确定刀具移动方向和距离的是（　　）。

A. G01 X__ Z__ F__　B. G00 X__ Z__

C. G01 U__ W__ F__　D. G00 U__ W__

18. 数控机床的精度和速度主要取决于（　　）。

A. CPU　B. 机床导轨　C. 检测元件　D. 伺服系统

19. 如果切断刀的主切削刃太宽，切削时容易产生（　　）。

A. 弯曲　B. 扭转　C. 刀痕　D. 振动

20. 螺纹有五个基本要素，它们是牙型、公称直径、螺距、（　　）。

A. 线数和旋向　B. 旋向和旋合长度

C. 导程和线数　D. 线数和旋合长度

21. （　　）是企业诚实守信的内在要求。

A. 维护企业信誉　B. 增加职工福利

C. 注重经济效益　　D. 开展员工培训

22. 在市场经济下，职业道德具有（　　）的社会功能。

A. 鼓励人们自由选择职业　　B. 遏制谋利最大化

C. 促进人们行为规范化　　D. 最大限度地克服人们受利驱动

23. 职业道德对企业具有（　　）的作用。

A. 增强员工独立意识　　B. 模糊企业上级与员工关系

C. 使员工规规矩矩　　D. 增强企业凝聚力

二、判断题

1. G00、G01 指令都能使机床坐标轴准确到位，因此它们都是插补指令。（　　）
2. “G01 X5” 与 “G01 U5” 等效。（　　）
3. 在螺纹加工过程中，可适时调整 F、S 功能倍率。（　　）
4. T0201 表示选用 1 号刀具。（　　）
5. 当某轴出现超行程报警时，该轴需要进行回零操作。（　　）

三、编写程序

加工图 12-7 所示螺纹配合件中的内螺纹零件，毛坯为 ϕ50mm × 130mm 的 2A12 铝棒，请按图样要求合理制订加工工艺，编写加工程序，安全操作数控车床，并保证加工精度和表面质量要求。

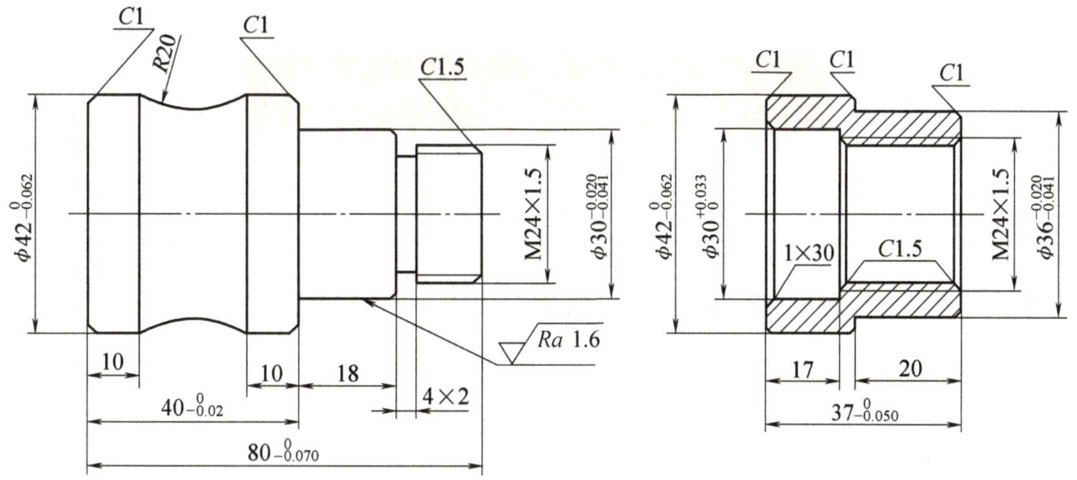

图 12-7　螺纹配合件

项目七　综合实训——小火车头制作

本项目基于中德合作课程建设项目[⊖]——小火车头制作，分成十一个任务，前十个任务完成小火车头基本零部件，如底板、驾驶室、锅炉、车轮、螺栓等的制作，最后一个任务完成小火车头的组装。本项目涉及钳工、车工、数控车削和数控铣削加工、冲压、折弯等多种加工工艺，将专业知识与实际工程问题联系起来，鼓励学生动手实践，理论联系实际，同时，为"1+X"数控车铣职业技能等级证书的考取奠定了一定的实践基础。

实训周项目　制作小火车头

一、总装图

小火车头由18种零部件组成，其总装图如图13-0-1所示。

二、零部件清单

小火车头零部件清单见表13-0-1。

表13-0-1　小火车头零部件清单

位置序号	零部件名称	适用标准	原材料	数量	备注
1	底板		S235JRC+C	1	FI 15×45×102 EN 10278
2	驾驶室		S235JR	1	U 40×50　DIN 1026
3	驾驶室顶		S235JRC+C	1	FI 45×5×33　EN 10278
4	锅炉		AIMg3	1	Rd 35×66　EN 754-3
5	锅炉烟囱		11SMn30+C	1	Rd 10×28　EN 10278
6	汽笛		11SMn30+C	1	Rd 8×38　EN 10278

⊖ 本项目零部件、工具采用欧洲工业标准。

（续）

位置序号	零部件名称	适用标准	原材料	数量	备注
7	锅炉尖		11SMn30+C	1	Rd 8×25　EN 10278
8	锅炉板		DC01	1	BI 1×75×72　EN 10130
9	大车轮		11SMn30+C	4	Rd 18×25　EN 10278
10	小车轮		11SMn30+C	2	Rd 18×25　EN 10278
11	缓冲装置		11SMn30+C	4	Rd 15×30　EN 10278
12	平头螺栓 M3×6		11SMn30+C	2	Rd 8×14　EN 10278
13	平头螺栓 M5×5		11SMn30+C	4	Rd 12×16　EN 10278
14	沉头螺钉 M3×8	ISO 10642	8.8	2	镀锌
15	沉头螺钉 M4×12	ISO 10642	8.8	1	镀锌
16	沉头螺钉 M5×20	ISO 10642	8.8	2	镀锌
17	O 形圈 12.4×2.62	ISO 3601-1	NBR70	2	
18	O 形圈 20×2.5	ISO 3601-1	NBR70	4	

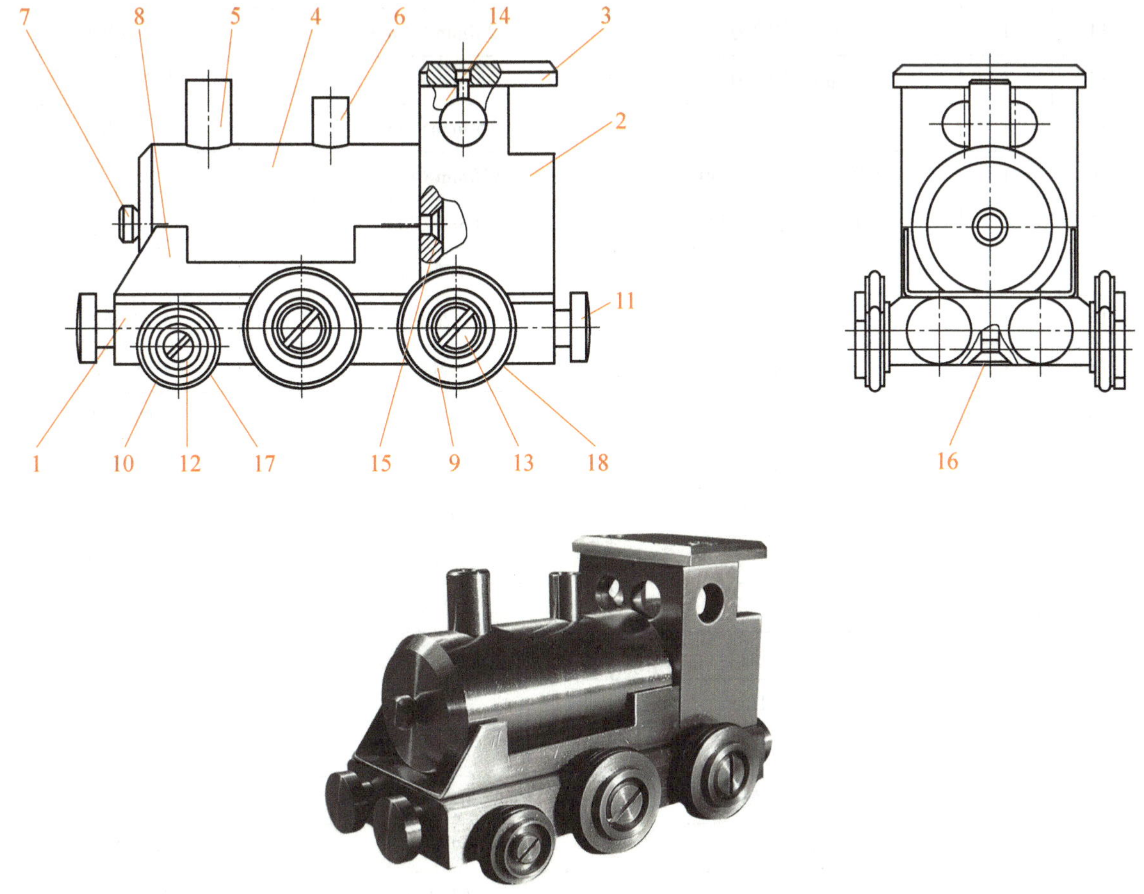

图 13-0-1　小火车头总装图

1—底板　2—驾驶室　3—驾驶室顶　4—锅炉　5—锅炉烟囱　6—汽笛　7—锅炉尖　8—锅炉板
9—大车轮　10—小车轮　11—缓冲装置　12—平头螺栓 M3×6　13—平头螺栓 M5×5
14—沉头螺钉 M3×8　15—沉头螺钉 M4×12　16—沉头螺钉 M5×20
17—O 形圈 12.4×2.62　18—O 形圈 20×2.5

三、工具清单

制作小火车头使用的工具清单见表 13-0-2。

表 13-0-2　工具清单

序号	数量	工具名称	规格	备注
1	1	游标卡尺(形状 A)	0~150mm	DIN 862
2	1	直角尺	100mm×70mm	DIN 875
3	1	直尺	75mm×50mm	DIN 875
4	1	钢直尺	300mm	
5	1	金属直划针	180mm	
6	1	样冲(90°)	120mm/ϕ10mm	DIN 7250
7	1	钳工锤	300g	DIN 1041
8	1	带柄平锉刀	150mm×1mm	DIN 7261
9	1	带柄平锉刀	150mm×3mm	DIN 7261
10	1	带柄平锉刀	250mm×1mm	DIN 7261
11	1	带柄方锉刀	250mm×3mm	DIN 7261
12	1	带柄方锉刀	150mm×1mm	DIN 7261
13	1	带柄方锉刀	150mm×3mm	DIN 7261
14	1	锉刀钢丝刷(总长 260mm)	115mm×40mm	
15	1	镀铜锉刀钢丝刷	60mm×30mm	
16	1	空心三角刮刀	150mm	
17	1	丝锥	M3	DIN 352
18	1	丝锥	M4	DIN 352
19	1	丝锥	M5	DIN 352
20	1	丝锥	M8	DIN 352
21	1	攻螺纹铰杠	M1—M8	
22	1	板牙	M5	EN 24231
23	1	板牙	M8	EN 24231
24	1	板牙支架	M5—M6	EN 22568
25	1	中心钻 HSS	ϕ2. 5	DIN 333A
26	1	中心钻 HSS	ϕ2. 0	DIN 333A
27	1	板牙支架	M7—M9	EN 22568
28	1	麻花钻	ϕ2. 5mm	DIN 338
29	1	麻花钻	ϕ3. 3mm	DIN 338
30	1	麻花钻	ϕ4. 0mm	DIN 338
31	1	麻花钻	ϕ4. 2mm	DIN 338
32	1	麻花钻	ϕ4. 3mm	DIN 338
33	1	麻花钻	ϕ5. 5mm	DIN 338

（续）

序号	数量	工具名称	规格	备注
34	1	麻花钻	ϕ6. 8mm	DIN 338
35	1	麻花钻	ϕ7. 0mm	DIN 338
36	1	麻花钻	ϕ8. 1mm	DIN 338
37	1	麻花钻	ϕ10. 0mm	DIN 338
38	1	麻花钻	ϕ10. 1mm	DIN 338
39	1	锥孔钻	ϕ6. 3mm	DIN 335C
40	1	锥孔钻	ϕ10. 4mm	DIN 335C
41	1	锥孔钻	ϕ16. 5mm	DIN 335C
42	1	平面铣刀	A 63mm×40mm	DIN 1880
43	1	立铣刀	A 12	DIN 844/845
44	1	右弯车刀	16mm×16mm×110mm	DIN 4972
45	1	右直车刀	16mm×16mm×110mm	DIN 4971
46	1	右侧车刀	12mm×12mm×100mm	DIN 4980
47	1	螺纹退刀槽成形切槽刀	M 5	DIN 76
48	1	镗刀	8mm×8mm×125mm	DIN 4974
49	1	半径样板	R1—R7	
50	1	M3 螺钉旋具	0. 8mm×4. 5mm	ISO 2380
51	1	M3 螺钉旋具	1mm×5. 5mm	ISO 2380
52	1	螺钉旋具	1. 2mm×6. 5mm	ISO 2380
53	1	机用铰刀	ϕ7H7	DIN 212
54	1	机用铰刀	ϕ4H7	DIN 212
55	1	合金锯片	ϕ80mm×1mm	DIN 1837

四、小火车头制作实训安排

小火车头制作实训安排见表 13-0-3。

表 13-0-3　小火车头制作实训安排

实训任务	实训地点	工具	学习方法
任务一　底板的制作	PLM 教室、金工实训室	台虎钳、钻床	理实一体
任务二　驾驶室的制作	PLM 教室、金工实训室	台虎钳、钻床	理实一体
任务三　驾驶室顶的制作	PLM 教室、金工实训室	台虎钳、钻床	理实一体
任务四　锅炉的制作	PLM 教室、金工实训室	台虎钳、钻床	理实一体
任务五　锅炉烟囱的制作	PLM 教室、数控实训室	数控车床、铣床	理实一体
任务六　锅炉尖的制作	PLM 教室、数控实训室	数控车床、铣床	理实一体
任务七　锅炉板的制作	PLM 教室、金工实训室	台虎钳、钻床	理实一体
任务八　车轮的制作	PLM 教室、数控实训室	数控车床、铣床	理实一体
任务九　缓冲装置的制作	PLM 教室、数控实训室	数控车床、铣床	理实一体
任务十　平头螺栓的制作	PLM 教室、数控实训室	数控车床、铣床	理实一体
任务十一　火车头的组装	PLM 教室、金工实训室	台虎钳、钻床	理实一体

实训任务一　底板的制作

一、任务信息

如图 13-1-1 所示的底板，请按要求合理制订加工工艺，正确使用工具加工零件，保证加工精度和表面质量要求，并注意安全操作。

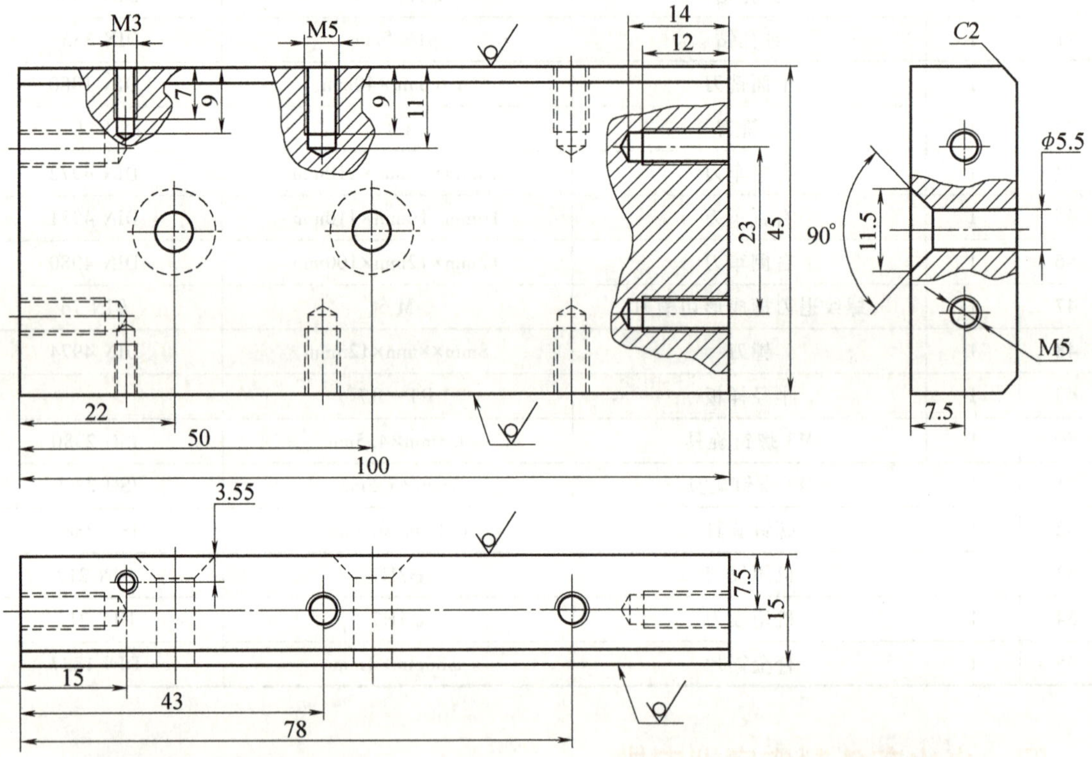

图样编号	02	底板	材料	S235JRC+C	制图	
公差	ISO 2768-m		比例	1:1	审核	

图 13-1-1　底板

二、任务计划与决策

根据底板图样，选用适合的刀具和量具，见表 13-1-1 和表 13-1-2。

表 13-1-1　刀具选项卡

刀号	刀具类型	规格	材质
1	麻花钻	ϕ2. 5mm	DIN 338
2	麻花钻	ϕ4. 3mm	DIN 338
3	麻花钻	ϕ5. 5mm	DIN 338
4	麻花钻	ϕ10mm	DIN 338
5	中心钻 HSS	ϕ2. 0mm	DIN 333A

（续）

刀号	刀具类型	规格	材质
6	丝锥	M3	DIN 352
7	丝锥	M5	DIN 352
8	攻螺纹铰杠	M1—M8	
9	样冲(90°)	120mm/ϕ10mm	DIN 7250
10	钳工锤	300g	DIN 1041
11	带柄平锉刀	150mm×1mm	DIN 7261
12	带柄平锉刀	150mm×3mm	DIN 7261
13	3寸螺钉旋具	0.8mm×4.5mm	ISO 2380
14	3寸螺钉旋具	0.8mm×5.5mm	ISO 2380
15	平面铣刀	A 63mm×40mm	DIN 1880

表 13-1-2 量具选项卡 （单位：mm）

序号	量具名称	规格	分度值
1	游标卡尺	0~150	0.02
2	外径千分尺	25~50	0.01

三、任务实施

首先制订加工工艺，再根据工序进行加工。底板加工步骤见表 13-1-3。

表 13-1-3 底板加工步骤

<table>
<tr><th>零件名称</th><th>底板</th><th>零件图号</th><th>02</th><th>材料</th><th>S235JRC+C</th></tr>
<tr><td>零件图</td><td colspan="5"></td></tr>
<tr><th>工序号</th><th>工步内容</th><th colspan="3">工步简图</th><th>使用工具</th></tr>
<tr><td>1</td><td>底板划线</td><td colspan="3"></td><td>游标卡尺
样冲</td></tr>
<tr><td>2</td><td>侧面钻孔</td><td colspan="3"></td><td>ϕ4.3mm 麻花钻
ϕ2.5mm 麻花钻</td></tr>
</table>

（续）

工序号	工步内容	工步简图	使用工具
2	前部钻孔		ϕ4.3mm 麻花钻
	底部钻孔		ϕ5.5mm 麻花钻
	底部钻孔		ϕ10mm 麻花钻
3	侧面攻螺纹		M5 丝锥 M3 丝锥
	前部攻螺纹	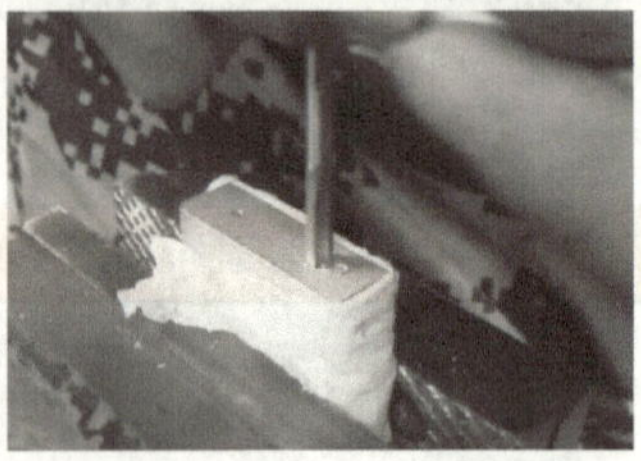	M5 丝锥

底板加工过程中出现的问题及解决办法见表 13-1-4。

表 13-1-4　底板加工过程中出现的问题及解决办法

序号	工作步骤	出现的问题	解决办法
1	底板划线	线容易划偏	1）找对基准 2）尺子和划线笔之间不能相对移动 3）眼睛要垂直于工件表面观察
2	钻中心孔	孔容易钻偏	1）样冲要垂直放置 2）锤子敲击要用力均匀

（续）

序号	工作步骤	出现的问题	解决办法
3	钻孔	孔径容易偏大	1)麻花钻的钻头一定要对准中心孔 2)安装钻头时注意垂直安装
4	沉孔	沉孔和已有孔中心线不重合	1)换钻头时一定要对准中心线 2)眼睛要从不同的角度观察
5	攻螺纹	容易把丝锥折在工件中	1)注意头锥和二锥的使用方法 2)注意查表，螺纹的螺距和公称直径之间的对应关系，如M3×0.5、M5×0.8、M8×(2)5 等 3)手动攻螺纹时注意边进边退，遇到太大的阻力应该清理一下切屑，再接着攻螺纹

四、任务检测

对加工好的工件进行检测，包括加工工艺、编制的程序、工件表面质量和尺寸精度等，根据自检、互检和师检得出该工件的最终得分。底板检测评估表见表 13-1-5。

表 13-1-5　底板检测评估表

序号	底板加工内容		配分		自检	互检	师检	最终得分
1	工艺准备（20 分）	编写加工工艺	10					
		编写程序	10					
2	零件加工（60 分）	长度(100±0.3)mm	IT	*Ra*				
			8	—				
		孔距(22±0.2)mm	6	—				
		孔距(50±0.3)mm	6	—				
		孔距(23±0.2)mm	6	—				
		孔距(15±0.2)mm	6	—				
		孔距(43±0.3)mm	6	—				
		孔距(78±0.3)mm	6	—				
		孔距(3.55±0.1)mm	6	—				
		安全操作，文明生产	10(违规视情节轻重扣 1~10 分)					
3	外观检测（20 分）	车削面的表面质量	5					
		锐边倒钝	5					
		去毛刺	10					
		其他项目	一般按照 GB/T 1804-m，有明显缺陷倒扣 2~10 分					
合计(总分)			满分 100 分					

五、任务评定

任务评价包括出勤、课堂纪律、零件加工和职业素养方面，由个人评价、小组评价、教师评价按不同权重组合而成。综合评价表见表 13-1-6，实训鉴定表见表 13-1-7。

表 13-1-6　综合评价表

项目	出勤(10 分)	课堂纪律(10 分)	零件加工(60 分)	职业素养(20 分)	综合成绩
个人评价(20%)					
小组评价(30%)					
教师评价(50%)					
综合得分					

表 13-1-7　实训鉴定表

自我鉴定	你在本任务中学习了哪些新的知识和技能？加工过程中出现了哪些问题？你是如何解决的？ 学生签名：________ ____年____月____日
教师鉴定	对本学生的最终鉴定(优秀、良好、一般、差)： 指导教师签名：________ ____年____月____日

实训任务二　驾驶室的制作

一、任务信息

如图 13-2-1 所示的驾驶室，请按要求合理制订加工工艺，正确使用加工工具加工零件，保证加工精度和表面质量要求，并注意安全操作。

二、任务计划与决策

根据驾驶室图样，经过计划与决策，选用适合的刀具与量具，见表 13-2-1 和表 13-2-2。

表 13-2-1　刀具选项卡

刀号	刀具类型	规格	材质
1	麻花钻	ϕ2.5mm	DIN 338
2	麻花钻	ϕ4.5mm	DIN 338
3	麻花钻	ϕ10mm	DIN 338
4	中心钻 HSS	ϕ2.0mm	DIN 333A
5	丝锥	M3	DIN 352

（续）

刀号	刀具类型	规格	材质
6	攻螺纹铰杠	M1—M8	DIN 7679
7	样冲(90°)	120mm/ϕ10mm	DIN 7250
8	钳工锤	300g	DIN 1041
9	带柄平锉刀	150mm×1mm	DIN 7261
10	带柄平锉刀	150mm×3mm	DIN 7261
11	M3 螺钉旋具	0. 8mm×4mm	ISO 2380
12	M3 螺钉旋具	1mm×5. 5mm	ISO 2380

表 13-2-2　量具选项卡　（单位：mm）

序号	量具名称	规格	分度值
1	游标卡尺	0~150	0. 02
2	外径千分尺	25~50	0. 01

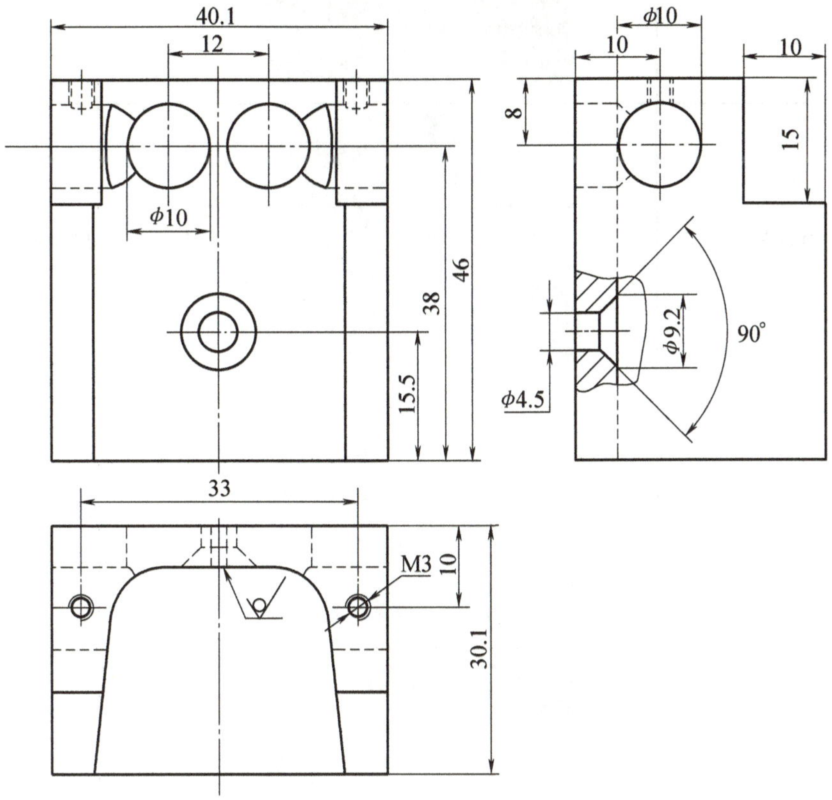

图样编号	03	驾驶室	材料	S235JR	制图	
公差	ISO 2768-m		比例	1:1	审核	

图 13-2-1　驾驶室

三、任务实施

首先制订加工工艺，再根据制订好的工序和工步进行加工。驾驶室加工步骤见表 13-2-3。

表 13-2-3　驾驶室加工步骤

零件名称	驾驶室	零件图号	03	材料	S235JR
零件图					

工序号	工步内容	工步简图	使用工具
1	侧面钻孔		ϕ10mm 麻花钻
	背部钻孔	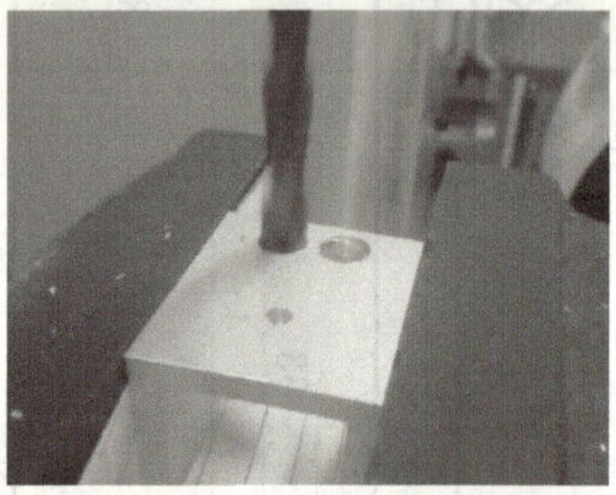	ϕ10mm 麻花钻
	后部钻孔	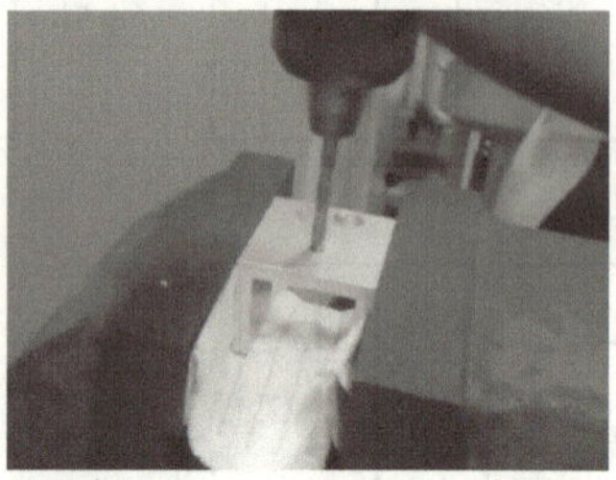	ϕ4.5mm 麻花钻
		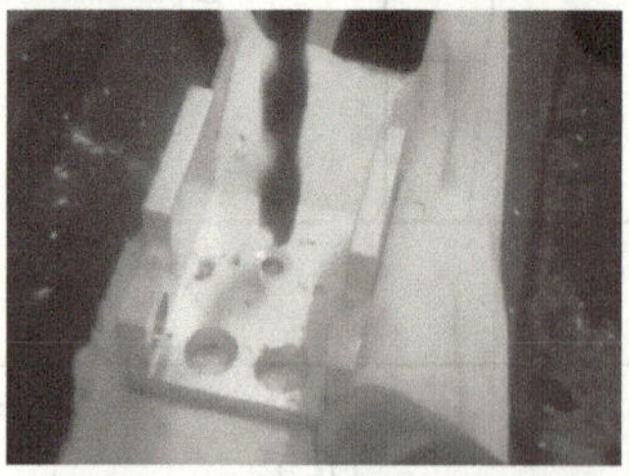	ϕ10mm 麻花钻
	上部钻孔		ϕ2.5mm 麻花钻

（续）

工序号	工步内容	工步简图	使用工具
2	上部攻螺纹	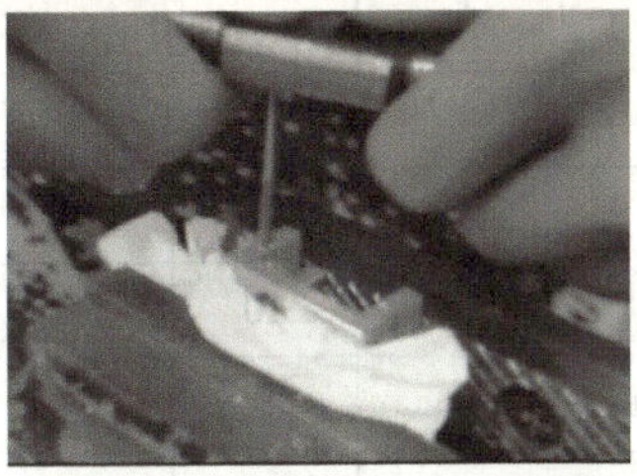	M3 丝锥
	上部安装盖子		内六角扳手

驾驶室加工过程中出现的问题及解决办法见表 13-2-4。

表 13-2-4　驾驶室加工过程中出现的问题及解决办法

序号	工作步骤	出现的问题	解决办法
1	底板划线	线容易划偏	1)找对基准 2)尺子和划线笔之间不能相对移动 3)眼睛要垂直于工件表面观察
2	钻中心孔	孔容易钻偏	1)样冲要垂直放置 2)锤子敲击要用力均匀
3	钻孔	孔径容易偏大	1)划线时中心孔一定要精准 2)安装钻头时注意垂直安装
4	沉孔	沉孔和已有孔中心线不重合	1)钻头尖端一定要对准中心线 2)眼睛要从不同的角度观察对准中心孔
5	攻螺纹	容易把丝锥折在工件中	1)注意头锥和二锥的使用方法 2)注意查表，螺纹的螺距和公称直径之间的对应关系，如 M3×0.5、M5×0.8、M8×(2)5 等 3)手动攻螺纹时注意边进边退，遇到太大的阻力应该清理一下切屑，再接着攻螺纹

四、任务检测

对加工好的工件进行检测，主要包括加工工艺、编制的程序、工件表面质量和尺寸精度等方面的要求，根据自检、互检和师检得出该工件最终的得分。驾驶室检测评估表见表 13-2-5。

五、任务评定

任务评价包括出勤、课堂纪律、零件加工和职业素养方面，由个人评价、小组评价、教师评价按不同权重组合而成。综合评价表见表 13-2-6，实训鉴定表见表 13-2-7。

表 13-2-5　驾驶室检测评估表

序号	底板加工内容		配分		自检	互检	师检	最终得分
1	工艺准备（20分）	编写加工工艺	10					
		编写程序	10					
2	零件加工（60分）	长度(48±0.3)mm	IT	*Ra*				
			10	—				
		开口尺寸(10±0.2)mm	8	—				
		开口尺寸(15±0.3)mm	8	—				
		孔距(10±0.2)mm	8	—				
		孔距(12±0.2)mm	8	—				
		孔距(33±0.3)mm	8	—				
		安全操作，文明生产	10(违规视情节轻重扣1~10分)					
3	外观检测（20分）	车削面的表面质量	5					
		锐边倒钝	5					
		去毛刺	10					
		其他项目	一般按照 GB/T 1804-m，有明显缺陷倒扣 2~10 分					
合计（总分）			满分 100 分					

表 13-2-6　综合评价表

项目	出勤（10分）	课堂纪律（10分）	零件加工（60分）	职业素养（20分）	综合成绩
个人评价（20%）					
小组评价（30%）					
教师评价（50%）					
综合得分					

表 13-2-7　实训鉴定表

自我鉴定	你在本任务中学习了哪些新的知识和技能？加工过程中出现了哪些问题？你是如何解决的？ 学生签名：__________ ______年_____月____日
教师鉴定	对本学生的最终鉴定（优秀、良好、一般、差）： 指导教师签名：__________ ______年_____月____日

实训任务三　驾驶室顶的制作

一、任务信息

如图 13-3-1 所示的驾驶室顶，请按要求合理制订加工工艺，正确使用加工工具加工零件，保证加工精度和表面质量要求，并注意安全操作。

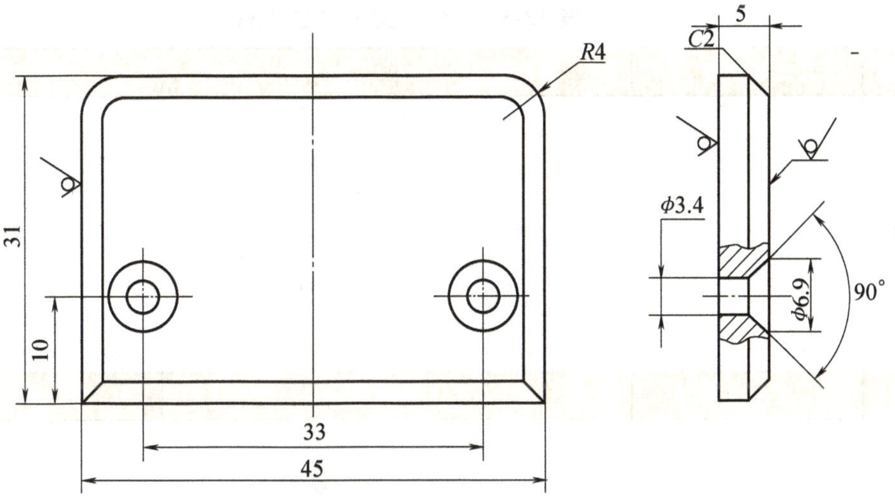

图样编号	04	驾驶室顶	材料	S235JRC+C	制图	
公差	ISO 2768-m		比例	1:1	审核	

图 13-3-1　驾驶室顶

二、任务计划与决策

根据驾驶室顶图样，经过计划与决策，选用适合的刀具与量具，见表 13-3-1 和表 13-3-2。

表 13-3-1　刀具选项卡

刀号	刀具类型	规格	材质
1	麻花钻	ϕ3. 4mm	DIN 338
2	麻花钻	ϕ6. 9mm	DIN 338
3	麻花钻	ϕ10mm	DIN 338
4	中心钻 HSS	ϕ2. 0mm	DIN 333A
5	样冲(90°)	120mm/ϕ10mm	DIN 7250
6	钳工锤	300g	DIN 1041
7	带柄平锉刀	150mm×1mm	DIN 7261
8	带柄平锉刀	150mm×3mm	DIN 7261
9	M3 螺钉旋具	0. 8mm×4mm	ISO 2380
10	M3 螺钉旋具	1mm×5. 5mm	ISO 2380

表 13-3-2　量具选项卡　　（单位：mm）

序号	量具名称	规格	分度值
1	游标卡尺	0~150	0.02
2	外径千分尺	25~50	0.01

三、任务实施

首先制订加工工艺，再根据制订好的工序和工步进行加工。驾驶室顶加工步骤见表 13-3-3。

表 13-3-3　驾驶室顶加工步骤

<table>
<tr><th>零件名称</th><th>驾驶室顶</th><th>零件图号</th><th>04</th><th>材料</th><th>S235JRC+C</th></tr>
<tr><td>零件图</td><td colspan="5"></td></tr>
<tr><th>工序号</th><th>工步内容</th><th colspan="3">工步简图</th><th>使用工具</th></tr>
<tr><td>1</td><td>顶部划线</td><td colspan="3"></td><td>划线笔、钢直尺</td></tr>
<tr><td>2</td><td>打样冲孔</td><td colspan="3"></td><td>样冲</td></tr>
<tr><td rowspan="2">3</td><td>顶部钻孔</td><td colspan="3"></td><td>ϕ3.4mm 麻花钻</td></tr>
<tr><td>顶部钻沉孔</td><td colspan="3"></td><td>ϕ6.9mm 麻花钻</td></tr>
</table>

（续）

工序号	工步内容	工步简图	使用工具
4	驾驶室与盖子的装配		内六角扳手

驾驶室顶加工过程中出现的问题及解决办法见表 13-3-4。

表 13-3-4　驾驶室顶加工过程中出现的问题及解决办法

序号	工作步骤	出现的问题	解决办法
1	底板划线	线容易划偏	1）找对基准 2）尺子和划线笔之间不能相对移动 3）眼睛要垂直于工件表面观察
2	钻中心孔	孔容易钻偏	1）样冲要垂直放置 2）锤子敲击要用力均匀
3	钻孔	孔径容易偏大	1）划线时中心孔一定要精准 2）安装钻头时注意垂直安装
4	沉孔	沉孔和已有孔中心线不重合	1）钻头尖端一定要对准中心线 2）眼睛要从不同的角度观察对准中心孔
5	装配	驾驶室和盖子装配时中心距不一致、导致装配不上	1）划线时顶部孔的中心距一定要与驾驶室顶部的中心距相同 2）驾驶室顶部的中心孔一定要居中，否则会导致孔的偏移，使得装配变得困难

四、任务检测

对加工好的工件进行检测，主要包括加工工艺、编制的程序、工件表面质量和尺寸精度等方面的要求，根据自检、互检和师检得出该工件最终的得分。驾驶室顶检测评估表见表 13-3-5。

表 13-3-5　驾驶室顶检测评估表

序号	驾驶室顶加工内容		配分		自检	互检	师检	最终得分
1	工艺准备（20 分）	编写加工工艺	10					
		编写程序	10					
2	零件加工（60 分）	长度（45±0.3）mm	IT	*Ra*				
			14	—				
		长度（31±0.3）mm	12	—				
		孔距（10±0.1）mm	12	—				
		孔距（33±0.3）mm	12	—				
		安全操作，文明生产	10（违规视情节轻重扣 1~10 分）					

（续）

序号	驾驶室顶加工内容		配分	自检	互检	师检	最终得分
3	外观检测（20分）	车削面的表面质量	5				
		锐边倒钝	5				
		去毛刺	10				
		其他项目	一般按照 GB/T 1804-m，有明显缺陷倒扣 2~10 分				
合计（总分）			满分 100 分				

五、任务评定

任务评价包括出勤、课堂纪律、零件加工和职业素养方面，由个人评价、小组评价、教师评价按不同权重组合而成。综合评价表见表 13-3-6，实训鉴定表见表 13-3-7。

表 13-3-6　综合评价表

项目	出勤（10 分）	课堂纪律（10 分）	零件加工（60 分）	职业素养（20 分）	综合成绩
个人评价（20%）					
小组评价（30%）					
教师评价（50%）					
综合得分					

表 13-3-7　实训鉴定表

自我鉴定	你在本任务中学习了哪些新的知识和技能？加工过程中出现了哪些问题？你是如何解决的？ 学生签名：________ ______年______月____日
教师鉴定	对本学生的最终鉴定（优秀、良好、一般、差）： 指导教师签名：________ ______年______月____日

实训任务四　锅炉的制作

一、任务信息

如图 13-4-1 所示的锅炉，请按要求合理制订加工工艺，正确使用加工工具加工零件，保证加工精度和表面质量要求，并注意安全操作。

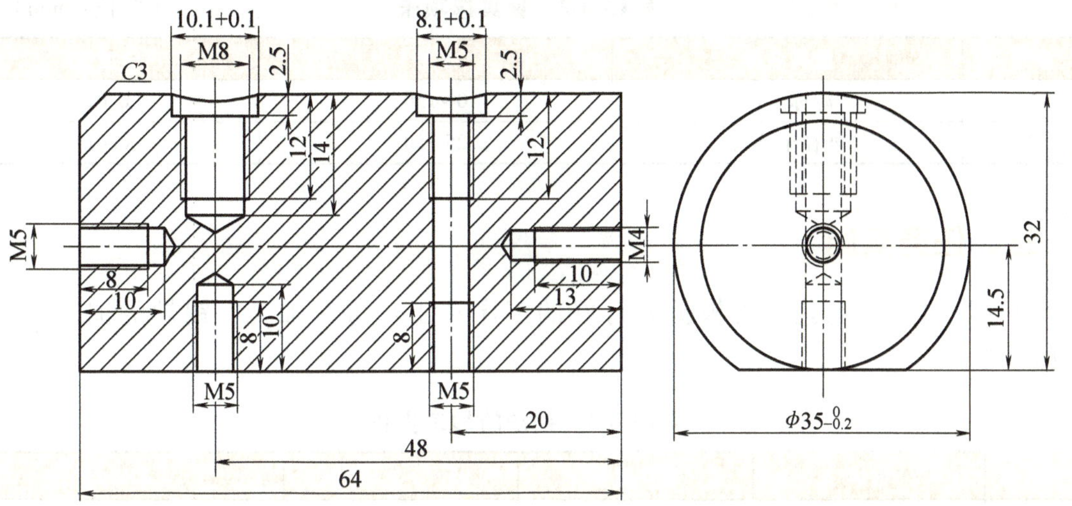

图样编号	05	锅炉	材料	AlMg3	制图	
公差	ISO 2768-m		比例	1:1	审核	

图 13-4-1 锅炉

二、任务计划与决策

根据锅炉图样，经过计划与决策，选用适合的刀具与工具，见表 13-4-1 和表 13-4-2。

表 13-4-1 刀具选项卡

刀号	刀具类型	规格	材质
1	麻花钻	ϕ3.3mm	DIN 338
2	麻花钻	ϕ4.3mm	DIN 338
3	麻花钻	ϕ6.8mm	DIN 338
4	丝锥	M4	DIN 352
5	丝锥	M5	DIN 352
6	丝锥	M8	DIN 352
7	中心钻 HSS	ϕ2.0mm	DIN 333A
8	样冲(90°)	120mm/ϕ10mm	DIN 7250
9	钳工锤	300g	DIN 1041
10	带柄平锉刀	150mm×1mm	DIN 7261
11	带柄平锉刀	150mm×3mm	DIN 7261
12	面铣刀	A 63mm×40mm	DIN 1880
13	立铣刀	A12	DIN 844/845
14	右弯车刀	16mm×16mm×110mm	DIN 4972
15	右直车刀	16mm×16mm×110mm	DIN 4971

表 13-4-2　量具选项卡　（单位：mm）

序号	量具名称	规格	分度值
1	游标卡尺	0~150	0.02
2	外径千分尺	25~50	0.01

三、任务实施

首先制订加工工艺，再根据制订好的工序和工步进行加工。锅炉的加工步骤见表 13-4-3。

表 13-4-3　锅炉的加工步骤

<table>
<tr><th>零件名称</th><th>锅炉</th><th>零件图号</th><th>05</th><th>材料</th><th>AlMg3</th></tr>
<tr><td>零件图</td><td colspan="5"></td></tr>
<tr><th>工序号</th><th>工步内容</th><th colspan="3">工步简图</th><th>使用工具</th></tr>
<tr><td>1</td><td>车削外圆</td><td colspan="3"></td><td>右弯车刀</td></tr>
<tr><td rowspan="2">2</td><td>上部钻孔</td><td colspan="3">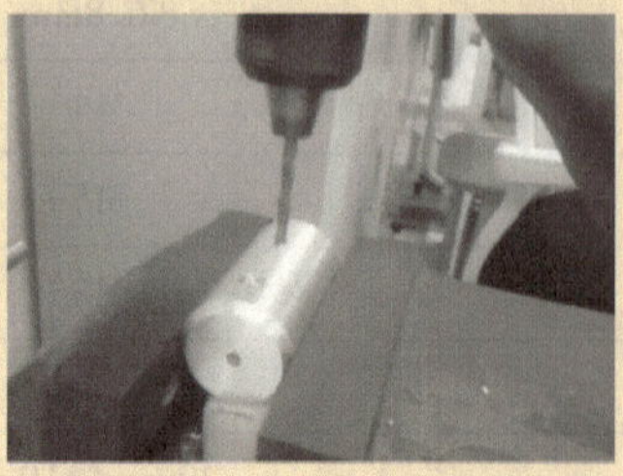</td><td>ϕ4.3mm 麻花钻
ϕ6.8mm 麻花钻</td></tr>
<tr><td>两端钻孔</td><td colspan="3"></td><td>ϕ3.3mm 麻花钻
ϕ2.5mm 麻花钻</td></tr>
</table>

（续）

工序号	工步内容	工步简图	使用工具
2	底部钻孔	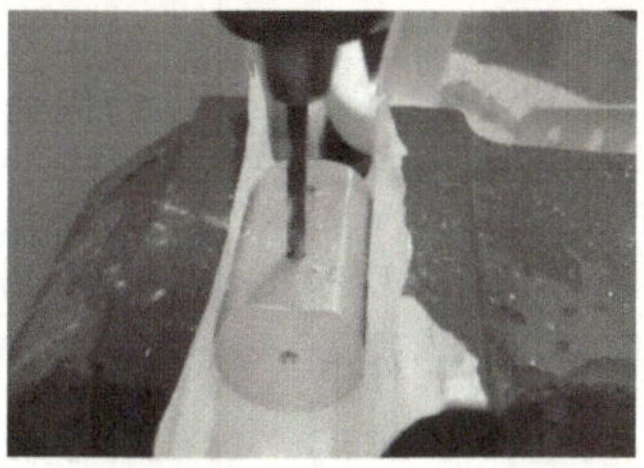	ϕ4.3mm 麻花钻
3	上部攻螺纹		M5 丝锥 M8 丝锥
	两端攻螺纹	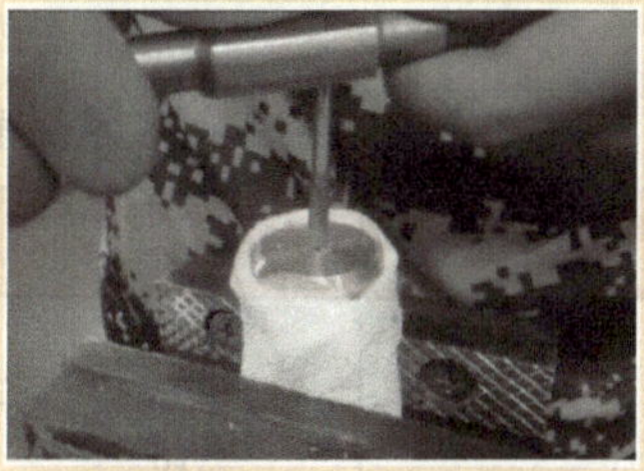	M4 丝锥
	底部攻螺纹	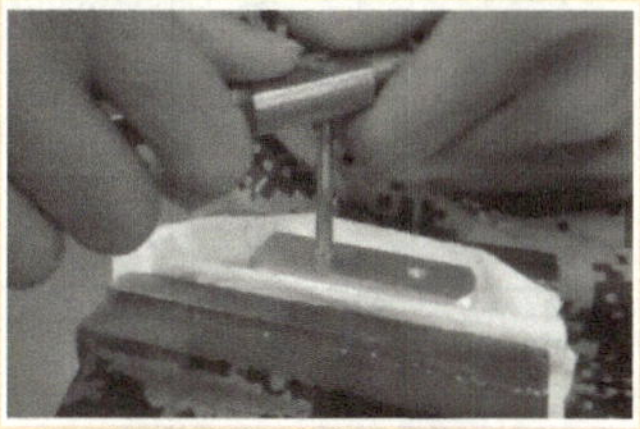	M5 丝锥
4	锅炉与烟囱汽笛的配合		

锅炉加工过程中出现的问题及解决办法见表 13-4-4。

表 13-4-4 锅炉加工过程中出现的问题及解决办法

序号	工作步骤	出现的问题	解决办法
1	车削外圆表面	表面不光滑	1）用 G90 指令车削 2）精加工时提高主轴转速，车刀进给速度减慢 3）车刀表面不要有积屑瘤
2	钻孔	孔深过大或过小	1）钻孔时注意精确定位 2）学会准确读取台钻钻孔深度

（续）

序号	工作步骤	出现的问题	解决办法
3	沉孔	沉孔和已有孔中心线不重合	1）钻头尖端一定要对准中心线 2）眼睛要从不同的角度观察对准中心孔
4	攻螺纹	容易把丝锥折在工件中	1）注意头锥和二锥的使用方法 2）注意查表，螺纹的螺距和公称直径之间的对应关系 3）手动攻螺纹时注意边进边退，遇到太大的阻力应该清理一下切屑，再接着攻螺纹

四、任务检测

对加工好的工件进行检测，主要包括加工工艺、编制的程序、工件表面质量和尺寸精度等方面的要求，根据自检、互检和师检得出该工件最终的得分。锅炉检测评估表见表 13-4-5。

表 13-4-5　锅炉检测评估表

序号	锅炉加工内容		配分		自检	互检	师检	最终得分
1	工艺准备（20分）	编写加工工艺	10					
		编写程序	10					
2	零件加工（60分）	长度（64±0.3）mm	IT	*Ra*				
			10	—				
		孔距（20±0.2）mm	10	—				
		孔距（48±0.3）mm	10	—				
		M4 孔深（13±0.2）mm	10	—				
		M5 孔深（10±0.2）mm	10	—				
		安全操作，文明生产	10（违规视情节轻重扣 1~10 分）					
3	外观检测（20分）	车削面的表面质量	5					
		锐边倒钝	5					
		去毛刺	10					
		其他项目	一般按照 GB/T 1804-m，有明显缺陷倒扣 2~10 分					
合计（总分）			满分 100 分					

五、任务评定

任务评价包括出勤、课堂纪律、零件加工和职业素养方面，由个人评价、小组评价、教师评价按不同权重组合而成。综合评价表见表 13-4-6，实训鉴定表见表 13-4-7。

表 13-4-6　综合评价表

项目	出勤(10 分)	课堂纪律(10 分)	零件加工(60 分)	职业素养(20 分)	综合成绩
个人评价(20%)					
小组评价(30%)					
教师评价(50%)					
综合得分					

表 13-4-7　实训鉴定表

自我鉴定	你在本任务中学习了哪些新的知识和技能？加工过程中出现了哪些问题？你是如何解决的？ 学生签名：______ ____年____月___日
教师鉴定	对本学生的最终鉴定(优秀、良好、一般、差)： 指导教师签名：______ ____年____月___日

实训任务五　锅炉烟囱的制作

一、任务信息

如图 13-5-1 所示的锅炉烟囱，请按要求合理制订加工工艺，正确使用加工工具加工零件，保证加工精度和表面质量要求，并注意安全操作。

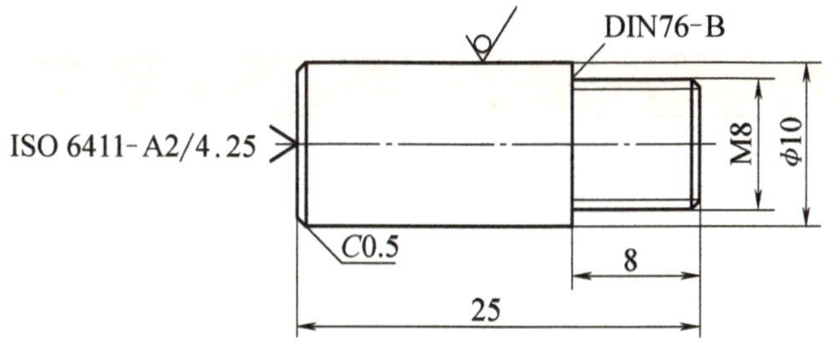

图样编号	06	锅炉烟囱	材料	11SMn30+C	制图	
公差	ISO 2768-m		比例	2:1	审核	

图 13-5-1　锅炉烟囱

二、任务计划与决策

根据锅炉烟囱图样，经过计划与决策，选用适合的刀具与量具，见表 13-5-1 和表 13-5-2。

表 13-5-1 刀具选项卡

刀号	刀具类型	规格	材质
1	右弯车刀	16mm×16mm×110mm	DIN 4972
2	右直车刀	16mm×16mm×110mm	DIN 4971
3	右侧车刀	12mm×12mm×100mm	DIN 4980
4	螺纹退刀槽成形切槽刀	M5	DIN 76
5	60°外螺纹车刀	20mm×20mm	DIN 4981
6	半径样板	R1—R7	

表 13-5-2 量具选项卡 （单位：mm）

序号	量具名称	规格	分度值
1	游标卡尺	0~150	0.02
2	外径千分尺	25~50	0.01

三、任务实施

首先制订加工工艺，再根据制订好的工序和工步进行加工。锅炉烟囱的加工步骤见表 13-5-3，烟囱外圆和烟囱螺纹的加工程序见表 13-5-4 和表 13-5-5。

表 13-5-3 锅炉烟囱的加工步骤

<table>
<tr><td>零件名称</td><td>锅炉烟囱</td><td>零件图号</td><td>06</td><td>材料</td><td>11SMn30+C</td></tr>
<tr><td>零件图</td><td colspan="5">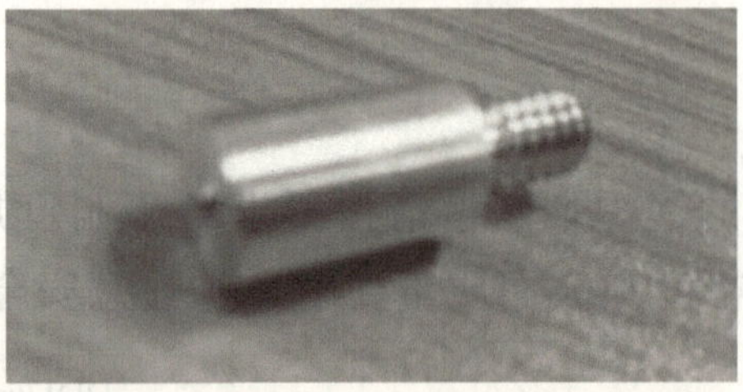</td></tr>
<tr><td>工序号</td><td>工步内容</td><td colspan="3">工步简图</td><td>使用工具</td></tr>
<tr><td>1</td><td>车削外圆</td><td colspan="3"></td><td>外圆车刀</td></tr>
<tr><td>2</td><td>车退刀槽</td><td colspan="3"></td><td>切断刀</td></tr>
</table>

（续）

工序号	工步内容	工步简图	使用工具
3	车外螺纹	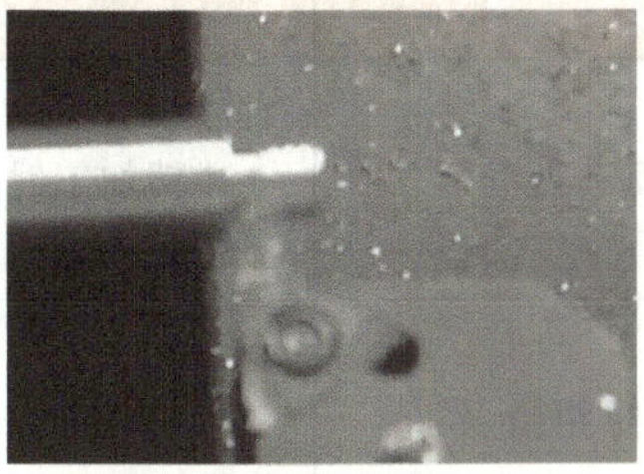	外螺纹车刀
4	锅炉烟囱与锅炉的配合		

表 13-5-4　烟囱外圆加工程序

程序段号	程序内容	程序段号	程序内容
	O1910;	N100	Z-8;
N10	G99 G97 G40	N110	X10;
N20	T0101;	N120	Z-28;
N30	M03 S500;	N130	N2 G00 X14 ;
N40	G00 X14 Z2;	N140	M03 S1000;
N50	G71 U0.7 R0.5;	N150	F0.05;
N60	G71 P1 Q2 U0.5 W0 F0.1;	N160	G70 P1 Q2;
N70	N1 G00 X6;	N170	G00 X100 Z100;
N80	G01 Z0;	N180	M05;
N90	X8 Z-1;	N190	M30;

表 13-5-5　烟囱螺纹加工程序

程序段号	程序内容	程序段号	程序内容
	O1911;	N80	X6.5;
N10	G99 G97 G40;	N90	X6.4;
N20	T0303;	N100	X6.375;
N30	M03 S600;	N110	X6.375;
N40	G00 X10 Z2.5;	N120	G00 X100 Z100;
N50	G92 X7.4 Z-7 F1.25;	N130	M05;
N60	X7.0;	N140	M30;
N70	X6.7;		

烟囱加工过程中出现的问题及解决办法见表 13-5-6。

表 13-5-6　烟囱加工过程中出现的问题及解决办法

序号	工作步骤	出现的问题	解决办法
1	车削外圆表面	表面不光滑	1)用 G90 指令车削 2)精加工时提高主轴转速，车刀进给速度减慢 3)车刀表面不要有积屑瘤
2	车螺纹	螺纹螺距错误	1)注意粗牙螺纹和细牙螺纹的区别 2)注意查表，找到螺纹的螺距和公称直径之间的对应关系
3	车螺纹	螺纹乱牙	1)切削螺纹时，入刀距离一般取螺距的 2 倍，出刀距离等于螺距 2)注意每层的背吃刀量应查表确定，或者按照经验取值逐层递减，最后一层可以光整一刀
4	螺纹配合	内、外螺纹配合不上	1)锅炉的内螺纹和烟囱的外螺纹互为基准，检测工件是否合格 2)因为螺纹切削有挤压作用，所以螺纹预留外圆直径=螺纹大径-0.1×螺距，螺纹小径=螺纹大径-1.3×螺距 3)由于存在对刀误差或者是机床系统的原因，可以加磨耗值或者把螺纹多切削几层

四、任务检测

对加工好的工件进行检测，主要包括加工工艺、编制的程序、工件表面质量和尺寸精度等方面的要求，根据自检、互检和师检得出该工件最终的得分。锅炉烟囱检测评估表见表 13-5-7。

表 13-5-7　锅炉烟囱检测评估表

<table>
<tr><th>序号</th><th colspan="2">锅炉烟囱加工内容</th><th colspan="2">配分</th><th>自检</th><th>互检</th><th>师检</th><th>最终得分</th></tr>
<tr><td rowspan="2">1</td><td rowspan="2">工艺准备
(20分)</td><td>编写加工工艺</td><td colspan="2">10</td><td></td><td></td><td></td><td></td></tr>
<tr><td>编写程序</td><td colspan="2">10</td><td></td><td></td><td></td><td></td></tr>
<tr><td rowspan="6">2</td><td rowspan="6">零件加工
(60分)</td><td rowspan="2">长度(25±0.2)mm</td><td>IT</td><td>Ra</td><td rowspan="2"></td><td rowspan="2"></td><td rowspan="2"></td><td rowspan="2"></td></tr>
<tr><td>5</td><td>5</td></tr>
<tr><td>长度(8±0.2)mm</td><td>5</td><td>5</td><td></td><td></td><td></td><td></td></tr>
<tr><td>螺纹 M8×1.25</td><td>20</td><td>—</td><td></td><td></td><td></td><td></td></tr>
<tr><td>倒角 C0.5</td><td>10</td><td>—</td><td></td><td></td><td></td><td></td></tr>
<tr><td>安全操作，文明生产</td><td colspan="6">10(违规视情节轻重扣1~10分)</td></tr>
<tr><td rowspan="4">3</td><td rowspan="4">外观检测
(20分)</td><td>车削面的表面质量</td><td colspan="2">5</td><td></td><td></td><td></td><td></td></tr>
<tr><td>锐边倒钝</td><td colspan="2">5</td><td></td><td></td><td></td><td></td></tr>
<tr><td>去毛刺</td><td colspan="2">10</td><td></td><td></td><td></td><td></td></tr>
<tr><td>其他项目</td><td colspan="6">一般按照 GB/T 1804-m，
有明显缺陷倒扣 2~10 分</td></tr>
<tr><td colspan="3">合计(总分)</td><td colspan="6">100 分</td></tr>
</table>

五、任务评定

任务评价包括出勤、课堂纪律、零件加工和职业素养方面，由个人评价、小组评价、教师评价按不同权重组合而成。综合评价表见表 13-5-8，实训鉴定表见表 13-5-9。

表 13-5-8　综合评价表

项目	出勤（10 分）	课堂纪律（10 分）	零件加工（60 分）	职业素养（20 分）	综合成绩
个人评价（20%）					
小组评价（30%）					
教师评价（50%）					
综合得分					

表 13-5-9　实训鉴定表

自我鉴定	你在本任务中学习了哪些新的知识和技能？加工过程中出现了哪些问题？你是如何解决的？ 学生签名：__________ ______年______月____日
教师鉴定	对本学生的最终鉴定（优秀、良好、一般、差）： 指导教师签名：__________ ______年______月____日

实训任务六　锅炉尖的制作

一、任务信息

如图 13-6-1 所示的锅炉尖，请按要求合理制订加工工艺，正确使用加工工具加工零件，保证加工精度和表面质量要求，并注意安全操作。

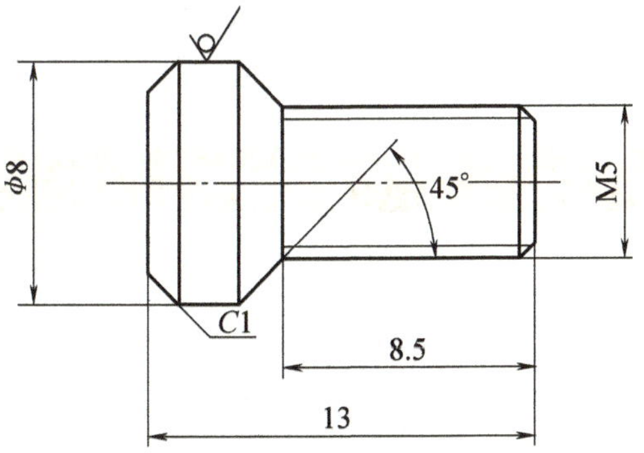

图样编号	08	锅炉尖	材料	11SMn30+C	制图	
公差	ISO 2768-m		比例	2:1	审核	

图 13-6-1　锅炉尖

二、任务计划与决策

根据锅炉尖图样，经过计划与决策，选用适合的工具和量具，见表 13-6-1 和表 13-6-2。

表 13-6-1　刀具选项卡

刀号	刀具类型	规格/mm	材质
1	右弯车刀	16×16×110	DIN 4972
2	右直车刀	16×16×110	DIN 4971
3	右侧车刀	12×12×100	DIN 4980
4	螺纹退刀槽成形切槽刀	M5	DIN 76
5	60°外螺纹车刀	20×20	DIN 4981
6	半径样板	R1～R7	

表 13-6-2　量具选项卡　　（单位：mm）

序号	量具名称	规格	分度值
1	游标卡尺	0～150	0. 02
2	外径千分尺	25～50	0. 01

三、任务实施

首先制订加工工艺，再根据制订好的工序和工步进行加工。锅炉尖的加工步骤见表 13-6-3，锅炉尖外圆加工程序和锅炉尖螺纹加工程序见表 13-6-4 和表 13-6-5。

表 13-6-3　锅炉尖的加工步骤

零件名称	锅炉尖	零件图号	08	材料	11SMn30+C
零件图					
工序号	工步内容	工步简图		使用工具	
1	车削外圆			外圆车刀	

（续）

工序号	工步内容	工步简图	使用工具
2	车退刀槽		切断刀
3	车外螺纹	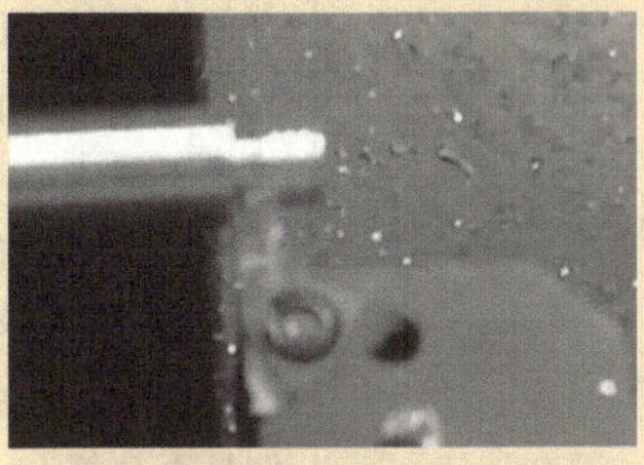	外螺纹车刀
4	锅炉烟囱与锅炉的配合		

表 13-6-4　锅炉尖外圆加工程序

程序段号	程序内容	程序段号	程序内容
	O1910;	N100	Z-8.5;
N10	G99 G97 G40	N110	X8 Z-10;
N20	T0101;	N120	Z-13;
N30	M03 S500;	N130	N2 G00 X12 ;
N40	G00 X12 Z2;	N140	M03 S1000;
N50	G71 U0.7 R0.5;	N150	F0.05;
N60	G71 P1 Q2 U0.5 W0 F0.1;	N160	G70 P1 Q2;
N70	N1 G00 X3;	N170	G00 X100 Z100;
N80	G01 Z0;	N180	M05;
N90	X5 Z-1;	N190	M30;

表 13-6-5　锅炉尖螺纹加工程序

程序段号	程序内容	程序段号	程序内容
	O1911;	N70	X4.1;
N10	G99 G97 G40;	N80	X3.96;
N20	T0303;	N90	X3.96;
N30	M03 S600;	N100	G00 X100 Z100;
N40	G00 X7 Z1.6;	N110	M05;
N50	G92 X4.5 Z-7.5 F0.8;	N120	M30;
N60	X4.2;		

锅炉尖加工过程中出现的问题及解决办法见表 13-6-6。

表 13-6-6 锅炉尖加工过程中出现的问题及解决办法

序号	工作步骤	出现的问题	解决办法
1	车削外圆表面	表面不光滑	1）用 G90 指令车削 2）精加工时提高主轴转速，车刀进给速度减慢 3）车刀表面不要有积屑瘤
2	车螺纹	螺纹螺距错误	1）注意粗牙螺纹和细牙螺纹的区别 2）注意查表，锅炉尖的螺纹是粗牙螺纹，螺纹和公称直径之间的对应关系是 M5×0.8
3	车螺纹	螺纹乱牙	1）切削螺纹时，入刀距离一般取螺距的 2 倍，出刀距离等于螺距 2）注意每层的背吃刀量应查表确定，或者按照经验取值逐层递减，最后一层可以光整一刀
4	螺纹配合	内外螺纹配合不上	1）锅炉的内螺纹和锅炉尖的外螺纹互为基准，检测工件是否合格 2）因为螺纹切削有挤压作用，所以螺纹预留外圆直径＝螺纹大径－0.1×螺距，螺纹小径＝螺纹大径－1.3×螺距 3）由于存在对刀误差或者是机床系统的原因，可以加磨耗值或者把螺纹多切削几层

四、任务检测

对加工好的工件进行检测，主要包括加工工艺、编制的程序、工件表面质量和尺寸精度等方面的要求，根据自检、互检和师检得出该工件最终的得分。锅炉尖检测评估表见表 13-6-7。

表 13-6-7 锅炉尖检测评估表

序号	锅炉尖加工内容		配分		自检	互检	师检	最终得分
1	工艺准备（20 分）	编写加工工艺	10					
		编写程序	10					
2	零件加工（60 分）	长度（13±0.2）mm	IT	*Ra*				
			5	5				
		长度（8.5±0.2）mm	5	5				
		倒角 *C*1	10	—				
		螺纹 M5×0.8	20	—				
		安全操作，文明生产	10（违规视情节轻重扣 1～10 分）					
3	外观检测（20 分）	车削面的表面质量	5					
		锐边倒钝	5					
		去毛刺	10					
		其他项目	一般按照 GB/T 1804-m，有明显缺陷倒扣 2～10 分					
合计（总分）			100 分					

五、任务评定

任务评价包括出勤、课堂纪律、零件加工和职业素养方面，由个人评价、小组评价、教师评价按不同权重组合而成。综合评价表见表 13-6-8，实训鉴定表见表 13-1-9。

表 13-6-8　综合评价表

项目	出勤（10 分）	课堂纪律（10 分）	零件加工（60 分）	职业素养（20 分）	综合成绩
个人评价（20%）					
小组评价（30%）					
教师评价（50%）					
综合得分					

表 13-6-9　实训鉴定表

自我鉴定	你在本任务中学习了哪些新的知识和技能？加工过程中出现了哪些问题？你是如何解决的？ 学生签名：______________ ________年______月____日
教师鉴定	对本学生的最终鉴定（优秀、良好、一般、差）： 指导教师签名：______________ ______年______月____日

实训任务七　锅炉板的制作

一、任务信息

如图 13-7-1 所示的锅炉板，请按要求合理制订加工工艺，正确使用加工工具加工零件，保证加工精度和表面质量要求，并注意安全操作。

二、任务计划与决策

根据锅炉板图样，经过计划与决策，选用适合的刀具与量具，见表 13-7-1 和表 13-7-2。

三、任务实施

首先制订加工工艺，再根据制订好的工序和工步进行加工。锅炉板的加工步骤见表 13-7-3。

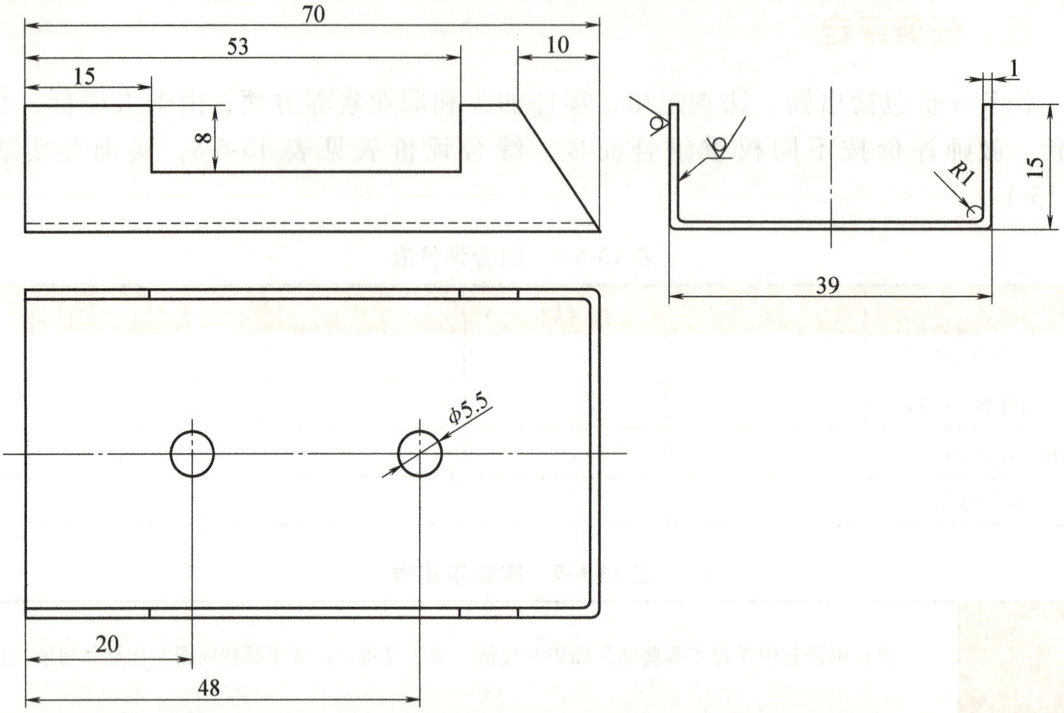

锅炉覆盖长度=65.5

图样编号	09	锅炉板	材料	S235JRC+C	制图	
公差	ISO 2768-m		比例	1:1	审核	

图 13-7-1 锅炉板

表 13-7-1 刀具选项卡

刀号	刀具类型	规格	材质
1	麻花钻	ϕ5. 5mm	DIN 338
2	中心钻 HSS	ϕ2. 0mm	DIN 333A
3	样冲(90°)	120mm/ϕ10mm	DIN 7250
4	钳工锤	300g	DIN 1041
5	带柄平锉刀	150mm×1mm	DIN 7261
6	带柄平锉刀	150mm×3mm	DIN 7261
7	M3 螺钉旋具	0. 8mm×4mm	ISO 2380
8	M3 螺钉旋具	1mm×5. 5mm	ISO 2380

表 13-7-2 量具选项卡 （单位：mm）

序号	量具名称	规格	分度值
1	游标卡尺	0～150	0. 02
2	外径千分尺	25～50	0. 01

表 13-7-3　锅炉板的加工步骤

零件名称	锅炉板	零件图号	09	材料	S235JRC+C
零件图					
工序号	工步内容	工步简图		使用工具	
1	底部划线	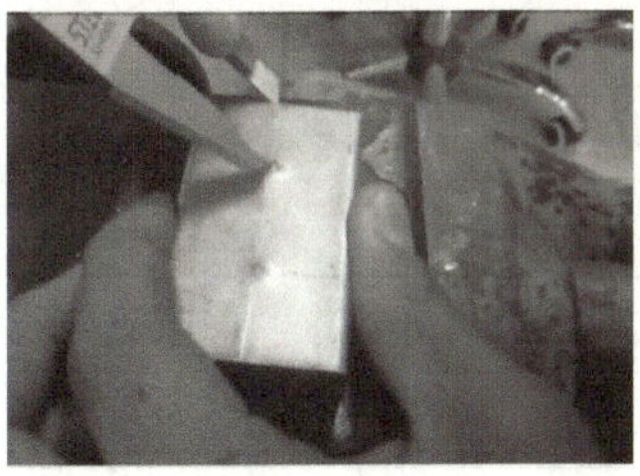		划线笔、尺	
2	钻中心孔			样冲	

锅炉板加工过程中出现的问题及解决办法见表 13-7-4。

表 13-7-4　锅炉板加工过程中出现的问题及解决办法

序号	工作步骤	出现的问题	解决办法
1	底板划线	线容易划偏	1）找对基准 2）尺子和划线笔之间不能相对移动 3）眼睛要垂直于工件表面观察
2	钻中心孔	孔容易钻偏	1）样冲要垂直放置 2）锤子敲击要用力均匀
3	钻孔	孔径容易偏大	1）划线时中心孔一定要精准 2）安装钻头时注意垂直安装

四、任务检测

对加工好的工件进行检测，主要包括加工工艺、编制的程序、工件表面质量和尺寸精度等方面的要求，根据自检、互检和师检得出该工件最终的得分。锅炉板检测评估表见表 13-7-5。

表 13-7-5 锅炉板检测评估表

序号	锅炉板加工内容		配分		自检	互检	师检	最终得分
1	工艺准备（20 分）	编写加工工艺	10					
		编写程序	10					
2	零件加工（60 分）	长度(70±0.3)mm	IT	Ra				
			8	—				
		长度(39±0.3)mm	6	—				
		长度(15±0.2)mm	6	—				
		长度(53±0.3)mm	6	—				
		长度 15mm(切口)(15±0.2)mm	6	—				
		孔距(8±0.2)mm	6	—				
		孔距(20±0.2)mm	6					
		孔距(49±0.3)mm	6					
		安全操作，文明生产	10(违规视情节轻重扣 1~10 分)					
3	外观检测（20 分）	表面质量	5					
		锐边倒钝	5					
		去毛刺	10					
		其他项目	一般按照 GB/T 1804-m，有明显缺陷倒扣 2~10 分					
合计(总分)			100 分					

五、任务评定

任务评价包括出勤、课堂纪律、零件加工和职业素养方面，由个人评价、小组评价、教师评价按不同权重组合而成。综合评价表见表 13-7-6，实训鉴定表见表 13-7-7。

表 13-7-6 综合评价表

项目	出勤(10 分)	课堂纪律(10 分)	零件加工(60 分)	职业素养(20 分)	综合成绩
个人评价(20%)					
小组评价(30%)					
教师评价(50%)					
综合得分					

表 13-7-7 实训鉴定表

自我鉴定	你在本任务中学习了哪些新的知识和技能？加工过程中出现了哪些问题？你是如何解决的？ 学生签名：________ ____年____月____日
教师鉴定	对本学生的最终鉴定(优秀、良好、一般、差)： 指导教师签名：________ ____年____月____日

实训任务八　车轮的制作

一、任务信息

如图 13-8-1 所示的车轮，请按要求合理制订加工工艺，正确使用加工工具加工零件，保证加工精度和表面质量要求，并注意安全操作。

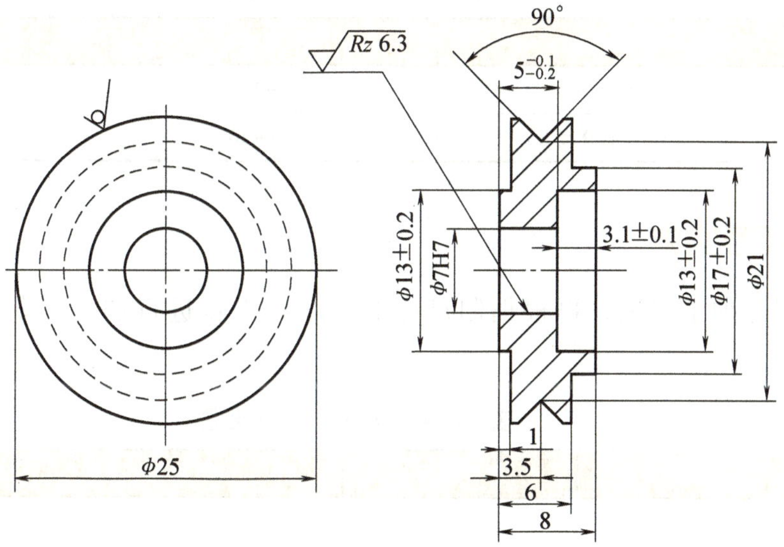

图样编号	10	车轮	材料	11SMn30+C	制图	
公差	ISO 2768-m		比例	2∶1	审核	

图 13-8-1　车轮

二、任务计划与决策

根据车轮图样，经过计划与决策，选用适合的刀具与量具，见表 13-8-1 和表 13-8-2。

表 13-8-1　刀具选项卡

刀号	刀具类型	规格	材质
1	麻花钻	ϕ7mm	DIN 338
2	麻花钻	ϕ13mm	DIN 338
3	麻花钻	ϕ6. 8mm	DIN 338
4	丝锥	M4	DIN 352
5	丝锥	M5	DIN 352
6	丝锥	M8	DIN 352
7	中心钻 HSS	ϕ2. 0mm	DIN 333A
8	样冲(90°)	120mm/ϕ10mm	DIN 7250

（续）

刀号	刀具类型	规格	材质
9	钳工锤	300g	DIN 1041
10	带柄平锉刀	150mm×1mm	DIN 7261
11	带柄平锉刀	150mm×3mm	DIN 7261
12	右弯车刀	16mm×16mm×110mm	DIN 4972
13	右直车刀	16mm×16mm×110mm	DIN 4971

表 13-8-2　量具选项卡　（单位：mm）

序号	量具名称	规格	分度值
1	游标卡尺	0～150	0.02
2	外径千分尺	25～50	0.01

三、任务实施

首先制订加工工艺，再根据制订好的工序和工步进行加工。车轮的加工步骤见表 13-8-3。

表 13-8-3　车轮的加工步骤

零件名称	车轮	零件图号	10	材料	11SMn30+C
零件图					
工序号	工步内容	工步简图			使用工具
1	钻右侧大、小孔				ϕ7mm 麻花钻
2	粗、精车外圆				外圆车刀

（续）

工序号	工步内容	工步简图	使用工具
3	中间部分切槽		60°螺纹车刀
4	右端切槽		切槽刀
5	左侧切槽		切槽刀
6	安装车轮	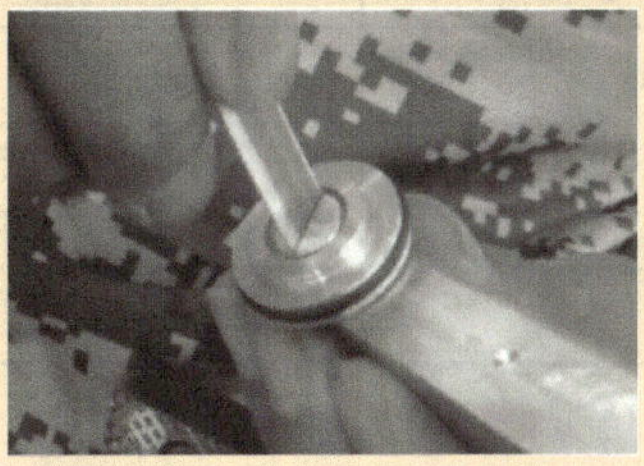	

车轮加工过程中出现的问题及解决办法见表 13-8-4。

表 13-8-4　车轮加工过程中出现的问题及解决办法

序号	工作步骤	出现的问题	解决办法
1	车削外圆表面	表面不光滑	1）用 G90 指令车削 2）精加工时提高主轴转速，车刀进给速度减慢 3）车刀表面不要有积屑瘤
2	钻孔	孔深过大或过小	1）钻孔时注意精确定位 2）钻头要平行于轴线安装，减小振动幅度
3	切中间槽	中间槽偏心	1）首先使刀尖贴近工件右端面，精确定位 2）使用相对坐标 U、W 手动控制槽的位置和深度
4	与螺栓配合	孔径过小或者过大	1）钻头要平行于轴线安装，减小振动幅度 2）与螺栓互为基准，配合使用，孔径不能过大或过小，应为过渡配合，所以要严格掌握孔径的精度

四、任务检测

对加工好的工件进行检测，主要包括加工工艺、编制的程序、工件表面质量和尺寸精度等方面的要求，根据自检、互检和师检得出该工件最终的得分。车轮检测评估表见表 13-8-5。

表 13-8-5　车轮检测评估表

序号	车轮加工内容		配分		自检	互检	师检	最终得分
1	工艺准备（20 分）	编写加工工艺	10					
		编写程序	10					
2	零件加工（60 分）	长度（8±0.2）mm	IT	*Ra*				
			8	—				
		（ϕ17±0.2）mm	7	—				
		（ϕ13±0.2）mm	7	—				
		长度（孔）（3.1±0.1）mm	7	—				
		ϕ7H7（GLD）	7	—				
		长度（6±0.1）mm	7	—				
		长度（1±0.1）mm	7					
		安全操作，文明生产	10（违规视情节轻重扣 1~10 分）					
3	外观检测（20 分）	表面质量	5					
		锐边倒钝	5					
		去毛刺	10					
		其他项目	一般按照 GB/T 1804-m，有明显缺陷倒扣 2~10 分					
合计（总分）			100 分					

五、任务评定

任务评价包括出勤、课堂纪律、零件加工和职业素养方面，由个人评价、小组评价、教师评价等按不同权重组合而成。综合评价表见表 13-8-6，实训鉴定表见表 13-8-7。

表 13-8-6　综合评价表

项目	出勤（10 分）	课堂纪律（10 分）	零件加工（60 分）	职业素养（20 分）	综合成绩
个人评价（20%）					
小组评价（30%）					
教师评价（50%）					
综合得分					

表 13-8-7　实训鉴定表

自我鉴定	你在本任务中学习了哪些新的知识和技能？加工过程中出现了哪些问题？你是如何解决的？ 学生签名：______________ ________年______月____日
教师鉴定	对本学生的最终鉴定（优秀、良好、一般、差）： 指导教师签名：______________ ______年______月____日

实训任务九　缓冲装置的制作

一、任务信息

如图 13-9-1 所示的缓冲装置，请按要求合理制订加工工艺，正确使用加工工具加工零件，保证加工精度和表面质量要求，并注意安全操作。

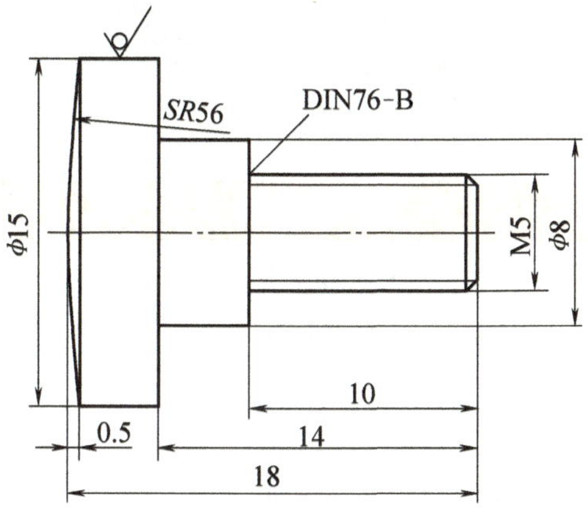

图样编号	12	缓冲装置	材料	11SMn30+C	制图	
公差	ISO 2768-m		比例	2∶1	审核	

图 13-9-1　缓冲装置

二、任务计划与决策

根据缓冲装置图样，经过计划与决策，选用适合的刀具与量具，见表 13-9-1 和表 13-9-2。

三、任务实施

首先制订加工工艺，再根据制订好的工序和工步进行加工。缓冲装置的加工步骤见表 13-9-3，缓冲装置外圆加工程序和螺纹加工程序见表 13-9-4 和表 13-9-5。

表 13-9-1　刀具选项卡

刀号	刀具类型	规格/mm	材质
1	右弯车刀	16×16×110	DIN 4972
2	右直车刀	16×16×110	DIN 4971
3	右侧车刀	12×12×100	DIN 4980
4	螺纹退刀槽成形切槽刀	M5	DIN 76
5	60°外螺纹车刀	20×20	DIN 4981
6	半径样板	R1—R7	

表 13-9-2　量具选项卡　　　（单位：mm）

序号	量具名称	规格	分度值
1	游标卡尺	0~150	0.02
2	外径千分尺	25~50	0.01

表 13-9-3　缓冲装置的加工步骤

零件名称	缓冲装置	零件图号	12	材料	11SMn30+C
零件图					

工序号	工步内容	工步简图	使用工具
1	车削外圆	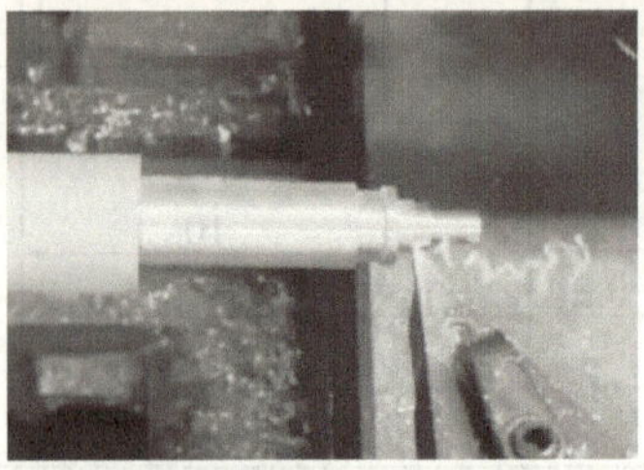	外圆车刀
2	车退刀槽		切断刀
3	车外螺纹		外螺纹车刀

（续）

工序号	工步内容	工步简图	使用工具
4	缓冲装置与底板的配合	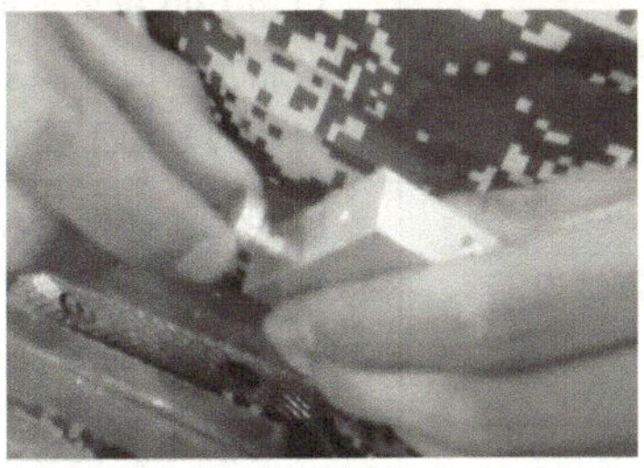	

表 13-9-4 缓冲装置外圆加工程序

程序段号	程序内容	程序段号	程序内容
	O1910；	N110	X8；
N10	G99 G97 G40；	N120	Z-14；
N20	T0101；	N130	X15；
N30	M03 S500；	N140	Z-21；
N40	G00 X22 Z2；	N150	N2 G00 X22；
N50	G71 U0.7 R0.5；	N160	M03 S1000；
N60	G71 P1 Q2 U0.5 W0 F0.1；	N170	F0.05；
N70	N1 G00 X3；	N180	G70 P1 Q2；
N80	G01 Z0；	N190	G00 X100 Z100；
N90	X5 Z-1；	N200	M05；
N100	Z-10；	N210	M30；

表 13-9-5 缓冲装置螺纹加工程序

程序段号	程序内容	程序段号	程序内容
	O1911；	N70	X4.1；
N10	G99 G97 G40；	N80	X3.96；
N20	T0303；	N90	X3.96；
N30	M03 S600；	N100	G00 X100 Z100；
N40	G00 X7 Z1.6；	N110	M05；
N50	G92 X4.5 Z-9 F0.8；	N120	M30；
N60	X4.2；		

缓冲装置加工过程中出现的问题及解决办法见表 13-9-6。

四、任务检测

对加工好的工件进行检测，主要包括加工工艺、编制的程序、工件表面质量和尺寸精度等方面的要求，根据自检、互检和师检得出该工件最终的得分。缓冲装置检测评估表见表 13-9-7。

表 13-9-6　缓冲装置加工过程中出现的问题及解决办法

序号	工作步骤	出现的问题	解决办法
1	车削外圆表面	表面不光滑	1)用 G90 指令车削 2)精加工时提高主轴转速，车刀进给速度减慢 3)车刀表面不要有积屑瘤
2	车螺纹	螺纹螺距错误	1)注意粗牙螺纹和细牙螺纹的区别 2)注意查表，找到螺纹的螺距和公称直径之间的对应关系，缓冲装置的螺纹是粗牙螺纹：M5×0.8，螺距为 0.8mm
3	车螺纹	螺纹乱牙	1)切削螺纹时，入刀距离一般取螺距的 2 倍，出刀距离等于螺距 2)注意每层的背吃刀量应查表确定，或者按照经验取值逐层递减（0.5mm、0.4mm、0.3mm、0.2mm、0.1mm），最后一层可以光整一刀
4	螺纹配合	内、外螺纹配合不上	1)缓冲装置的外螺纹和底板的内螺纹互为基准，检测工件是否合格 2)因为螺纹切削有挤压作用，所以螺纹预留外圆直径＝螺纹大径-0.1×螺距，螺纹小径＝螺纹大径-1.3×螺距 3)由于存在对刀误差或者是机床系统的原因，可以加磨耗值或者把螺纹多切削几层

表 13-9-7　缓冲装置检测评估表

序号	缓冲装置加工内容		配分		自检	互检	师检	最终得分
1	工艺准备（20 分）	编写加工工艺	10					
		编写程序	10					
2	零件加工（60 分）	长度（18±0.2）mm	IT	*Ra*				
			5	5				
		长度（10±0.2）mm	10	—				
		长度（14±0.2）mm	5	5				
		（ϕ8±0.2）mm	10	—				
		螺纹 M5×0.8	10	—				
		安全操作，文明生产	10（违规视情节轻重扣 1～10 分）					
3	外观检测（20 分）	表面质量	5					
		锐边倒钝	5					
		去毛刺	10					
		其他项目	一般按照 GB/T 1804-m，有明显缺陷倒扣 2～10 分					
合计（总分）			100 分					

五、任务评定

任务评价包括出勤、课堂纪律、零件加工和职业素养方面，由个人评价、小组评价、教师评价按不同权重组合而成。综合评价表见表 13-9-8，实训鉴定表见表 13-9-9。

表 13-9-8　综合评价表

项目	出勤(10 分)	课堂纪律(10 分)	零件加工(60 分)	职业素养(20 分)	综合成绩
个人评价(20%)					
小组评价(30%)					
教师评价(50%)					
综合得分					

表 13-9-9　实训鉴定表

自我鉴定	你在本任务中学习了哪些新的知识和技能？加工过程中出现了哪些问题？你是如何解决的？ 学生签名：________ ____年____月___日
教师鉴定	对本学生的最终鉴定(优秀、良好、一般、差)： 指导教师签名：________ ____年____月___日

实训任务十　平头螺栓的制作

一、任务信息

如图 13-10-1 所示的平头螺栓零件图，请按要求合理制订加工工艺，正确使用加工工具加工零件，保证加工精度和表面质量要求，并注意安全操作。

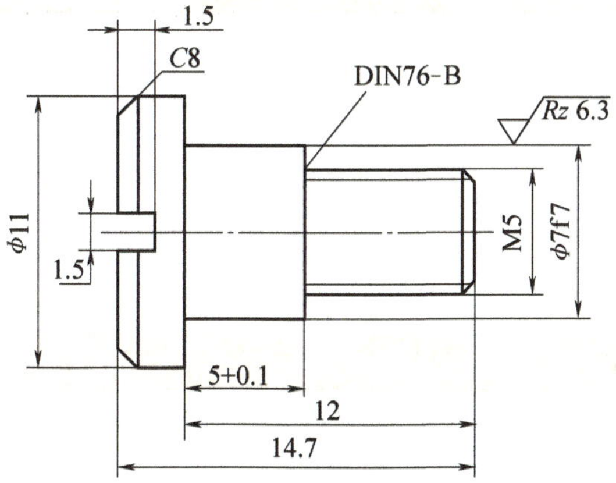

图样编号	14	平头螺栓	材料	11SMn30+C	制图	
公差	ISO 2768-m		比例	1:1	审核	

图 13-10-1　平头螺栓零件图

二、任务计划与决策

根据平头螺栓图样，经过计划与决策，选用适合的刀具与量具，见表 13-10-1 和表 13-10-2。

表 13-10-1　刀具选项卡

刀号	刀具类型	规格/mm	材质
1	右弯车刀	16×16×110	DIN 4972
2	右直车刀	16×16×110	DIN 4971
3	右侧车刀	12×12×100	DIN 4980
4	螺纹退刀槽成形切槽刀	M5	DIN 76
5	60°外螺纹车刀	20×20	DIN 4981
6	半径样板	R1—R7	
7	锯条		

表 13-10-2　量具选项卡　　（单位：mm）

序号	量具名称	规格	分度值
1	游标卡尺	0~150	0.02
2	外径千分尺	25~50	0.01

三、任务实施

首先制订加工工艺，再根据制订好的工序和工步进行加工。平头螺栓 M5×5 的加工步骤见表 13-10-3，平头螺栓外圆加工程序和螺纹加工程序见表 13-10-4 和表 13-10-5。

表 13-10-3　平头螺栓 M5×5 的加工步骤

零件名称	平头螺栓 M5×5	零件图号	14	材料	11SMn30+C
零件图					
工序号	工步内容	工步简图			使用工具
1	车削外圆	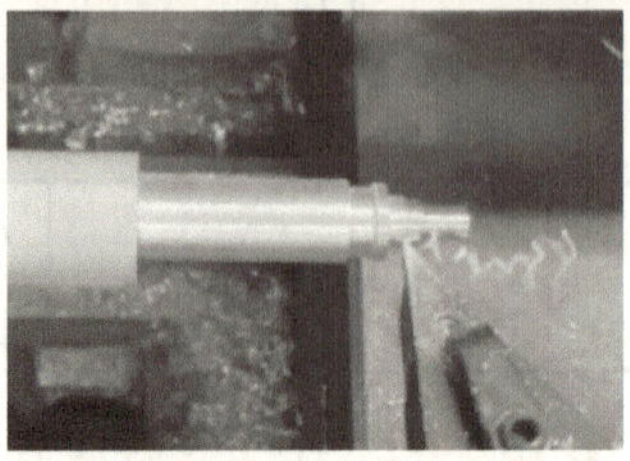			外圆车刀

（续）

工序号	工步内容	工步简图	使用工具
2	车退刀槽		切断刀
3	车外螺纹		外螺纹车刀
4	开口槽的制作	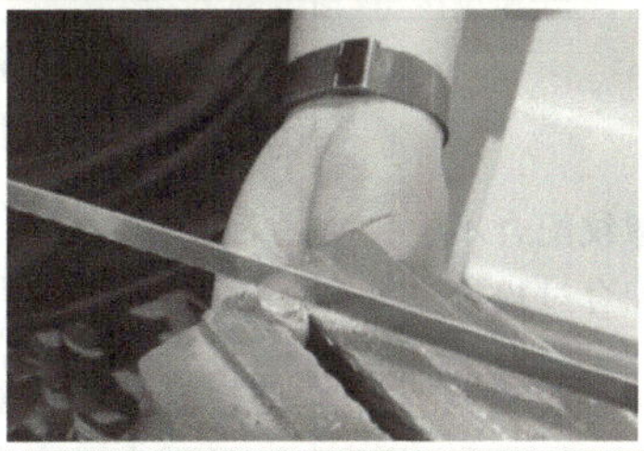	锯条

表 13-10-4　平头螺栓外圆加工程序

程序段号	程序内容	程序段号	程序内容
	O1910;	N110	X7;
N10	G99 G97 G40	N120	Z-12;
N20	T0101;	N130	X11;
N30	M03 S500;	N140	Z-17.7;
N40	G00 X14 Z2;	N150	N2 G00 X14;
N50	G71 U0.7 R0.5;	N160	M03 S1000;
N60	G71 P1 Q2 U0.5 W0 F0.1;	N170	F0.05;
N70	N1 G00 X3;	N180	G70 P1 Q2;
N80	G01 Z0;	N190	G00 X100 Z100;
N90	X5 Z-1;	N200	M05;
N100	Z-6.9;	N210	M30;

表 13-10-5　平头螺栓螺纹加工程序

程序段号	程序内容	程序段号	程序内容
	O1911;	N70	X4.1;
N10	G99 G97 G40;	N80	X3.96;
N20	T0303;	N90	X3.96;
N30	M03 S600;	N100	G00 X100 Z100;
N40	G00 X7 Z1.6;	N110	M05;
N50	G92 X4.5 Z-6　F0.8;	N120	M30;
N60	X4.2;		

平头螺栓加工过程中出现的问题及解决办法见表 13-10-6。

表 13-10-6　平头螺栓加工过程中出现的问题及解决办法

序号	工作步骤	出现的问题	解决办法
1	车削外圆表面	表面不光滑	1)用 G90 指令车削 2)精加工时提高主轴转速,车刀进给速度减慢 3)车刀表面不要有积屑瘤
2	车螺纹	螺纹螺距错误	1)注意粗牙螺纹和细牙螺纹的区别 2)注意查表,找到螺纹的螺距和公称直径之间的对应关系,平头螺栓的螺纹是粗牙螺纹:M5×0.8,即螺距为 0.8mm
3	车螺纹	螺纹乱牙	1)切削螺纹时,入刀距离一般取螺距的 2 倍,出刀距等于螺距 2)注意每层的背吃刀量应查表确定,或者按照经验取值逐层递减(0.5mm、0.4mm、0.3mm、0.2mm、0.1mm),最后一层可以光整一刀
4	螺纹配合	内、外螺纹配合不上、轴孔的配合过松或过紧	1)底板的内螺纹和平头螺栓的外螺纹互为基准,检测工件是否合格 2)因为螺纹切削有挤压作用,所以螺纹预留直径=螺纹大径-0.1×螺距,螺纹小径=螺纹大径-1.3×螺距 3)由于存在对刀误差或者是机床系统的原因,可以加磨耗值或者把螺纹多切削几层 4)平头螺栓的轴和车轮的孔应为过渡配合

四、任务检测

对加工好的工件进行检测，主要包括加工工艺、编制的程序、工件表面质量和尺寸精度等方面的要求，根据自检、互检和师检得出该工件最终的得分。平头螺栓检测评估表见表 13-10-7。

表 13-10-7　平头螺栓检测评估表

序号	平头螺栓加工内容		配分		自检	互检	师检	最终得分
1	工艺准备(20分)	编写加工工艺	10					
		编写程序	10					
2	零件加工(60分)	长度(14.7±0.2)mm	IT	Ra				
			8	—				
		长度(12±0.2)mm	6	—				
		长度(5±0.2)mm	6	—				
		(ϕ11±0.2)mm	6	—				
		ϕ7f7	6	—				
		槽宽(15±0.1)mm	6	—				
		槽深(15±0.1)mm	6	—				
		螺纹 M5×0.8	6	—				
		安全操作,文明生产	10(违规视情节轻重扣 1~10 分)					

（续）

序号	平头螺栓加工内容		配分	自检	互检	师检	最终得分
3	外观检测（20 分）	表面质量	5				
		锐边倒钝	5				
		去毛刺	10				
		其他项目	一般按照 GB/T 1804-m，有明显缺陷倒扣 2~10 分				
合计（总分）			100 分				

五、任务评定

任务评价由个人、小组、教师按不同权重对出勤、课堂纪律、零件加工和职业素养等方面给出评分，最终算出综合成绩。综合评价表见表 13-10-8，实训鉴定表见表 13-10-9。

表 13-10-8　综合评价表

项目	出勤（10 分）	课堂纪律（10 分）	零件加工（60 分）	职业素养（20 分）	综合成绩
个人评价（20%）					
小组评价（30%）					
教师评价（50%）					
综合得分					

表 13-10-9　实训鉴定表

自我鉴定	你在本任务中学习了哪些新的知识和技能？加工过程中出现了哪些问题？你是如何解决的？ 学生签名：＿＿＿＿＿＿ ＿＿＿＿年＿＿＿月＿＿日
教师鉴定	对本学生的最终鉴定（优秀、良好、一般、差）： 指导教师签名：＿＿＿＿＿＿ ＿＿＿＿年＿＿＿月＿＿日

实训任务十一　火车头的组装

一、任务信息

小火车头的总装图如图 13-0-1 所示，请按照要求合理制订组装工艺，并把之前加工好的零件组装成小火车头。

二、任务计划与决策

根据小火车头总装图样，经过计划与决策，选用适合的工具和量具，见表 13-11-1 和表 13-11-2。

表 13-11-1　工具选项卡

刀号	刀具类型	规格	材质
1	丝锥	M4	DIN 352
2	丝锥	M5	DIN 352
3	丝锥	M8	DIN 352
4	中心钻 HSS	ϕ2. 0mm	DIN 333A
5	冲头(90°)	120mm/ϕ10mm	DIN 7250
6	钳工锤	300g	DIN 1041
7	带柄平锉刀	150mm×1mm	DIN 7261
8	带柄平锉刀	150mm×3mm	DIN 7261
9	面铣刀	A 63mm×40mm	DIN 1880
10	立铣刀	A 12	DIN 844/845
11	右弯车刀	16mm×16mm×110mm	DIN 4972
12	右直车刀	16mm×16mm×110mm	DIN 4971

表 13-11-2　量具选项卡　　（单位：mm）

序号	量具名称	规格	分度值
1	游标卡尺	0~150	0. 02
2	外径千分尺	25~50	0. 01

三、任务实施

首先制订加工工艺，再根据制订好的工序和工步进行火车头的组装。小火车头的组装步骤见表 13-11-3。

表 13-11-3　小火车头的组装步骤

零件名称	小火车头	零件图号	01	材料	AlMg3
零件图					

（续）

工序号	工步内容	工步简图	使用工具
1	底板总成		一字螺钉旋具 内六角扳手
2	锅炉总成		一字螺钉旋具 内六角扳手
3	驾驶室总成		一字螺钉旋具 内六角扳手
4	火车头整体安装	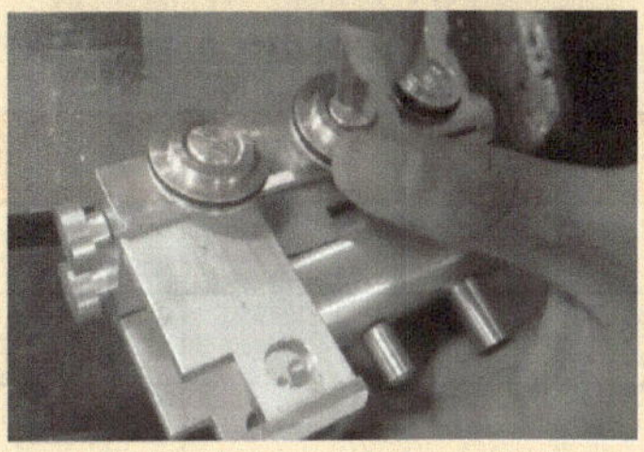	一字螺钉旋具 内六角扳手

四、任务检测

对加工好的工件进行检测，主要包括加工工艺、编制的程序、工件表面质量和尺寸精度等方面的要求，根据自检、互检和师检得出该工件最终的得分。小火车头组装评估表见表 13-11-4。

表 13-11-4 小火车头组装评估表

序号	小火车头组装内容		配分		自检	互检	师检	最终得分
1	组装功能检测（60 分）	成品总体感觉	IT	*Ra*				
			10	—				
		一般性的功能检测	5	—				
		一般性的平整度检测	5	—				
		一般性的角度检测	5	—				
		铆钉和折弯区域的整洁度	5	—				

（续）

序号	小火车头组装内容		配分	自检	互检	师检	最终得分
1	组装功能检测（60分）	工位整洁有序	5	—			
		机器设备的规范使用	5	—			
		量具的规范使用	5				
		实训记录单的规范填写	5				
		安全操作，文明生产	10（违规视情节轻重扣1~10分）				
2	外观检测（40分）	表面质量	20				
		锐边倒钝	10				
		去毛刺	10				
		其他项目	一般按照 GB/T 1804-m，有明显缺陷倒扣 2~10 分				
合计（总分）			100分				

五、任务评定

任务评价由个人、小组、教师按不同权重对出勤、课堂纪律、零件加工和职业素养等方面给出评分，最终算出综合成绩。综合评价表见表 13-11-5，实训鉴定表见表 13-11-6。

表 13-11-5 综合评价表

项目	出勤（10分）	课堂纪律（10分）	零件加工（60分）	职业素养（20分）	综合成绩
个人评价（20%）					
小组评价（30%）					
教师评价（50%）					
综合得分					

表 13-11-6 实训鉴定表

自我鉴定	你在本任务中学习了哪些新的知识和技能？加工过程中出现了哪些问题？你是如何解决的？ 学生签名：________ ____年____月___日
教师鉴定	对本学生的最终鉴定（优秀、良好、一般、差）： 指导教师签名：________ ____年____月___日

数控车床指令及知识点索引

参 考 文 献

[1] 李润生，周丽珠. 数控车削编程与加工技术 [M]. 北京：机械工业出版社，2016.
[2] 张勇，李志强，张涛. 数控车削加工技术 [M]. 北京：化学工业出版社，2012.
[3] 王洪波. 数控车削编程与加工实例 [M]. 北京：清华大学出版社，2011.
[4] 姜斌. 数控车削编程与加工技术 [M]. 北京：人民邮电出版社，2015.
[5] 赵红军. 数控车削加工工艺与编程 [M]. 北京：中国电力出版社，2010.
[6] 刘立国. 数控车削编程与加工实践 [M]. 北京：清华大学出版社，2013.
[7] 王德军. 数控车削编程与加工技术 [M]. 北京：机械工业出版社，2017.